多层绞线结构损伤阵列超声导波螺旋聚焦成像检测技术

洪晓斌 周建熹 杨志景 著

清华大学出版社
北京

内 容 简 介

本书针对多层绞线结构损伤检测困难的问题,提出了多层绞线结构损伤阵列超声导波螺旋聚焦成像检测的新方法。主要体现在：提出基于扭曲坐标系的半解析有限元法,实现复杂多层螺旋耦合结构的超声导波频散曲线求解,并分析包覆区承力索结构中的超声导波传播特性,建立多层绞线结构损伤超声导波检测机制；提出一种基于全矩阵捕获的阵列超声导波螺旋聚焦新方法,实现多层绞线内层损伤微弱信号的增强；提出一种基于频散字典的螺旋聚焦损伤信号交叉稀疏表示识别方法,降低交叉稀疏表示的稀疏度,同时提升了损伤信号识别率,实现损伤信号的识别与提取；研制了面向多层绞线结构的系列阵列超声导波传感器。

本书可以作为超声导波无损检测领域各个层次研究人员的参考书。

版权所有,侵权必究。举报：010-62782989,beiqinquan@tup.tsinghua.edu.cn。

图书在版编目(CIP)数据

多层绞线结构损伤阵列超声导波螺旋聚焦成像检测技术 / 洪晓斌,周建熹,杨志景著.
北京：清华大学出版社,2024. 10. -- ISBN 978-7-302-67564-8
Ⅰ．TG115.28
中国国家版本馆 CIP 数据核字第 20245BF445 号

责任编辑：苗庆波
封面设计：傅瑞学
责任校对：欧　洋
责任印制：刘海龙

出版发行：清华大学出版社
网　　址：https://www.tup.com.cn,https://www.wqxuetang.com
地　　址：北京清华大学学研大厦 A 座　　邮　编：100084
社 总 机：010-83470000　　邮　购：010-62786544
投稿与读者服务：010-62776969,c-service@tup.tsinghua.edu.cn
质量反馈：010-62772015,zhiliang@tup.tsinghua.edu.cn
印 装 者：三河市龙大印装有限公司
经　　销：全国新华书店
开　　本：185mm×260mm　　印　张：13.5　　字　数：327 千字
版　　次：2024 年 10 月第 1 版　　印　次：2024 年 10 月第 1 次印刷
定　　价：68.00 元

产品编号：099224-01

前言

随着近年来我国从工业大国到工业强国的转型,金属绞线在高铁、煤炭、石油、冶金、化工、船舶、电力、桥梁等领域中被大量使用。在《中国制造2025》等国家重大战略推进实施的背景下,各项基础设施全面建设使得金属绞线结构的安全使用愈加重要,复杂金属绞线结构损伤的有效检测方法研究已成为结构健康检测学科的前沿问题。超声导波检测技术作为一种前沿无损检测技术,具有检测效率高、检测距离长等优势,被广泛应用于管道、钢轨、锚索等结构的损伤检测。

作者从事金属绞线结构超声导波检测理论和应用研究已有多年,为使读者更好地理解超声导波检测技术在该结构上的推广与应用,将多年的研究成果进行汇总,并归纳总结成本书。全书共有6章,第1章概述了阵列超声导波检测方法及其研究现状;第2章主要介绍了多层绞线结构中的超声导波频散曲线求解方法,并分析该结构中的导波传播特性及相关影响因素;第3章分别介绍了面向多层绞线结构研制的针状式、气压紧式、环孔式阵列超声导波传感器;第4章介绍了多层绞线结构中的阵列超声导波螺旋聚焦增强机制,并进行仿真分析和实验验证;第5章介绍了多层绞线结构超声导波损伤识别方法,通过建立频散字典实现损伤信号的提取;第6章介绍了多层绞线结构的时间反演损伤成像检测方法,实现损伤的直观显示。本书可以作为超声导波无损检测领域各个层次研究人员的参考书。

超声导波本身具有频散、多模态、衰减等特性,在多层绞线结构中的传播则更为复杂,绞线内层损伤散射信号通过绞线单线间的多次耦合传播,信号微弱且易被其余信号掩埋,因此,通过超声导波检测技术对多层绞线结构损伤进行检测,对多层绞线结构中的导波特性、包覆区承力索内层损伤增强及损伤成像、损伤导波信号提取等方面进行深入研究。因此,本书主要逻辑框架如下图所示。具体内容如下。

第1章 绞线结构阵列超声导波检测方法概述。对比绞线结构常用的无损检测方法,阐述超声导波检测技术在包覆区绞线结构检测方面的优势,整理分析复杂结构中超声导波特性求解方法、超声导波信号分析方法、超声导波成像聚焦三方面的国内外研究进展以及应用于多层绞线结构检测时尚须解决的问题。

第2章 多层绞线结构超声导波传播特性研究。为解决传统方法难以求解多层螺旋耦合杆结构的导波频散曲线问题,提出一种基于扭曲坐标系的半解析有限元法。分析超声导波在绞线单线中的传播特性、杆间接触耦合作用以及螺旋结构对耦合杆中导波传播的影响,并结合包覆结构对绞线中导波传播影响分析,最终确定适用于检测的信号频率、模态及激励方式。

第3章 压电阵列超声导波传感器设计。根据超声导波检测原理及面向绞线结构的多种检测需求,设计开发了一系列压电阵列超声导波传感器,即针状式阵列超声导波传感器、气压紧式阵列超声导波传感器、环孔式阵列超声导波传感器,为绞线结构损伤检测提供前端检测基础。

第4章 阵列超声导波螺旋聚焦增强机制研究。根据绞线螺旋结构的几何特征,分析螺

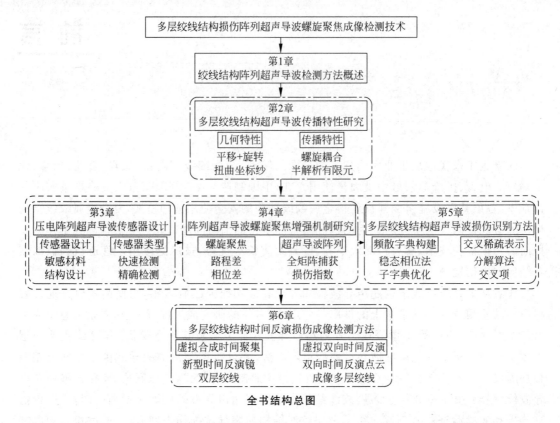

全书结构总图

旋内层目标点与超声导波阵列之间的路程差,确立绞线中的阵列超声导波布置方式,提出基于全矩阵捕获的阵列超声导波螺旋聚焦增强方法;建立绞线有限元模型,分析阵列超声导波信号通过螺旋聚焦在各层单线上的聚焦增强效果,以及螺旋聚焦对内层损伤散射信号的增强作用。

第5章 多层绞线结构超声导波损伤识别方法。根据超声导波在包覆区绞线中的传播特性,建立能表征导波信号模态和传播距离的过完备原子库,提出损伤导波信号的交叉稀疏表示方法,大幅降低损伤信号稀疏表示结果稀疏度,提升损伤信号识别率,并提出一种虚拟双向时间反演的损伤成像方法。通过有限元仿真实验,分析该方法在包覆区绞线最外层损伤信号、内层损伤信号上的提取效果,并通过提取的反射端损伤信号和透射端损伤信号实现包覆区承力索的损伤成像。

第6章 多层绞线结构时间反演损伤成像检测方法。提出一种虚拟双向时间反演成像方法,通过双层绞线验证其可行性。在此基础上提出虚拟双向时间反演成像检测方法,并通过包覆区承力索最外层单线损伤、内层全损伤、内层单线损伤成像检测实验,进行相关系列实验验证,并将全聚焦成像结果与虚拟双向时间反演成像结果进行对比。

本书的研究内容得到了国家自然科学基金项目(51975220、51305141)、广东省杰出青年基金项目(2019B151502057)、广东省自然科学基金项目(2014A030313248)的资助,在此表示由衷的感谢。还要感谢吴斯栋、何永奎、杨定民等,他们对本书的出版贡献了力量。

由于作者水平有限,难免有所疏漏,敬请读者批评指正。

作 者

2024 年 6 月

专业名词简写表

简　　写	中文名称	英文名称
UGW	超声导波	ultrasonic guided wave
MFL	漏磁	magnetic flux leakage
ECT	涡流检测	eddy current testing
RT	射线检测	radiographic testing
AE	声发射	acoustic emission
EMAT	电磁超声换能器	electromagnetic acoustic transducer
PZT	压电换能器	piezoelectric transducer
WFE	波有限元	wave finite element
SAFE	半解析有限元	semi-analytical finite element
STFT	短时傅里叶变换	short-time Fourier transform
WT	小波变换	wavelet transform
MP	匹配追踪	matching pursuit
MOD	最优方向法	method of optimal direction
K-SVD	K-奇异值分解	K-singular value decomposition
PA	相控阵	phased array
DAS	延迟叠加	delay-and-sum
PDI	概率成像	probability-based diagnostic imaging
SAFT	合成孔径聚焦技术	synthetic aperture focusing technique
TFM	全聚焦法	total focusing method
TRM	时间反演法	time reversal method
FMC	全矩阵捕获	full-matrix capture
RDI	反射损伤指数	reflection damage index
TDI	透射损伤指数	transmission damage index
DT	损伤阈值	damage threshold

目 录

第1章 绞线结构阵列超声导波检测方法概述 ············· 1
1.1 多层绞线结构介绍 ············· 1
1.2 阵列超声导波检测概念 ············· 3
1.2.1 超声导波定义 ············· 3
1.2.2 群速度和相速度 ············· 4
1.2.3 阵列超声导波 ············· 6
1.3 绞线结构阵列超声导波成像检测基础 ············· 9
1.3.1 单向阵列超声导波成像法 ············· 9
1.3.2 全向阵列超声导波成像法 ············· 11
1.3.3 时间反演阵列超声导波成像法 ············· 13
1.4 绞线结构超声导波无损检测成像国内外研究现状 ············· 16
1.4.1 绞线结构无损检测方法研究现状 ············· 16
1.4.2 超声导波特性求解方法研究现状 ············· 21
1.4.3 阵列超声导波信号分析方法研究现状 ············· 23
1.4.4 阵列超声导波聚焦成像方法研究现状 ············· 24

第2章 多层绞线结构超声导波传播特性研究 ············· 28
2.1 多层螺旋耦合结构超声导波频散曲线的半解析有限元求解方法 ············· 28
2.1.1 基于直角坐标系的直杆超声导波频散曲线求解方法 ············· 28
2.1.2 基于螺旋坐标系的螺旋曲杆超声导波频散曲线求解方法 ············· 32
2.1.3 基于扭曲坐标系的螺旋耦合杆结构超声导波求解方法 ············· 35
2.2 螺旋耦合结构中的导波传播特性影响因素分析 ············· 38
2.2.1 螺旋结构对单杆结构导波传播影响分析 ············· 38
2.2.2 接触耦合作用对耦合杆结构中的导波传播影响分析 ············· 42
2.2.3 螺旋耦合杆结构中的导波传播特性分析 ············· 44
2.3 绞线结构中的超声导波传播特性分析 ············· 47
2.3.1 双层绞线结构中的导波传播特性 ············· 47
2.3.2 多层绞线结构中的导波传播特性 ············· 54
2.3.3 包覆结构对绞线中的超声导波传播影响 ············· 59
2.4 本章小结 ············· 62

第3章 压电阵列超声导波传感器设计 ············· 64
3.1 压电传感器设计基础 ············· 64

3.1.1 敏感元件选择 …………………………………………………… 64
　　3.1.2 声学匹配 ………………………………………………………… 65
3.2 针状式阵列超声导波传感器研制 ………………………………………… 66
　　3.2.1 针状式传感器结构设计 ………………………………………… 66
　　3.2.2 针状式传感器仿真分析 ………………………………………… 68
　　3.2.3 针状式传感器测试 ……………………………………………… 74
3.3 气压紧式阵列超声导波传感器研制 ……………………………………… 76
　　3.3.1 气压紧式阵列超声导波传感器结构设计 ……………………… 76
　　3.3.2 气压紧式模块仿真分析 ………………………………………… 77
　　3.3.3 气压紧式阵列超声导波传感器测试 …………………………… 80
3.4 环孔式阵列超声导波传感器研制 ………………………………………… 81
　　3.4.1 环孔式传感器结构设计 ………………………………………… 81
　　3.4.2 环孔式传感器探头模块仿真分析 ……………………………… 84
　　3.4.3 环孔式传感器测试 ……………………………………………… 86
3.5 本章小结 …………………………………………………………………… 90

第 4 章 阵列超声导波螺旋聚焦增强机制研究 ……………………………… 91

4.1 螺旋耦合结构中阵列超声导波路程差分析 ……………………………… 91
　　4.1.1 耦合杆直径对波传播路程差的影响分析 ……………………… 91
　　4.1.2 相邻层螺旋杆目标点之间的超声导波多路径分析 …………… 93
　　4.1.3 螺旋结构内层目标点与超声导波阵列间路程差分析 ………… 96
4.2 基于全矩阵捕获的阵列超声导波螺旋聚焦增强方法 …………………… 99
　　4.2.1 多层绞线阵列超声导波信号全矩阵捕获 ……………………… 99
　　4.2.2 全矩阵捕获数据螺旋聚焦增强实现 …………………………… 100
4.3 多层绞线阵列超声导波螺旋聚焦增强仿真分析 ………………………… 103
　　4.3.1 阵列超声导波激励信号螺旋聚焦增强性能分析 ……………… 104
　　4.3.2 内层单线损伤信号螺旋聚焦增强分析 ………………………… 109
4.4 多层绞线阵列超声导波螺旋聚焦增强实验 ……………………………… 118
　　4.4.1 绞线检测实验平台 ……………………………………………… 118
　　4.4.2 内层全损伤信号增强 …………………………………………… 119
　　4.4.3 内层单线损伤信号增强 ………………………………………… 120
4.5 本章小结 …………………………………………………………………… 124

第 5 章 多层绞线结构超声导波损伤识别方法 ……………………………… 125

5.1 基于交叉稀疏表示的超声导波损伤信号识别方法 ……………………… 125
　　5.1.1 绞线结构中超声导波信号稀疏性分析 ………………………… 125
　　5.1.2 基于稳态相位法的承力索频散字典设计 ……………………… 128
　　5.1.3 损伤信号交叉稀疏分解算法 …………………………………… 130
5.2 多层绞线结构损伤信号识别仿真分析 …………………………………… 134

  5.2.1 最外层损伤仿真分析 ·· 134
  5.2.2 内层全损伤仿真分析 ·· 147
  5.2.3 内层单线损伤仿真分析 ·· 150
 5.3 多层绞线结构损伤信号识别实验 ·· 152
  5.3.1 最外层损伤信号识别 ·· 152
  5.3.2 内层全损伤信号识别 ·· 164
  5.3.3 内层单线损伤信号识别 ·· 165
 5.4 本章小结 ··· 176

第6章 多层绞线结构时间反演损伤成像检测方法 ······························· 177
 6.1 基于虚拟合成的时间聚焦 TRM 检测方法 ······························· 177
  6.1.1 虚拟合成时间聚焦检测方法 ····································· 177
  6.1.2 双层绞线损伤成像检测实验 ····································· 181
 6.2 多层绞线结构虚拟双向时间反演成像方法 ······························· 183
  6.2.1 虚拟双向时间反演成像机理 ····································· 183
  6.2.2 多层绞线结构损伤成像实现 ····································· 185
 6.3 基于双向时间反演的多层绞线结构损伤成像检测 ···················· 188
  6.3.1 最外层单线损伤成像 ·· 189
  6.3.2 内层全损伤成像 ··· 189
  6.3.3 内层单线损伤成像 ·· 194
 6.4 本章小结 ··· 197

参考文献 ··· 198

第 1 章

绞线结构阵列超声导波检测方法概述

1.1 多层绞线结构介绍

在《中国制造 2025》等国家重大战略推进实施的背景下,金属绞线在高铁、煤炭、石油、冶金、化工、船舶、电力、桥梁等领域中被大量使用,其中高速铁路在国内外均呈现大规模、网络化的发展趋势[1-2]。高铁系统如图 1-1 所示。根据《高速铁路设计规范》(TB 10621—2014),接触线、承力索应采用铜合金材质。像架设路灯一样将承力索挑起来并固定的悬挂固定装置称为腕臂支撑装置,安装腕臂支撑装置的立柱称为支柱;将接触线吊起的绳子称为吊弦线,现在主要采用细铜绞线;吊弦线下端使用一个线夹卡在接触线的线槽内,称为接触线吊弦线夹,上端使用一个线夹包裹在承力索上,称为承力索吊弦线夹。承力索作为接触网系统中的主要承载结构,主要作用是通过吊弦将接触线悬挂起来,并承载一定电流以减小牵引网阻抗,提高能耗比。国内外电气化铁路承力索大部分采用铜或铜合金绞线,原因在于铜合金绞线承力索与接触线材质相同,可改善接触网的性能,免去电气连接类线夹的特殊处理程序,降低运营维护成本。

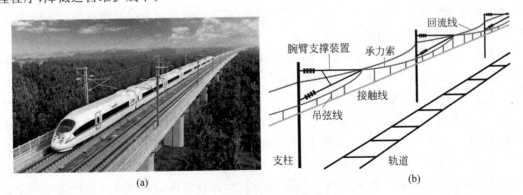

图 1-1 高铁系统示意图
(a) 高速铁路;(b) 接触网系统

由于接触线和承力索采用了补偿下锚装置,两端为活锚,需要将线索进行固定,而将线索中间部位进行固定的装置称为中心锚结装置。其中,承力索中心锚结是用一根锚结绳与承力索并行固定到锚段中心的腕臂上,再将锚结绳两端固定到两侧的支柱上,如图 1-2 所示,承力索中心锚结包含锚结绳、承力索中心锚结线夹等。

图 1-2 中心锚结装置
(a)承力索中心锚结示意图;(b)承力索中心锚结线夹

承力索是一种将若干根相同直径或不同直径的单线按一定方向和一定规则绞合成为一个整体的绞线结构,具有柔软性好、可靠性高、强度大、稳定性好等优点。按照材质分类,绞线可分为铜绞线、钢绞线等;按照结构分类,根据单线数量可分为 2、3、7、19、37 丝等结构。目前承力索主要使用型号为 JTM120 铜镁合金绞线,这是一种典型的 1×19 同心层绞合的绞线结构,外径及偏差为 14.00 mm±0.14 mm,单线直径及偏差为 2.80 mm±0.03 mm,其结构如图 1-3 所示。

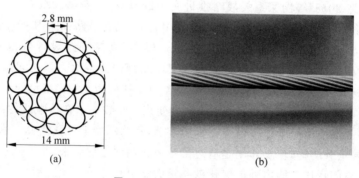

图 1-3 JTM120 型承力索
(a)断面图;(b)实物

在复杂的环境中,被中心锚结线夹等结构包覆的承力索长期受到振动和风、冰、雨、雪等自然环境外力载荷作用,承受着巨大的疲劳拉力,疲劳累积到一定程度时在绞线上容易产生疲劳磨损,进而产生断股,严重时甚至会造成重大安全事故。如 2015 年 4 月 26 日,郑西高铁洛阳龙门至渑池南某处承力索受流发热,尤其包覆区承力索上安装的绝缘护套管使得热量无法释放,最终承力索过热变软、强度降低,在张力作用下被拉断;2015 年 6 月 15 日,京九线定陶站至普连集站间下行线某处,隔离开关误动作致使中性区带电,当电力机车通过时受电弓短接分相烧伤承力索,包覆区承力索在张力作用下被拉断;2018 年 3 月 5 日,广深港高铁狮子洋隧道接触网承力索受电触灼伤导致断线,并打坏列车 4 组集电弓引发大面积延误。随着近年来我国从工业大国到工业强国的转型,高速铁路的全面建设使得接触网承力索结构的安全使用愈加成为关系到设备和人员安全的重要问题,复杂承力索结构损伤的有效检测方法研究已成为结构健康检测学科前沿问题。在役承力索被其他结构(包括锚结线夹、吊弦线夹等)包覆时,包覆区结构会对承力索产生挤压作用,由于包覆区结点结构形状各异,与承力索之间的接触分布不均,导致结点在同一承力索不同表面上施加的挤压力大小不同,使其内部应力产生较大差异,因此包覆区域更易产生损伤。

包覆区域在服役期间大部分不可拆卸,因此该区域结构成为了检测盲区,存在严重潜在威胁,这也促使复杂环境下包覆区承力索结构成为全新监测研究对象。对于我国长度可达数千公里的电气化铁路线路,所含包覆结构可达数十万个。一旦包覆区承力索结构发生疲劳破坏、磨损和断股等损伤将严重威胁接触网的安全高效运行。现有检测方法受到了极大挑战,迫切需要有效的新型检测方法出现。超声导波(ultrasonic guided wave,UGW)检测法不受限于绞线材质,检测穿透力强,能克服包覆结构对承力索的影响以一定规律进行传播,是包覆区承力索损伤检测的有效新手段。然而,承力索是多层相邻旋向相反的螺旋曲杆经过螺旋接触耦合而成的特殊绞线结构,超声导波在包覆区承力索中的传播规律复杂,尤其与内层损伤作用后产生的损伤信号微弱,现有的聚焦成像方法难以应用于承力索螺旋耦合结构中。研究包覆区绞线结构损伤超声导波聚焦成像新方法具有重大意义。

本书针对多层绞线结构损伤检测盲区问题,创新性地提出多层绞线结构损伤阵列超声导波螺旋聚焦检测新方法,以承力索为主要研究案例进行分析验证。研究超声导波在多层螺旋结构中的传播特性,探索多层绞线结构中阵列超声导波螺旋聚焦增强机制,构建多层绞线结构特征全新频散字典,挖掘损伤信号交叉稀疏表示特征,突破虚拟双向时间反演成像模式,实现多层绞线结构内外层损伤聚焦成像检测。

1.2 阵列超声导波检测概念

1.2.1 超声导波定义

根据传播介质的不同,可将弹性波分为体波和导波两种形式。在无限均匀介质中传播的波称为体波,而在具有一定边界条件的介质中传播的波称为导波,如图 1-4 所示。导波传播对应的传播介质称为波导,绞线是一种由直杆与多根螺旋曲杆绞合而成的复杂波导,在波导中传播的超声波即为超声导波。

图 1-4 导波的形成与传播

按照传播结构形状的不同,导波可分为板中的导波和圆柱体中的导波。板中的导波主要有瑞利(Rayleigh)波、兰姆(Lamb)波和斯通莱(Stoneley)波等。瑞利波是半无限固体表面上的波,边界上应力为零,波幅随深度衰减。兰姆波是在均匀各向同性自由边界板中的导波,板的上下表面应力为零。斯通莱波是一种界面导波,交界面上需要满足应力和唯一连续性条件及辐射条件。圆柱体中的导波又分为纵向模态导波、扭曲模态导波和弯曲模态导波,分别用 $L(n,m)$、$T(n,m)$ 和 $F(n,m)$ 表示,n 和 m 分别为代表周向和径向模态的参数,且均为整数,各模态振型如图 1-5 所示。

(1) 纵向模态:当导波在圆柱杆中以纵向位移模式传播时,具有径向和轴向位移分量,角位移为零,对应 $n=0$ 的情形。实心圆柱杆中的纵向模态如图 1-6 所示。

由于纵向模态只有径向和轴向位移,通常在圆柱杆两端采用对称激励可激发出纵向模态导波。

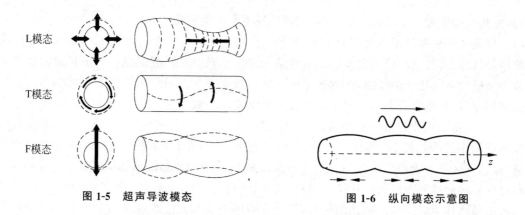

图 1-5 超声导波模态　　　　　图 1-6 纵向模态示意图

（2）扭转模态：当导波在圆柱杆中以扭转模态进行传播时，只有周向方向位移，而径向和轴向位移为零，即 $u_r = u_z = 0$。实心圆柱杆中的扭转模态如图 1-7 所示。通常最低扭转模态非频散，而较高扭转模态频散。

（3）弯曲模态：实心圆柱杆中的弯曲模态，如图 1-8 所示。

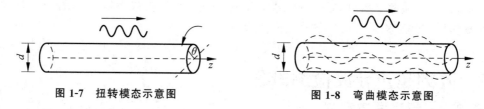

图 1-7 扭转模态示意图　　　　　图 1-8 弯曲模态示意图

1.2.2 群速度和相速度

群速度和相速度是导波的两个主要参数，当导波在介质中传播时，不同频率的波会按照波群的形式传播。其中，群速度 c_g 是波包上具有一定特性的点的传播速度，是一组频率相近的波的传播速度。而相速度 c_φ 是波上相位固定的一点在传播方向上的传播速度。以谐波为例，其振动方程为

$$u = A\cos(kx - \omega t) \tag{1-1}$$

式中，u 为质点振动位移；A 为振幅；k 为波数；x 为波传播的位置矢量；ω 为振动的角频率；t 为时间变量。

考虑两个谐波叠加，则有

$$u = u_1 + u_2 = A_1\cos(k_1 x - \omega_1 t) + A_2\cos(k_2 x - \omega_2 t) \tag{1-2}$$

式中，$k_1 = \omega_1/c_1$；$k_2 = \omega_2/c_2$；c_1、c_2 为对应波速。

通过三角变换和如下代换：

$$\begin{cases} \Delta\omega = \omega_2 - \omega_1 \\ \Delta k = k_2 - k_1 \\ \omega_{AV} = \dfrac{1}{2}(\omega_2 + \omega_1) \\ k_{AV} = \dfrac{1}{2}(k_2 + k_1) \\ c_{AV} = \omega_{AV}/k_{AV} \end{cases} \tag{1-3}$$

则式(1-2)可表示为

$$u = 2A\cos\left(\frac{1}{2}\Delta kx - \frac{1}{2}\Delta\omega t\right)\cos(k_{AV}x - \omega_{AV}t) \quad (1\text{-}4)$$

式中,$\cos\left(\Delta\frac{1}{2}kx - \Delta\frac{1}{2}\omega t\right)$为低频项;$\cos(k_{AV}x - \omega_{AV}t)$为高频项。

定义低频项群速度为

$$c_g = \Delta\omega/\Delta k \quad (1\text{-}5)$$

定义高频项相速度为

$$c_\varphi = \omega/k \quad (1\text{-}6)$$

群速度 c_g 和相速度 c_φ 的传播形式如图1-9所示。

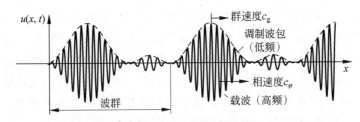

图1-9 群速度与相速度的传播形式

当导波中高频子波的相速度大于导波波包的群速度时,随着传播距离的增加,波速不同的导波逐渐发生分离,导波的波包形状发生改变,即发生导波的频散现象。相速度与群速度的差异越大,波包形状的变化越大,说明导波的频散特性越强。频散曲线是描述频散特征的一种图解方法,导波的频散曲线种类较多,有相速度频散曲线、群速度频散曲线、衰减频散曲线等。通常情况下,导波相速度 c_φ 远大于群速度 c_g,因此导波一般会出现频散现象,波在波导中传播时的非频散与频散如图1-10所示,频散现象直观表现为随着传播距离的增加,导波波包幅值下降且宽度增大。在工程应用中,导波在波导中传播时会出现衰减现象,使得导波并非以群速度传播,而是以能量速度传播,然而当导波的频率较低时,导波的能量速度与群速度值差异极小,其频散曲线几乎重合,在传播距离较短可忽略衰减时,可用群速度频散曲线进行相关计算。

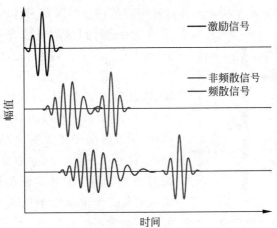

图1-10 彩图

图1-10 波导中波传播时的非频散与频散示例

频散曲线是描述频散特征的一种图解方法,导波的多模态特性在频散曲线中体现为一个跃段内出现多条曲线,即同一频率的导波具有多个传播模态及速度。结构中存在多模态导波时,激励某频率导波后同一接收点会采集到两个以上波包的导波,多个波群容易在时域上发生混叠,不利于分辨并提取损伤信号。因此对结构进行无损检测时,应尽量选择频带较窄的激励信号,且该频段内的导波模态较少、频散性较弱。

1.2.3 阵列超声导波

最简单的超声导波检测系统由 PC、波形发生器、波形放大器、信号采集卡、单个超声导波激励换能器和单个超声导波接收换能器组成。在对一个理想的球形反射体进行检测时,如图 1-11 所示,首先,波形发生器对激励换能器施加一个脉冲驱动,随后,激励换能器产生一个导波信号并在波导中传播,当导波信号与球形反射体相遇时,将会以球形反射体作为新的声源,向各个方向产生完全散射,部分的导波散射能量会被接收换能器捕捉,转化成电信号后通过波形放大器放大,在显示端以时域数字信号的方式输出。在这种单激励单接收的导波检测中,可以通过波导体的材料属性获取导波速度,根据这个导波速度和导波散射返回时刻,可以计算得出激励换能器、球面反射体和接收换能器之间的距离关系。多次改变激励或者接收换能器的位置,可获取一系列检测信号,综合分析这些信号即可确定物理信息。

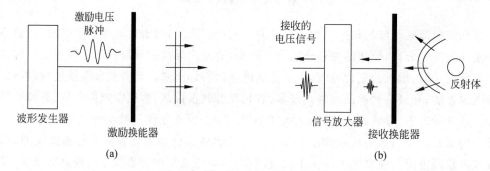

图 1-11　激励换能器与接收波信号
(a) 超声导波换能器产生行波;(b) 换能器接收反射波

实际上,通过换能器的机械运动来改变位置的方式也称为扫描。通过导波扫描,可以获取更加丰富的数据信息,甚至可以利用这些丰富的信息得到反射体的导波成像。这种通过单传感器进行扫描的成像方式不但经济性差,而且效率低下。为了获得丰富的信息,同时兼顾成像效率,人们开展了阵列超声导波检测技术的研究。然而,即使采用了阵列导波技术,也必须克服检测过程中难以避免的间接性。在压电阵列超声导波检测系统中,导波激励和接收换能器是由一组压电单元组成的,这些单元可以独立激发和接收。阵列超声导波对理想球面反射体检测的过程,如图 1-12 所示。假设对每一个单元给予相同的脉冲,即所有激励单元同时激发出相同的导波信号,这时,所有单元可视

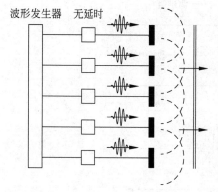

图 1-12　阵列超声传感器产生行波的原理

为点波源并发射球面波,这些球面波以相同的速度向前传播,彼此相互叠加,形成平行于激励表面的行波。

通过调整激励阵列中不同单元之间的脉冲驱动时间,即相对延时 Δt,来调整球面波的叠加形状,实现在无须换能器扫描的情况下波束朝不同方向的偏转,如图 1-13(a)所示。通过设计一定的延时法则,还可以使导波阵列实现波束的聚焦,如图 1-13(b)所示。这种阵列超声导波技术可以通过电子器件实现对波束特性的灵活控制,提高了导波检测的信息采集速率。

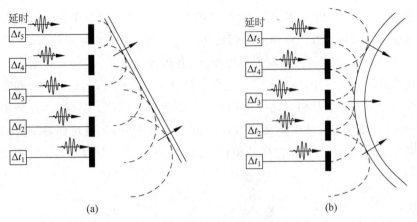

图 1-13 阵列超声传感器调节波束

(a) 偏转;(b) 聚焦

通过调整接收阵列中不同单元之间的相对延时,也可以改变阵列接收信号的波束特性。如图 1-14(a)所示,当接收信号形成平面波阵面并以特定的角度到达阵列时,每个阵元会接收各自的振动从而产生一系列的电脉冲信号。倘若此时对电脉冲信号施以一个特定的延时法则,那么这些电脉冲信号将会叠加形成一个较大的信号,这个信号的强度与在面向入射波时单源换能器的法向信号强度相当,这样一来,延时法则可使得阵列在面向入射波时与相同情况下单源换能器所接收的信号一致。同理,如图 1-14(b)所示,当接收波的波束发生弯曲时,通过非线性延时可以对每个单元接收的信号进行调整并使其叠加,也同样等效于呈聚焦形状的单源换能器所接收到的信号。

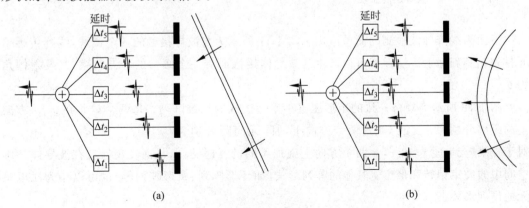

图 1-14 阵列超声传感器接收波信号原理

(a) 以特定角度到达阵列;(b) 以曲线形式到达阵列

阵列中的传感单元是相互独立的,因此,每个单元的发射/接收不受其他单元的影响,可以在导波发射或接收时,对每一个单元的电信号幅值分别进行独立加权,这种对幅值加权的处理称为变迹法则,如图 1-15 所示。通过设计不同的延时法则和变迹法则,可以实现阵列导波发射和接收波形的灵活调整。在这个过程中,根据特定的检测对象,运用相应的阵列导波运转的基本原则和选择合适的性能参数,克服导波检测中不可避免的测量的影响是极其重要的。

导波阵列中压电单元的形状灵活多样,考虑到集成工艺和制造成本,常常使用较为简单的矩形压电单元。线阵以及二维矩形阵列是在无损检测中最经常使用的形式,图 1-16 所示为一组沿 x 轴方向呈线性排列的矩形压电单元,各阵元宽度 l_x 远小于长度 l_y。这样的排列方式称作线阵。在线阵中,每两个单元之间的距离 g_x 是相同的,这个间隙也称为线阵的切口。另外一个重要参数是单元之间的距离 s_x,称为单元间距。显然,从几何关系可以得到 $s_x = l_x + g_x$。由于在线阵中单元只沿着 x 轴方向排列,因此通过调整延时法则只能使得导波波束在 x、z 方向上偏转,这样的偏转将会产生平行于 y 轴且穿过 x-z 平面上多个点的圆柱聚焦。

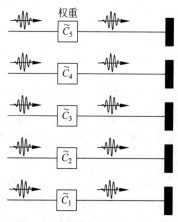

图 1-15 阵列超声导波激励信号赋值加权

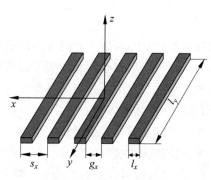

图 1-16 线阵中的阵元

下面为线阵导波检测的简单应用。图 1-17 所示为与波导接触的一个楔块,线阵传感单元排列在其斜面上。这样就可以产生与波导体接触面有一个倾角的导波波束,其发射倾角为 θ。

图 1-18 所示为规格一致的矩形压电小单元组成的二维阵列。每两个单元在 x、y 方向上的距离分别为 g_x、g_y,则这两个方向上的阵元间距分别为:$s_x = l_x + g_x$,$s_y = l_y + g_y$。对于二维阵列,通过在 x,y 两个方向上施加不同的延时法则,从而实现导波在波导体三维空间中的波束偏转和聚焦。其他的阵列形式(如环形阵列、扇形阵列等)也可以作为压电单元的排列形式。

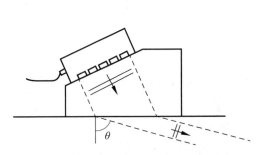
图 1-17 基于角度波束的阵列检测装置

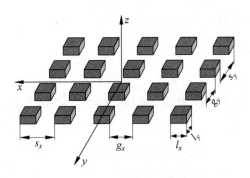
图 1-18 二维矩形阵列

1.3 绞线结构阵列超声导波成像检测基础

1.3.1 单向阵列超声导波成像法

1. 合成孔径聚焦法

传感器沿固定的路径移动,在其移动路径上几个位置向监测区域激励超声导波,合成孔径成像是把传感器布局分为几个激励器和接收器。在激励信号时,每个激励器作为点元激励,激励波束扫过目标;在接收信号时,每个接收器按顺序收到检测构件各离散点的信号并保存,根据离散点的位置,对接收信号进行时间延迟,得到聚焦后目标的成像结果。超声传感器激励波束通常拥有扩散角,半功率激励波束扩散角的公式如下:

$$\beta \approx 0.84\lambda/D \tag{1-7}$$

式中,D 为传感器的直径;λ 为导波的波长。

超声传感器存在的扩散角 β,使得成像结果的横向分辨率较低。合成孔径聚焦法可以看作是用若干小孔径传感器去模仿一个大孔径传感器,通过轮流收发信号可以提高横向分辨率,超声传感器激励波束并扫查结构内缺陷,缺陷的反射信号被邻近的传感器接收;根据参考点的位置,对各传感路径的接收信号引入与参考点传播距离相关的时间延迟,将加入时间延迟的接收信号相加并取均值,将处理后的信号当作当前传感路径的数据;最后融合所有参考点的数值得到成像图。超声合成孔径聚焦成像如图 1-19 所示。

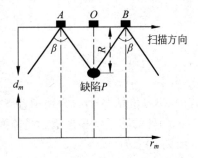
图 1-19 超声合成孔径成像原理图

黑色圆点 $P(x_i, y_i)$ 为缺陷所在点,A、O、B 代表超声传感器所在位置。因为存在扩散角 β,当波束照射到 A-B 区域时,P 点反射的信号被接收并保存,当波束照射离开 A-B 区域时,P 点反射的信号消失。如果利用 A-B 区域内的传感器接收的信号对 P 点进行信息重建,则 P 点拥有更加完整的信息。令 A-B 区域内任意一激励传感器的坐标为 (x_m, y_m),接收传感器的坐标为 (x_m+d, y_m),则 P 点传播信号的时间延迟为

$$t_{mi} = \frac{1}{c}\left(\sqrt{(x_m-x_i)^2+(y_m-y_i)^2}+\sqrt{(x_m+d-x_i)^2+(y_m-y_i)^2}\right), m=1,2,\cdots,M \tag{1-8}$$

式中，d 为收发传感器间距；c 为波速；M 为孔径数量。通过延时叠加，成像中各离散点的像素值为

$$I(x_i, y_i) = \frac{1}{M}\sum_{m=1}^{M} S_m(t_{mi}) \qquad (1\text{-}9)$$

式中，S_m 为信号幅值。在对点 P 信息重建时，第 m 个接收信号中，点 P 回波的飞行时间为

$$t_m = 2r_m/c = 2\sqrt{R^2 + d_m^2}/c \qquad (1\text{-}10)$$

式中，c 为导波在检测结构中的传播速度。点 P 的信息进行重建：

$$R'(x_i, y_i) = \sum_{m=1}^{M} R(d_m, t_m)/M \qquad (1\text{-}11)$$

式中，$R(d_m, t_m)$ 为第 m 个孔径接收到 P 的回波信号，$R'(x_i, y_i)$ 为点 P 的重建叠加信号。

2. 相控阵法

相控阵（phased array，PA）是由一定数量换能器组成的阵列，通过电子系统精准控制换能器的时序对导波进行聚焦，实现损伤成像。其工作原理是将各换能器发射超声波至某点的波程差转化为相位差，再由时序系统控制相位差，从而控制所用换能器的波束焦点和轴线。相控阵成像是由换能器阵列发射的波经过相位控制后聚焦形成的，各换能器发射的波束面进行同相叠加可以明显提高信噪比。

波束成型基于以下假设：(a)阵列中所有阵元 $S_n (n=0,1,\cdots,N)$ 处于相同水平面，并作为点状分布的全向发射器和接收器；(b)不考虑超声导波的频散多模态特性，导波在某一方向上的传播速度是相同的。当检测近场的物体时，阵列波面传播为曲面，此时各超声换能器都有单独的方向矢量 r_n，其示意图为图1-20(a)。换能器阵列原点 $\sum S_n = 0$，在每个换能器的波束对目标 $P(r,\theta)$ 的响应 $f_n(t)$ 上引入延迟时间 Δt_n，再乘以权重 w_n，N 个换能器叠加后输出相控阵结果 $z(t)$，其表达式如下：

$$z(t) = \sum_{n=0}^{N-1} w_n f_n(t - \Delta t_n) \qquad (1\text{-}12)$$

$$f_n(t) = \frac{A}{\sqrt{|r_n|}} e^{i(\omega t - k_n \cdot r_n)} \qquad (1\text{-}13)$$

式中，ω 为角频率；r_n 为换能器 S_n 到目标 $P(r,\theta)$ 的方向矢量；k_n 为对应波数；A 为在 $P(r,\theta)$ 处的阵子位移振幅。当前换能器 S_n 相对于阵列原点的波程差为 $|r|-|r_n|$，则延迟的时间 Δt_n 为

$$\Delta t_n = \frac{|r|-|r_n|}{c} \qquad (1\text{-}14)$$

检测目标位于远场时，则 $|r| \gg |S_n|$，有 $|r| \approx |r_n|$，各换能器到 $P(r,\theta)$ 的方向矢量接近平行，阵列波面可以看作为平面，如图1-20(b)所示。通过阵列原点位置可以得到一条垂直于波束偏转方向的伪激励线。从图1-20(b)能看出伪阵元处是当前阵元 S_n 在伪激励线的投影，因此 S_n 在偏转方向单位矢量 $\varphi = r/|r|$ 的投影长度即为 S_n 相对于阵列原点的波程差，根据波程差和波速可得到延迟时间 Δt_n：

$$\Delta t_n = \frac{\varphi \cdot S_n}{c} \qquad (1\text{-}15)$$

若换能器阵列如图1-20(b)所示的线阵,那么投影可以看作是将换能器阵列转动到伪激励线。伪激励线到远场目标的距离相同,所有伪阵元在偏转方向上的阵列波面将发生干涉。波束聚焦的信号可以根据传播速度映射为照射区域内的检测图像。

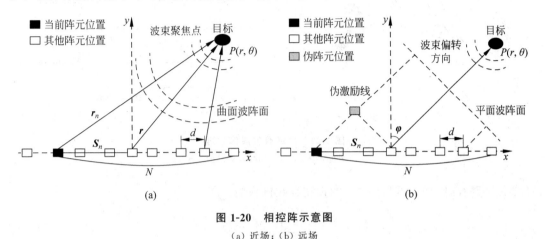

图 1-20 相控阵示意图

(a) 近场;(b) 远场

1.3.2 全向阵列超声导波成像法

1. 延迟叠加法

延迟叠加(delay-and-sum,DAS)是一种经典有效且应用广泛的损伤成像算法。损伤在散射信号$S(t)$中显示为波包,其飞行时间τ_p取决于从激励器到损伤处再由损伤处到接收器的距离和。如图1-21(a)所示,第i条路径相对于损伤处(x,y)的导波飞行时间τ_p为

$$\tau_p(x,y) = \frac{|\boldsymbol{D}_{Ai}| + |\boldsymbol{D}_{iS}|}{c_g} \tag{1-16}$$

式中,c_g是导波模态的群速度;$|\boldsymbol{D}_{Ai}|$是成像点(x,y)到激励器A_i的距离;$|\boldsymbol{D}_{iS}|$是成像点(x,y)到传感器S_i的距离。如果在时域中波包的时域平移量等于飞行时间τ_p,它将完全反向传播到时域激励起点,如图1-21(b)所示。对于图1-21(a)中的其他非损伤处,如$P^o(x,y)$,由式(1-16)求得波包时域平移量τ_{p^o},反向传播τ_{p^o}后,波包将滞后于时域激励起点,$P^s(x,y)$则相反。满足精确反向传播的损伤轨迹是一个椭圆,激励器和接收器是椭圆的两个焦点,如图1-21(a)所示。融合N条路径,图像幅值$P(x,y)$由各路径散射信号在飞行时间处的幅值叠加得到

$$P(x,y) = \sum_{i=1}^{N} S_i(\tau_p(x,y)) \tag{1-17}$$

上述原理与椭圆三角定位类似,因此DAS成像方法有时也被称为椭圆成像方法。需注意的是,椭圆三角定位依赖于两个不确定参数,即波速和飞行时间,而DAS成像方法中飞行时间由式(1-16)计算,减少了提取飞行时间时的误差不确定性。

2. 概率成像法

在概率成像原理中,监测区域被划分为大小均匀的$N \times N$个网格,然后,计算每条传感路径监测信号和健康信号的信号差特征作为损伤因子,在椭圆模式下进行融合得到网格的概率值,成像结果中损伤概率较大的位置即为损伤可能存在的位置。假设传感网络中共有

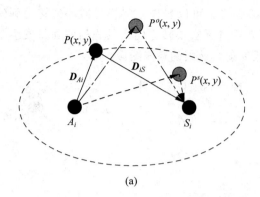 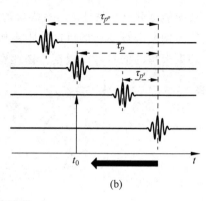

图 1-21 延迟叠加成像原理
(a) 成像轨迹；(b) 反向时移的散射波包

M 条传感路径，则任一网格 (x,y) 的损伤存在概率为

$$P(x,y) = \sum_{i=1}^{M} D_i W_i(R_i(x,y)) \tag{1-18}$$

式中，D_i 为第 i 条传感路径的损伤指数，来表征损伤引起的信号变化程度，通常对健康信号和当前监测信号之间的差异进行量化得到；$W_i(R_i(x,y))$ 是第 i 条传感路径对应的加权分布函数，此处将其定义为随网格点 (x,y) 与第 i 条传感路径的相对距离 $R_i(x,y)$ 的增加而线性递减的路径加权函数，表示为

$$W_i(R_i(x,y)) = \begin{cases} \dfrac{\beta - R_i(x,y)}{\beta - 1}, & R_i(x,y) < \beta \\ 0, & R_i(x,y) \geqslant \beta \end{cases} \tag{1-19}$$

式中，β 为标度参数，控制有效椭圆分布面积的大小；$R_i(x,y)$ 为网格点到第 i 条传感路径的相对距离：

$$R_i(x,y) = \frac{|\boldsymbol{D}_{Ai}| + |\boldsymbol{D}_{iS}|}{|\boldsymbol{D}_i|} \tag{1-20}$$

式中，$|\boldsymbol{D}_i|$ 是第 i 条传感器路径中激励器 A_i 到传感器 S_i 的距离；$|\boldsymbol{D}_{Ai}|$ 是网格点 (x,y) 到激励器 A_i 的距离；$|\boldsymbol{D}_{iS}|$ 是网格点 (x,y) 到传感器 S_i 的距离，如图 1-22(a) 所示。$W_i(R_i(x,y))$ 的等值线是一组以激励器和传感器为焦点的椭圆，如图 1-22(b) 所示。以各条路径 DI_i（信号损伤指数）值乘加权函数的形式融合得到网格点 (x,y) 的幅值，幅值越高，代表出现损伤的概率越大。尽管并非严格意义上的概率值，但归一化后可有效衡量损伤存在的概率情况。

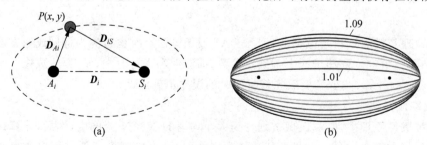

图 1-22 概率成像算法示意图
(a) 相对距离；(b) 等值线

1.3.3 时间反演阵列超声导波成像法

时间反演是指对时域信号的一种逆序操作，它将信号按照到达接收点的顺序进行前后倒转，在频域上等效于相位共轭。根据互易原理，时间反演具有时空聚焦特性，具体体现为：空间中多点测得的接收信号经过时间反演处理后，所得的多路时间反演信号能够无须先验知识、自适应地穿过复杂介质在同一时间空间原始发射信号的激励点处叠加出最大能量（空间聚焦特性），形成类似于原始发射信号的逆时域波形的聚焦信号（时间聚焦特性）。

首先讨论时间反演的时间聚焦特性，时间反演过程如图 1-23 所示，图中换能器分别定义为 A 和 B。

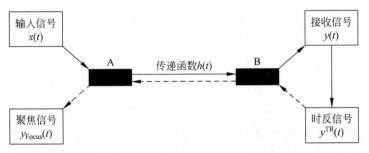

图 1-23 时间反演过程

忽略换能器 A 和换能器 B 的非线性特性（若换能器为压电传感器，则该非线性特性表现为电声转化效率）。换能器 A 到换能器 B 的传递函数设为 $h(t)$，其傅里叶变换为 $H(\omega)$，换能器 A 施加激励信号为 $x(t)$，其傅里叶变换为 $X(\omega)$，信号从换能器 A 传输到换能器 B 所采集到的接收信号为 $y(t)$，其傅里叶变换为 $Y(\omega)$，则有

$$Y(\omega) = X(\omega)H(\omega) \tag{1-21}$$

由于时域上的时间反演处理等效于频域上的相位共轭，因此，若将换能器 B 的采集信号的时间反演信号记为时反信号 $Y^{TR}(\omega)$，则其可以表示为

$$Y^{TR}(\omega) = X^*(\omega)H^*(\omega) \tag{1-22}$$

式中，$*$ 表示共轭。

将换能器 B 的时间反演信号重新施加在换能器 B 上进行激励，此时，空间中形成的场与传感器 A 发送原始激励信号所形成的场，在时序上是相反的。将换能器 A 接收到的时间反演信号定义为聚焦信号 $Y_{Focus}(\omega)$，有

$$Y_{Focus}(\omega) = Y^{TR}(\omega)H(\omega) = X^*(\omega)|H(\omega)|^2 \tag{1-23}$$

式中，$|H(\omega)|^2$ 表示传递函数能量。将换能器 A 接收到的聚焦信号再次进行时间反演，可得

$$Y_{Focus}^{TR}(\omega) = X(\omega)|H(\omega)|^2 \tag{1-24}$$

由式(1-24)可以看出，换能器 A 接收到的聚焦信号的时间反演信号 $Y_{Focus}^{TR}(\omega)$ 在频域上类似于原始激励信号 $X(\omega)$。

接下来分析该聚焦信号的时域特点，将式(1-23)进行傅里叶逆变换得到时域表示：

$$y_{\text{Focus}}(t) = \frac{1}{2\pi}\int_{-\infty}^{+\infty} X^*(\omega) \mid H(\omega) \mid^2 e^{i\omega t} d\omega \tag{1-25}$$

由式(1-25)可以看到,聚焦信号的时间反演信号的时域形式也是类似于原始激励信号的。因此,采用时间反演技术可以在时空上形成对原始激励信号的聚焦恢复。

图 1-24 展示了基本的时间反演过程。把一个一阶高斯脉冲激励在换能器 A 上,假设空间中存在着 4 个接收换能器 $B_1 \sim B_4$,信号经过空间中物体的传播后,被这些换能器接收,接收信号经过时间反演处理后,将这些时间反演信号重新激励在相应的换能器 $B_1 \sim B_4$ 上,时间反演信号经过空间中物体的传播后,在原始波源 A 处接收到的聚焦波形与原始脉冲波形在时域上是相反的,如果再对聚焦波形作时间反演处理,则可以得到与原始脉冲波形一致的信号波形,这就是时间反演的时间聚焦特性。

对于时间反演的空间聚焦特性,同样忽略换能器阵列单元的时域非线性响应特性,时间反演的信号传播模型如图 1-25 所示。

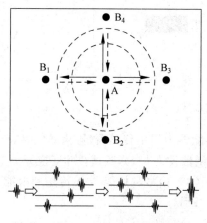 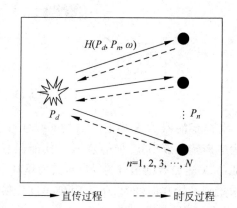

图 1-24 时间反演过程信号传播演示　　图 1-25 时间反演的信号传播模型

设空间中探测阵列的信号接收单元共有 N 个,分别位于 $P_n(1 \leqslant n \leqslant N)$。散射目标位于 P_d,各散射目标与接收阵列单元之间的传递函数为 $H(P_d, P_n, \omega)$。假设散射目标发出的散射信号为 $x(t)$,其傅里叶变换为 $X(\omega)$,则 P_n 处的接收单元接收到的信号为

$$S(P_n, \omega) = H(P_d, P_n, \omega)X(\omega) \tag{1-26}$$

由于上述接收信号在时域上是无限长度的,考虑到实际接收信号是有限的,不妨从时间零点开始对接收信号截取一段 T 时间长度的信号对其进行时间反演。则该段信号的时间反演信号为

$$S^{\text{TR}}(P_n, \omega) = H^*(P_d, P_n, \omega)X^*(\omega)e^{i\omega T} \tag{1-27}$$

在反演成像阶段,把时间反演信号 $S^{\text{TR}}(P_n, \omega)$ 分别重新激励在 P_n 处的阵列单元上,则成像空间 P_k 处接收到的来自 P_n 处的传播信号为

$$S_{(n)}^{\text{TR}}(P_k, \omega) = S^{\text{TR}}(P_n, \omega)H(P_k, P_n, \omega) \tag{1-28}$$

式中,$H(P_k, P_n, \omega)$ 为 P_k 与 P_n 之间的传递函数。

于是成像空间 P_k 处接收到的来自位于 $P_n(1 \leqslant n \leqslant N)$ 的整个接收阵列的合信号为

$$S(P_k,\omega) = \sum_{n=1}^{N} S_{(n)}^{TR}(P_k,\omega) = \sum_{n=1}^{N} H(P_k,P_n,\omega)H^*(P_d,P_n,\omega)X^*(\omega)\mathrm{e}^{\mathrm{i}\omega T} \quad (1\text{-}29)$$

对式(1-29)进行傅里叶逆变换可得到其时域表达形式 $s(P_k,t)$：

$$\begin{aligned} s(P_k,t) &= \frac{1}{2\pi}\int_{-\infty}^{+\infty} S(P_k,\omega)\mathrm{e}^{\mathrm{i}\omega t}\,\mathrm{d}\omega \\ &= \frac{1}{2\pi}\int_{-\infty}^{+\infty} |S(P_k,\omega)|\exp(\mathrm{i}\varphi(P_k,\omega)+\mathrm{i}\omega t)\,\mathrm{d}\omega \end{aligned} \quad (1\text{-}30)$$

式中，$\varphi(P_k,\omega)$ 是 $S(P_k,\omega)$ 的相位函数。

为式(1-30)定义一个幅值函数 $c(P_k,t)$：

$$c(P_k,t) = \frac{1}{2\pi}\int_{-\infty}^{+\infty} |S(P_k,\omega)|\exp(\mathrm{i}\varphi(P_k,\omega)-\mathrm{i}\varphi(P_k,\omega_0))\times\exp(-\mathrm{i}(\omega-\omega_0)t)\,\mathrm{d}\omega \quad (1\text{-}31)$$

式中，ω_0 为探测信号的频率。则式(1-30)可以写为

$$s(P_k,t) = c(P_k,t)\exp(\mathrm{i}\varphi(P_k,\omega_0)+\mathrm{i}\omega_0 t) \quad (1\text{-}32)$$

当 P_k 处于散射目标位置时，即 $P_k=P_d$，式(1-29)可写为

$$S(P_k,\omega) = X^*(\omega)\exp(\mathrm{i}\omega T)\sum_{n=1}^{N}|H(P_d,P_n,\omega)|^2 \quad (1\text{-}33)$$

可以得到 $P_k=P_d$ 点的时间反演信号的最大值为

$$\begin{aligned} c_{\max}(P_k) &= \frac{1}{2\pi}\int_{-\infty}^{+\infty} |S(P_k,\omega)|\,\mathrm{d}\omega \\ &= \frac{1}{2\pi}\int_{-\infty}^{+\infty} |X(\omega)|\sum_{n=1}^{N}|H(P_d,P_n,\omega)|^2\,\mathrm{d}\omega \end{aligned} \quad (1\text{-}34)$$

式(1-34)说明了散射目标处的聚焦信号将成为整个成像空间的最大信号。因此，只要找出成像空间中所有时间段最大信号出现的位置就能找到散射目标，这就是传统时间反演镜探测方法实现目标成像的依据，体现了时间反演的空间聚焦特性。以能量为参数用图像表示，则所成像结果中能量最大之处即为损伤处，这样就可以实现对损伤的成像监测。对于式(1-34)，只有在接收阵列单元数量较多，即 N 较大的时候，散射目标点才可能成为空间最大信号所在的点。当 N 较小时，散射目标的时间反演聚焦信号可能不再会是空间最大信号，如当接收阵列单元个数为1时，在反演过程中，根据时间反演基本理论，到达散射目标处的聚焦信号虽然能够在时间上恢复波形，但是该聚焦信号由于受到传播路径的损耗，其信号大小肯定要比用于激励时间反演信号的接收单元处的信号小，成像结果就会把目标错误定位在接收单元处。根据以上分析，采用传统时间反演镜方法进行空间目标成像时，有必要考虑接收阵列单元个数 N 和传播路径损耗，当接收阵列单元个数 N 较小、传播路径较长损耗较大时，成像空间可能发生目标定位错误。

时间反演法(time reversal method, TRM)可以通过单向阵列的布置方式，进行超声导波信号聚焦增强，同时也可以通过在损伤周围布置全向阵列，对损伤进行成像。基于此思想，对于整体上呈细长形状的多层绞线结构，可采用子阵列的形式，通过单向子阵列进行损伤信号增强，多个子阵列之间组合形成多向阵列的方式进行损伤成像。

1.4 绞线结构超声导波无损检测成像国内外研究现状

多层绞线结构是由一定数量的直杆与螺旋曲杆按一定规律绞合而成,具有柔软性好、可靠性高、强度大、稳定性好等特点,被广泛应用于多个领域。绞线种类从材质上分主要有铝绞线、钢绞线、铜绞线、铝包钢绞线、钢芯铝绞线、碳纤维复合芯绞线等。随着绞线的广泛应用,绞线结构健康监测一直是国内外研究的热点。因此本节将首先介绍当前绞线结构无损检测方法,对比分析超声导波在绞线结构损伤检测中的优势;其次介绍目前超声导波特性求解方法,分析目前各种解析法和数值法在求解复杂波导频散曲线方面的优劣;最后介绍阵列超声导波信号提取方法及阵列超声导波聚焦成像等研究进展。

1.4.1 绞线结构无损检测方法研究现状

绞线结构的无损检测是指在不破坏绞线结构的情况下,采用相关无损检测技术进行检测,并对结构损伤进行评估。目前绞线结构损伤常用的无损检测方法可分为非应力波检测方法和应力波检测方法两大类,其中非应力波检测方法主要有光学检测(optical detection)、射线检测(radiographic testing,RT)、涡流检测(eddy current testing,ECT)、漏磁(magnetic flux leakage,MFL)检测等,应力波检测方法主要有声发射(acoustic emission,AE)检测、超声导波检测等。

1. 非应力波检测方法

1) 光学检测

光学检测主要通过图像采集绞线表面特征,结合各类图像处理算法进行绞线表面损伤检测。如 Yang 等[3-4]通过对钢绞线图像腐蚀特征分析,采用数字化扫描电子显微镜对腐蚀钢绞线进行图像采集,如图 1-26 所示,发现腐蚀图像能反映钢绞线细观损伤行为;Zhou 等[5]提出基于纹理特征的钢丝绳损伤检测方法,并比较分析不同滤波算法,最终识别准确率可达 93.3%;戴若辰等[6]提出一种基于高光谱图像处理的钢丝绳断丝识别方法,结合 Otsu 分割与 Hough 变换判断钢丝绳中的断丝程度。光学检测不受绞线材质影响,具有精度高、速度快等特点,能够直观地获取绞线的表面特征,但无法检测绞线结构内部缺陷,当绞线表面被其他结构包覆时亦会成为检测盲区。

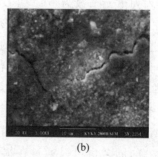

(a)　　　　　　　　　　　(b)

图 1-26　光学法检测钢绞线结构[4]

(a) 360 h 交变应力试件腐蚀形态;(b) 交变荷载作用下微裂纹扩展图(3000 倍)

2) 射线检测

射线检测常用 X 射线作为辐射源,通过激励 X 射线使得部分放射性射线被钢丝绳吸收,并结合各类图像处理算法进行检测。如 Schumacher 等[7]使用双光子计数探测器对在役碳纤维钢丝绳进行检测,尽管分辨率与损伤识别率较低,但对纤维断裂和分层缺陷足够灵敏;Hu 等[8]提出一种基于分类神经网络的碳纤维复合导线 X 射线检测方法,将问题视为图像分类任务,其系统如图 1-27 所示,实验结果表明提出的方法可用于碳纤维复合导线的实时在线检测;王进等[9]采用线阵 X 射线对钢丝绳芯输送带进行线阵成像,提出一种图像增强方案提高图像质量。X 射线具有极强的穿透性,可在一定程度上观察内部绞线状态,但多用于钢丝绳、铝绞线、碳纤维绞线等材质的绞线检测,而对于铜合金绞线,尤其是被复杂不规则铜质材料结构包覆区域的承力索内层芯线,X 射线检测在使用上受到限制。

3) 涡流检测

涡流检测利用金属导体在交变磁场中产生的涡流效应进行检测。如 Hiruma 等[10]提出一种基于 1-D 积分方程的方法计算涡流产生的磁化强度,用于分析平行钢丝和多股绞线模型;郭锐等[11]设计了一种涡流探头,通过信号波形的起伏变化实现铝绞线外层损伤检测与定位,如图 1-28 所示;于小杰等[12]设计了一种感生轴向涡流探头,验证其在钢丝绳损伤检测中的可行性,并得出断线数量与信号峰值间的线性关系。涡流检测具有灵敏度高、非接触等特点,采用与绞线相对运动的方式,常用于外层绞线损伤检测,但不适用于被复杂不规则结构所包覆区域的承力索结构内层损伤检测。

图 1-27 X 射线检测系统[8]

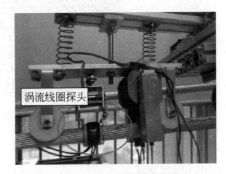

图 1-28 涡流法检测铝绞线[11]

4) 漏磁检测

漏磁检测将一磁场沿绞线轴向运动以磁化该区域,检测范围内有损伤时在绞线表面产生漏磁场,或导致磁通变化从而进行检测。如 Xia 等[13-14]提出了一种基于自漏磁信号的分析方法,实现钢绞线腐蚀损伤检测;Kaur 等[15]建立了一种基于漏磁原理的钢丝绳试验机,检测铁磁钢丝绳中的损伤;Liu 等[16]采用霍尔传感器对钢丝绳进行探伤,如图 1-29 所示,并对比各种信号去噪方法,为钢丝绳缺陷识别提供参考;周建庭等[17]提出了一种利用金属磁记忆技术的镀锌钢绞线腐蚀检测方法,通过绞线表面漏磁信号特征判断其腐蚀情况。漏磁检测具有原理简单、成本低、灵敏度高等特点,在钢绞线的检测方面应用比较成熟,主要适用于铁磁材料,然而在铜合金承力索结构损伤检测方面受到限制。

2. 应力波检测方法

1) 声发射检测

声发射检测利用绞线结构产生微观形变或断裂等变化时产生的弹性波进行检测。如

图 1-29　漏磁法检测钢绞线[16]

Li 等[18]通过埋置于混凝土中的钢绞线声发射衰减实验,探讨其强度与传播长度和混凝土状态的关系,发现声发射强度随传播长度呈指数函数关系衰减;李冬生等[19-20]利用声发射技术对预应力钢绞线进行损伤监测,如图 1-30 所示,对腐蚀损伤声发射特征信号进行分析,揭示预应力钢绞线腐蚀机理;辛桂蕾[21]提出基于数据驱动的钢绞线声发射信号识别方法,实现对桥梁拉索断丝的监测。声发射检测属于被动检测,常用于结构健康的全面监测,可反映结构损伤的变化,然而在役承力索通常具有高电压大电流,在承力索上大范围布置声发射探头进行长时间监测具有较大难度。

图 1-30　声发射技术检测钢绞线[20]

2）超声导波检测

超声导波检测通过主动激励应力波在绞线结构中形成超声导波,导波与损伤发生作用,使得损伤成为二次声源产生散射信号从而实现检测,如图 1-31 所示。因其传播距离远、检测范围广、穿透能力强、灵敏度高、效率高等优点,近年来已成为无损检测领域研究热点。目前,按超声导波换能器工作原理主要可分为激光式、电磁式和压电式等[22]。

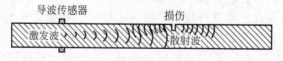

图 1-31　超声导波检测示意图

（1）激光式:按激发机制可分为热弹性机制和烧蚀机制。如 Hosoya 等[23]提出一种基于激光烧蚀兰姆波的非接触损伤检测方法,产生的兰姆波振幅比传统激光产生的兰姆波高几百倍;Gao 等[24]提出激光超声导波分层识别的多频局域波能量算法,检测两种不同板状层压板结构的分层损伤;Chen[25]等利用激光产生兰姆波,结合导波阵列技术实现板状结构中的损伤定位,检测系统如图 1-32 所示;何存富等[26]利用激光测振仪在铝板中激励超声导波信号,提取导波特征用于指导传感器开发;邢博等[27]利用超声导波的激光多普勒频移法对钢轨内部损伤进行检测,根据激励信号特征及反射回波特征实现损伤定位。激光超声导波检测技术具有非接触、精度高、激发声波带宽较宽等优点,但成本高,通常用于检测具有较为平整表面的结构,如板状结构等,而承力索最外层单线表面均为小直径圆弧面,激光超声导波在使用上受到一定限制。

图1-32　激光超声导波检测系统[25]

（2）电磁式：以电磁超声换能器（electromagnetic acoustic transducer,EMAT）为核心的超声无损检测技术,利用磁致伸缩效应或者洛伦兹力效应产生电磁超声导波。如Tse等[28]用柔性印制线圈设计了一种磁致伸缩传感器,如图1-33所示,通过激励纵向导波进行钢绞线损伤检测；Zhou等[29]采用磁致伸缩导波检测钢绞线疲劳损伤,发现疲劳损伤降低了磁致伸缩导波激励与接收过程中的耦合效率；武新军等[30]利用磁致伸缩导波对钢绞线外围钢丝中的三处断口进行检测,发现断口会使导波反射从而降低前进方向的导波能量,且股线间耦合作用使得导波在所有股线中继续传播；刘秀成等[31]通过磁致伸缩传感器研究了多杆系统中导波能量传递特性,发现超声导波能量在不同层级杆中呈交替振荡规律传递。目前磁致伸缩导波检测法主要有直接法和间接法,直接法是利用被测结构材料自身的磁致伸缩效应,具有非接触、换能效率高等优点,主要用于铁磁性材料检测,难以适用于铜合金承力索结构；间接法则是通过磁致伸缩带进行转换,可一定程度上克服被测结构材料的限制,且通常是将绞线作为整体进行检测,同样不易于实现对承力索结构各单线状态进行有效独立检测。利用洛伦兹力的电磁超声换能器对提离距离敏感且换能效率较低,对于包覆区承力索绞线检测而言并非最佳选择。

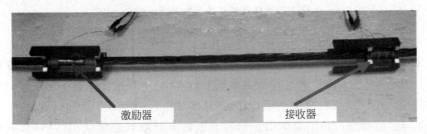

图1-33　磁致伸缩超声导波检测钢绞线[28]

（3）压电超声导波：主要利用压电材料的压电效应实现超声导波的激励与接收。压电材料在致动[32-33]、传感[34-35]及带宽响应[36-37]方面具有优异的性能,被广泛使用。Trane等[38]设计了一种基于压电换能器（piezoelectric transducer,PZT）的传感器,并将常用于油气钻井的多芯电缆(1K22 MP-35N)作为通信信道,结果表明尽管导波存在频散和多模态,但系统依然正确识别了导波的 PPM 编码信息;Zhang 等[39]提出基于 PZT 超声导波的楔式锚固系统松动状态监测方法,如图 1-34 所示,利用压电陶瓷片灵活特性将其分别布置于钢绞线、楔块及套筒上,结合时间反演技术实现工况下预应力钢绞线的锚固紧度监测;Dubuc 等[40]研究了七股绞线中的轴向应力对纵向模态导波传播的影响,发现高阶模态导波对压力测量有优势;何存富等[41]通过计算纵向模态在钢杆中的频散曲线与衰减曲线,发现纵向模态存在衰减最小值,此频率下的纵向高阶模态能进行长距离传播;刘世涛[42]设计了一种面向输电线的夹持式压电传感器,并研究了超声波在输电线中的传播特性;赵新泽[43]等通过有限元分析钢芯铝绞线不同张力下的股间接触应力,发现由外向内挤压力逐渐减小而股线轴向分力逐渐增大;徐春广等[44]研究残余应力对超声波传播影响,发现了应力与超声纵波传播速度和剪切波传播速度之间的线性关系。压电超声导波检测法不受被测结构材料限制,具有频带宽、灵敏度高、线性好、信噪比高等优点,易于实现超声导波阵列激励与采集,适用于包覆区承力索结构损伤检测。

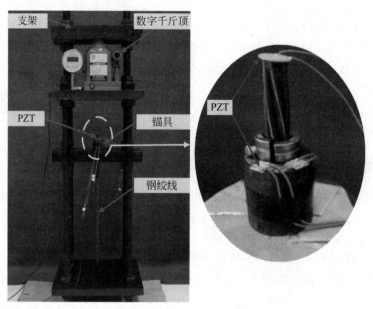

图 1-34 压电超声导波检测钢绞线[39]

本书主要研究对象承力索为多层绞线结构,其形状复杂,所含部件材质多样,采用径向检测时包覆结构会对检测产生严重干扰,包覆区域结构是目前检测盲区,通常拆除包覆结构时需要停止设备运行,工作量大且检测效率低下,检测完毕后重新安装不易恢复到原来的状态。通过对绞线结构损伤检测方法进行比较,总结如下:

(1)非应力波检测方法主要受限于承力索铜合金材质和包覆结构的影响,声发射法则受限于被动检测,难以有效检测,而超声导波检测方法穿透力强,即使绞线被包覆也能以一定规律继续传播,适用于包覆区承力索结构损伤检测。

(2)超声导波检测方法中,激光式难以激发任意波形调制信号且要求被测表面平整,磁致伸缩式主要应用于铁磁性材料的整体检测,洛伦兹力式对承力索包覆区结构提离距离敏感且换能效率较低,压电式不受限于被测结构材质,且结构简单易于制作阵列,更适合于包覆区承力索结构损伤检测。

（3）目前国内外对于压电超声导波技术在绞线方面的应用主要集中在应力监测，而在包覆区绞线结构损伤超声导波检测机理与方法等方面研究极为少见，因此对包覆区承力索结构损伤检测研究具有重要的学术价值和意义。

1.4.2 超声导波特性求解方法研究现状

超声导波具有群速度、相速度、模态、衰减等特性参数，而频散曲线可以描述这些参数随频率变化的频散特性，依据频散曲线可以指导超声导波激励频率选取、导波模态选择及模态识别等，求解被测结构导波频散曲线是利用导波进行检测的基础。目前，导波频散曲线求解方法主要分为解析法和数值法。解析法通过求解满足边界条件的偏微分方程组获得导波频散曲线，最早由Pochhammer[45]与Chree[46]提出圆杆中的纵向导波和扭转导波频散方程，即Pochhammer-Chree方程，Zemanek等[47]首次借助高性能计算机获得了该方程的准确解。Rose[48-49]给出了无限长杆中纵向、扭转和弯曲三种传播模态的频率方程，并总结了导波模态及频率的选择规律。Pavlakovic等[50]和Seco等[51]分别开发了Disperser商业软件和PCdisp软件，能够求解圆柱、多层板及一般各向异性材料等结构较为简单的波导频散曲线。解析法精度高、计算量小，但只能求解简单几何结构的导波频散曲线。

数值法在弥补解析法难以求解复杂结构的基础上发展而来，与解析法相比所需计算量大、速度慢，但能求解具有复杂几何形状及边界条件的结构频散曲线。随着计算机技术的高速发展，求解复杂三维波导结构导波频散曲线的数值方法主要有波有限元（wave finite element，WFE）法和半解析有限元（semi-analytical finite element，SAFE）法等。

1. 波有限元法

波有限元法是将波传播法与有限元法相结合的一种求解周期性结构频散曲线的数值方法，根据布洛赫定理对复杂问题进行简化，将超声导波在整体结构中的传播简化为在单个周期内的传播进行求解。如Mace等[52]首次提出一种利用有限元分析预测一维结构波导波数和群速度的数值方法，并命名为波有限元法，该方法要求波导沿其轴线必须是均匀的，但截面可以是零、一或二维，精度略低于谱有限元法，但精度可通过细化网格提高；Droz等[53]提出一种利用简化波有限元法来研究波在复合材料结构波导中的频散特性，并准确获得夹层梁、充满流体的圆柱弹性壳中的导波频散曲线，对简化后的特征向量进行误差评估，准确预测高阶局域波模态；Mencik等[54]将波有限元法应用于一维周期结构的强迫响应计算，并提出一种插值策略以降低计算时间，结果表明该方法能够准确地描述两个复杂周期结构在宽带上的频响；Gras等[55]利用有限元与波有限元的耦合方法计算含非均匀部分的无限轨道动力响应，通过对包含均匀支撑的轨道沿其长度的驱动点移动与实验数据比较，验证了该方法的有效性；Chronopoulos[56]提出了一种基于有限元的复杂复合材料结构局部非线性导波相互作用定量计算方法，并通过波有限元法计算振幅相关的导波反射、透射和转换关系；Thierry等[57]通过波有限元法计算纺织复合材料频散曲线，研究纺织复合材料模型的均匀化以提高此类复杂结构中的导波频散预测准确性；倪广健等[58]采用波有限元法求解固流耦合结构中的波数频散曲线，分析结构中的波传导及其能量，扩展了波有限元法的应用范围；李春雷[59]对波有限元法进行改进和完善，求解了七芯平行杆中的频散曲线，并分析接触力对超声导波传播特性的影响，结果显示预应力的变化对低频段扭转模态影响较大，而对高频段各个模态影响较小。

2. 半解析有限元法

半解析有限元法是将解析法与有限元法相结合的数值方法,通过将波导在横截面上离散化为有限元网格,在波传播方向上采用解析解。对于传播方向无限长的波导,半解析有限元法相对于三维有限元数值求解方法,其优势在于可将三维波动问题降为二维,计算量大幅降低。如 Nelson 等[60]较早将半解析有限元法应用于各向同性圆柱体中的导波传播问题求解;Gavrić 等[61]应用半解析有限元法求解自由钢轨中的导波频散曲线,并分析了横截面振动形态随频率的变化规律;Taweel 等[62]采用半解析有限元法研究任意几何形状截面波导中的导波频散特性,并揭示了与频率相关的波反射现象;Shorter 等[63]通过半解析有限元法分析了线性黏弹性层压板中的导波传播特性,并发现了导波传播与阻尼之间的关系;Hayashi 等[64]将半解析有限元法应用于管道弯头处的导波模态分析,发现在弯头处模态转换会引起后壁回波延迟;Loveday[65]将一维弹性波导中波传播的半解析有限元法推广到轴向载荷的影响分析中,发现描述轴向载荷影响所需的附加刚度矩阵与质量矩阵成比例;Treyssède 等[66-69]对螺旋曲杆及其耦合而成的绞线结构做了较为深入的研究,先是应用半解析有限元法分析了导波在单根螺旋曲杆中自由状态下的传播特性,在此基础上对坐标系进行改进,通过对接触条件进行简化从而求解七芯钢绞线结构的频散曲线,之后分析导波在七芯钢绞线结构中的传播,并与基于铁摩辛柯梁解析解比较验证频散曲线的一致性,同时发现预应力状态对低频段导波具有显著影响;Sui 等[70]使用半解析有限元法求解螺旋角为 7.9°的七芯绞线频散曲线,获得大激励频率范围内螺旋电缆中波传播的波速和模态,并设计了一种磁致伸缩换能器对多个断线和腐蚀案例进行实验研究,结果表明利用飞行时间信息和损伤反射波包的小波系数可以确定损伤位置和损伤程度;Tang 等[71]采用半解析有限元法求解七芯钢绞线的波频散曲线,并从中选取 80 kHz 的 L(0,1)模态作为激励频率,研究结果表明半解析有限元法计算所得的波速与试验结果接近,在无损伤钢绞线中的波速误差为 2%。唐楠[72]通过分析二阶螺旋线的几何描述,获得了单根钢丝经过两次螺旋后的螺旋曲杆频散曲线,虽难以获得精确解但当曲率与挠率取近似值时,可用一阶螺旋杆代替二阶螺旋杆。

上述国内外超声导波特性求解方法研究进展总结如下:

(1) 由于绞线的螺旋几何结构复杂,单线之间非线性耦合与接触,预应力载荷及其他复杂边界条件等因素的影响,难以用解析法求解绞线结构导波频散曲线。

(2) 数值法中波有限元法所用单元为 3D 单元,准确描述绞线一个周期所需单元数量多,计算成本较大。半解析有限元法将截面离散为 2D 单元,因此满足连续对称的均质波导通常可选择半解析有限元法。然而,目前采用数值法求解绞线结构中的导波频散曲线,主要是针对两层的七芯绞线结构,而三层及以上绞线结构中的导波频散曲线求解未见报道。

(3) 本书研究的承力索为三层绞线结构,相邻层单线旋向相反,几何结构和接触条件复杂于双层的七芯绞线,其包覆结构更进一步增加了结构的复杂性,因此如何解决半解析有限元法中绞线的平移不变性问题,通过对三层且相邻层旋向相反的包覆区承力索结构频散曲线进行求解并分析导波在该结构中的特性,这些问题尚需进一步研究。

1.4.3 阵列超声导波信号分析方法研究现状

超声导波信号分析是基于导波的结构健康检测的重要环节,通过对信号进行处理分析,降低噪声的干扰,提高信号的信噪比,准确地从信号中提取出损伤相关信息如幅值、相位、波速、能量等,从而准确识别损伤位置、大小及损伤程度。超声导波作为典型的非平稳信号,目前主要的分析方法有时频分析、信号稀疏表示等。

(1) 时频分析:可分为时域分析、频域分析和时频域分析。其中时域分析是根据导波信号时域波形进行分析,直观地表示导波各个模态及损伤散射信号的传播过程,如希尔伯特变换可对信号进行包络分析[73],相关性分析可比较两种状态下的信号间差异[74]。频域分析则是将信号变换到频域进行分析,如采用快速傅里叶变换获得信号幅度谱和相位谱,对信号进行降噪滤波[75],或提取非线性超声导波二次谐波进行损伤识别[76]等。超声导波信号作为典型的非平稳信号具有瞬态性,随着研究的深入仅对瞬态信号做时域分析或者频域分析是不够充分的。时频分析是联合分析信号的时域和频域,能有效提取非平稳信号中的特征信息。常用的时频特征提取方法有加博变换、短时傅里叶变换(short-time Fourier transform, STFT)、小波变换(wavelet transform, WT)、维格纳-维尔分布等。如 Ahmad 等[77]将实验导波信号进行加博变换,对地下管道中的缺陷进行检测;Mutlib 等[78]采用短时傅里叶变换对钢管混凝土柱超声导波监测信号进行处理;Xu 等[79]提出一种基于小波变换的新型导波信号去噪方法,从而确定管道中的损伤区域;Wu 等[80]为了分离超声导波信号中的不同成分,提出一种结合平滑伪维格纳-维尔分布和弗德卡曼滤波器阶次跟踪的信号分解算法;Ahmad 等[81]提出了一种基于时频的兰姆波模态重构方法,采用激励信号和传感器信号的交叉维格纳-维尔分布来分离时频域中的时间重叠模态;Rizvi 等[82]为了抑制维格纳-维尔分布生成时频谱中交叉项和虚假能量的影响,提出了使用基于伯格最大熵法的自回归模型进行修正,从不同的模拟噪声信号中精确评估金属板中两个紧密间距缺口之间的距离。

(2) 信号稀疏表示是根据过完备字典将信号表示为少数原子的线性叠加,与传统时频分析方法相比,更能满足导波信号分析需求,是近年来导波信号处理的研究热点。稀疏表示的研究主要分为稀疏分解算法和稀疏字典构建两个方面。①稀疏分解算法方面:主要有松弛优化算法[83]和贪婪算法[84]等。其中贪婪追踪算法通过一定准则从字典中依次选择原子对信号进行分解,多次迭代以重构原信号的稀疏逼近,具有较低的复杂度。匹配追踪(matching pursuit, MP)算法作为典型的贪婪算法,每次迭代选择与残差信号最接近的原子,逐步逼近求得信号的稀疏分解,匹配追踪算法[85]及其改进算法[86-87]是目前常用的导波信号稀疏分解方法。②稀疏字典构建方面:通常是基于分析字典或学习字典构建新字典,常用的分析字典有小波字典、Gabor 字典、Chirplet 字典等,其优势是构造简单,计算量低。如 Yang 等[88]提出了一种基于匹配追踪算法的小波包原子分解时频分析方法,有效地消除噪声并逼近损伤回波;Wu 等[89]提出一种基于 Gabor 脉冲模型的稀疏贝叶斯学习导波信号处理方法,通过设计 Gabor 字典处理各向同性铝板结构的导波信号从而实现去噪;邓红雷等[90]构建 Gabor 字典对纵向模态超声导波进行重构,实现绝缘子芯棒损伤定位及大小定量评估。为克服 Gabor 字典频率不变的不足,引入了能描述信号中频率随时间变化分量的 Chirp 原子、Chirplet 原子。如 Hong 等[91]提出一种基于 Chirp 函数的匹配追踪波导损伤检测方法,利用 Chirp 函数作为匹配追踪字典的原子,并通过对圆柱体中纵向模态导波信号进行测量；Xu等[92]采用高斯字典和Chirplet字典对兰姆波进行匹配追踪分解,结果表明高斯字典适合分解对称信号,Chirplet字典适合分解非对称信号。学习字典则是基于字典迭代更新的思想对字典进行改进,使得字典中的原子能根据信号特征自动更新,其中典型的方法有最优方向法（method of optimal direction,MOD）、K-奇异值分解（K-singular value decomposition,K-SVD）、在线学习字典等,计算量大,但更灵活,能更好地适应信号本身,随着技术的发展逐渐有学者应用于导波信号处理。如Alguri等[93-94]提出了一种字典学习框架,结合测试结构的波传播特性和结构几何信息创建字典作为合成基准信号。导波信号在时域和频域均具有稀疏性,有学者则直接根据导波信号自身特征来学习构建过完备字典。如Harley等[95]提出一种基于稀疏恢复的稀疏波数分析方法,通过稀疏波数去噪从仿真数据和实验数据中去除多径分量,通过稀疏波数合成预测板结构中的兰姆波响应；Rostami等[96]提出一种管道超声导波信号匹配追踪稀疏表示方法,通过有限元仿真建立基于窄带激励信号的过完备字典,信号经过匹配追踪分解后丢弃与激发信号频率不一致的原子从而进一步提升最终稀疏表示的稀疏性。

通过对超声导波信号分析方法研究现状进行跟踪,总结如下：

（1）超声导波信号往往在时域和频域上均易发生混叠,而从中提取特定模态损伤导波信号是实现损伤识别成像的关键,与时频分析方法相比,稀疏表示方法能根据字典适配导波信号特征,在损伤信号提取识别方面更具有优势。

（2）稀疏表示方法依赖字典,传统字典是通过对信号的拉伸变化而与导波波形适配,不能准确地反映超声导波在绞线中的传播信号,因此为实现损伤的信号提取,需要根据绞线中的超声导波频散、多模态、多路径等特征来构建对应的过完备字典。

（3）稀疏表示结果中包含损伤信号的同时也包含多个其他信号,而稀疏表示结果受稀疏分解终止阈值影响较大,因此还需要探索改进稀疏分解的新方法,进一步降低稀疏表示向量的稀疏度,降低稀疏表示结果对稀疏终止阈值的敏感性,从而提高损伤信号识别的准确率。

1.4.4 阵列超声导波聚焦成像方法研究现状

超声导波聚焦成像是将导波信号进行汇聚,并转化为损伤分布图形的图像重建方法,通过提取损伤特征对结构的损伤进行分析,最终实现损伤定位与可视化。其与不同的成像方式相结合形成了多种超声成像方法,目前超声导波成像方法主要有相控阵（phased array,PA）法、延迟叠加（delay and sum,DAS）法、概率成像（probability-based diagnostic imaging,PDI）法、合成孔径聚焦技术（synthetic aperture focusing technique,SAFT）法、全聚焦法（total focusing method,TFM）、时间反演法等。

1）相控阵法

相控阵法由多组阵元组成阵列,通过模态控制、波束聚焦和波束控制等技术手段控制波阵面,实现目标区域的聚焦。如Li等[97]研究周向相控阵实现导波角剖面调谐方法,控制整个导波角度剖面从而实现管道中导波的聚焦；Sun等[98]将导波相控阵技术拓展到扭曲波,实现具有弯曲和扭转的模态在管道中聚焦；Huan等[99]研制基于反平行厚度剪切压电片的双向SH波相控阵系统,实现2 mm厚铝板缺陷检测；谢宁等[100]开发导波相控阵设备,实现薄板类结构的快速、大面积扫描导波成像检测；何明明等[101]研究兰姆波在板结构中相控阵聚焦原理,通过动态控制波束的偏转与聚焦实现损伤检测。相控阵具有聚焦能量强、精度高等优点,但需要阵列传感器、多通道激励、多通道电压放大系统等硬件设备支持,且对阵列排布要求高,同时因为导波频散和多模态等特性,对应算法复杂,目前主要适用于相对简单的结构。

2)延迟叠加法

延迟叠加法根据各接收信号传播路径与时间的关系,将损伤散射信号按对应时间幅值叠加而获得对应点的特征值,再将特征值归一化后进行显示。如 Sharif-Khodaei 等[102]研究各种延迟叠加算法在加筋板上的适用性,并对延迟叠加算法进行改进;Chen 等[103]在无基准的情况下利用延迟叠加成像技术,观察到由拉伸载荷增加引起的裂纹张开效应引起的信号变化;Ren 等[104]提出基于高斯混合模型和延时叠加的 4D 成像方法,通过延时叠加成像生成一系列损伤逐渐显现的图像从而准确定位损伤;Roberto 等[105]提出了基于导波成像的结构健康监测方法,通过延迟叠加成像算法进行后处理,从而获得缺陷定位和缺陷大小的识别策略。延时叠加成像法传感阵列稀疏,算法简单计算效率高,可抑制导波多波峰的影响,但由于只是简单利用信号时域特征,在高质量的成像上受到限制,主要适用于大面积简单结构的损伤监测。

3)概率成像法

概率成像法通过采集无损伤结构的信号做基准,将检测信号与基准信号作差获得散射信号,根据离散点与特定路径的距离等因素设定该离散点为损伤点的概率,并将检测区域相应离散化矩阵的概率分布情况进行显示。如 Dehghan-Niri 等[106]通过在圆柱形结构周围产生和接收高阶螺旋导波,基于概率成像算法识别损伤;Liu 等[107]提出了基于概率成像算法的复合材料板分层损伤定位与成像的新方法,利用杜芬混沌振荡器对产生的非线性兰姆波进行检测;刘增华等[108]采用空气耦合传感器对各向同性复合材料的分层损伤进行扫描,结合不同路径的损伤指数实现分层损伤的概率成像;郑跃滨等[109]提出一种无基准损伤概率成像方法,引入聚类分析结合稀疏表示对信号进行重构,实现加筋薄壁结构损伤成像。概率成像方法不需要结构中导波传播特性先验知识,通过稀疏网络即可实现成像,但所得损伤成像结果准确度与传播路径数量相关,网络越密集路径越多成像也就越准确,由于需要采集基准信号,因此该方法主要应用于大面积结构的健康检测。

4)合成孔径聚焦技术法

合成孔径聚焦技术法通过间隔一定距离的发射阵元依次发射超声信号,而接收阵元采集导波信号后进行计算处理以实现聚焦成像,导波合成孔径聚焦还需考虑导波的频散问题,是一种典型的信号后处理方法。如 Gong 等[110]提出延迟编码合成发射孔径成像方法,对所有发射元件进行编码,以提高接收信号的信噪比;Wu 等[111]提出了一种外旋转传感器圆柱扫描算法将合成孔径聚焦技术应用于圆柱物体的成像;Zhao 等[112]提出了一种自适应合成发射孔径聚焦策略;Matthew 等[113]将合成孔径聚焦应用于亚分辨率目标的多协变量成像,通过波传播特性对该方法进行评价;Deng 等[114]提出一种基于相位偏移的频域合成孔径聚焦管道成像方法,降低了噪声对成像横向分辨率的影响;周正干等[115]结合合成孔径聚焦成像方法和半波高法对水浸超声的缺陷定量进行研究,提高了缺陷定量精度;陈尧等[116]对合成孔径聚焦方法进行改进,大幅缩减计算时间,实现不规则表面结构内部损伤检测成像;陈楚等[117]提出了一种基于相移迁移的合成孔径聚焦成像算法,并在铝板上激发激光超声信号实现微小损伤检测与成像。合成孔径聚焦对设备通道数要求较低,通过逐点聚焦提高横向分辨率,但其信噪比较低,散射体较多时信号易相互干扰,通常应用于结构简单的均质材料工件检测。

5) 全聚焦法

全聚焦法采用单阵元激励其余阵元同步接收的方式获得全矩阵捕获(full-matrix capture, FMC)数据,对全矩阵捕获数据进行后处理,将检测区域离散为多个网格点,通过虚拟聚焦测量对网格点进行聚焦成像。如 Holmes 等[118]提出了全矩阵数据捕获的概念,即一种将所有发射和接收数据采集后与多种后处理算法相结合的新模式;Ducousso 等[119]提出一种超声合成成像检测方法,研究表明基于全矩阵捕获的全聚焦方法可精确描述金属零件上复杂的表面裂纹;Wu 等[120]提出基于相控阵的管道缺陷全聚焦成像检测方法,通过对相控阵时域信号后处理可改善管道缺陷的成像特性;吴斌等[121]提出一种基于压缩感知的信号重构算法,在保证全聚焦成像的同时提高检测速度。由于全聚焦法所得图像分辨率受系统传énci函数的限制,有学者在全矩阵捕获的基础上提出了新的方法。如 Laroche 等[122]基于全矩阵捕获数据的图像重建新方法,大幅提高了图像分辨率;Sampath 等[123]提出了基于相控阵超声技术和全矩阵捕获新方法,可有效测量超声波速度和衰减系数并评估材料退化;Johan 等[124]提出一种基于全矩阵捕获数据的高分辨率图像重建方法,通过反卷积有效抑制成像系统的影响,从而获得最小化图像的均方误差。全矩阵捕获属于信号采集方式,而全聚焦法则是该信号最常用的后处理聚焦成像算法,两者相结合又称为双全法,该方法对激励设备通道数要求低,信噪比高,成像分辨率高,但计算量大且需考虑被测结构在波传播路程上的均匀性等问题。

6) 时间反演法

时间反演法通过将接收到反射声信号在时域内反转后再发射出去,可以实现声波信号的自适应聚焦成像。如 Lopez 等[125]将时间反演法与合成孔径方法相结合,利用接触式传感器阵列对奥氏体-铁素体钢进行成像;Wang 等[126]对时间反演的聚焦特性进行了研究,基于此提出一种适用于分布式传感器网络的成像方法;Liu 等[127]对电磁时间反演成像进行了研究,根据实验数据绘制了不同杂波背景和不同目标的时间反演图像,并与传统的雷达成像技术进行了比较;Kapuria 等[128-130]研究压电晶片与被测结构之间的黏接层、信号周期数、板厚和换能器厚度对板中兰姆波时间反演的影响,提出了基于时间反演兰姆波的无基准损伤检测方法,对各向同性板缺口型损伤进行检测以验证其有效性,并结合概率成像法实现损伤定位成像;周进节等[131]应用时间反演法对杆中损伤进行检测,在不增加设备复杂度的条件下实现导波在损伤处的时间/空间聚焦;袁慎芳等[132]应用时间反演法对复合材料板结构的脱层损伤进行检测,通过时间反演聚焦提高信号的信噪比,重建波场并将板划分为多个单元,利用时间反演法的聚焦特性捕捉聚焦时刻的能量实现损伤成像;李秋锋等[133]提出一种基于时间反演的虚拟加载聚焦方法对碳纤维板进行检测,通过信号处理方法替代实际时间反演重新加载,重建检测区域波动图,捕捉聚焦信号叠加产生的最大幅值实现损伤定位与成像。时间反演成像方法可以实现损伤的自适应聚焦,提高接收信号的信噪比和成像分辨率,不仅适用于均匀介质,也可用于非均匀介质。

目前各类导波成像技术多用于棒、管、板等简单结构,而包覆区承力索结构由于其多层绞合的结构特点,以及在多物理场下的工作环境,其多维损伤成像更为复杂。

通过对超声导波聚焦成像方法研究现状进行跟踪,总结如下:

(1) 超声导波相控阵对前处理硬件要求高,合成孔径聚焦对硬件要求较低但信噪比低,均主要适用于相对简单的结构;延迟叠加成像、概率成像需要布置网络阵列,适用于大面积结构;全矩阵捕获可获取最为全面的信号,是实现增强信号特征的良好方式,全聚焦处理能增强信号并成像,但主要用于体波检测及简单结构的导波检测。

(2) 时间反演法具备自适应聚焦能力以及独特的时间、空间双聚焦的特性,在复杂绞线结构检测成像中具有优势,然而时间反演成像需要获取损伤散射信号,绞线内层损伤散射信号微弱易被干扰,因此需要从绞线结构特点出发,探索内层损伤信号聚焦增强方法,使得损伤信号更易于识别。

(3) 绞线中的损伤散射信号会向两侧传播形成损伤反射波与损伤透射波,超声导波具有频散、多模态、模态转换等特性,使得采集到的信号中包含大量杂波信号,因此需要结合超声导波在绞线中的传播特性,探索一种适用于绞线结构超声导波的信号分析处理方法从而实现损伤信号的提取。

第 2 章

多层绞线结构超声导波传播特性研究

研究超声导波在绞线结构中的传播特性以及包覆结构对超声导波传播的影响,是实现多层绞线损伤超声导波检测的基础。然而绞线结构复杂,且相邻单线之间存在非线性接触,使得理论分析导波在绞线中的传播特性十分困难,针对传统解析法难以获取多层螺旋耦合结构的频散曲线问题,本章采用半解析有限元法进行求解,而该方法的核心在于复杂结构波导须具有平移不变性,即①波导的横截面不随波传播方向而改变,②波导的材料特性不随波传播方向而改变。金属绞线为各向同性材料,满足平移不变性的条件②,其难点在于建立对应坐标系使得绞线结构满足平移不变性的条件①。

通过分析基于直角坐标系求解直杆导波频散曲线和基于螺旋坐标系求解螺旋曲杆导波频散曲线的半解析有限元法,在此基础上建立扭曲坐标系,求解提出多层螺旋耦合结构导波频散曲线的半解析有限元法。求解绞线单线对应中心直杆和螺旋曲杆结构的导波频散曲线,分析超声导波在绞线单线中传播特性,以及螺旋结构对超声导波传播的影响;求解耦合杆结构频散曲线,分析杆间接触耦合作用以及螺旋结构对耦合杆中导波传播的影响,从而揭示超声导波在耦合杆结构中的传播特性;求解绞线结构以及包覆区承力索结构导波频散曲线,分析包覆结构对绞线中导波传播的影响,进而确定适用于检测的信号频率、模态及激励方式。

2.1 多层螺旋耦合结构超声导波频散曲线的半解析有限元求解方法

半解析有限元法通过对波导横截面做有限元离散处理,用简谐波表示沿波导传播方向的位移,使得波导结构满足平移不变性,进而求解复杂结构的频散曲线。本节首先分析圆柱杆中的导波及其主要模态,提出基于直角坐标系的直杆导波频散曲线求解方法和基于螺旋坐标系的螺旋曲杆导波频散曲线求解方法,在此基础上建立扭曲坐标系,提出多层螺旋耦合结构导波频散曲线的半解析有限元求解方法。

2.1.1 基于直角坐标系的直杆超声导波频散曲线求解方法

采用半解析有限元法求解直杆结构的频散曲线,定义直杆的横截面为 y-z 平面,波的

传播方向为 x 方向,建立空间直角坐标系,如图 2-1 所示。

该杆中各质点的简谐位移分量、应力、应变场分量分别表示为[134]

$$\begin{cases} \boldsymbol{u} = \begin{bmatrix} u_x & u_y & u_z \end{bmatrix}^T \\ \boldsymbol{\sigma} = \begin{bmatrix} \sigma_x & \sigma_y & \sigma_z & \sigma_{yz} & \sigma_{xz} & \sigma_{xy} \end{bmatrix}^T \\ \boldsymbol{\varepsilon} = \begin{bmatrix} \varepsilon_x & \varepsilon_y & \varepsilon_z & \gamma_{yz} & \gamma_{xz} & \gamma_{xy} \end{bmatrix}^T \end{cases} \quad (2\text{-}1)$$

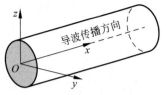

图 2-1 直角坐标系下的直杆结构

应变 $\boldsymbol{\varepsilon}$ 可由简谐位移 $\boldsymbol{u}$ 表示为

$$\boldsymbol{\varepsilon} = \boldsymbol{L}_x \frac{\partial \boldsymbol{u}}{\partial x} + \boldsymbol{L}_y \frac{\partial \boldsymbol{u}}{\partial y} + \boldsymbol{L}_z \frac{\partial \boldsymbol{u}}{\partial z} \quad (2\text{-}2)$$

式中,$\boldsymbol{L}_x$、$\boldsymbol{L}_y$、$\boldsymbol{L}_z$ 为对应的微分算子,且有

$$\boldsymbol{L}_x = \begin{bmatrix} 1 & 0 & 0 & 0 & 0 & 0 \\ 0 & 0 & 0 & 0 & 0 & 1 \\ 0 & 0 & 0 & 0 & 1 & 0 \end{bmatrix}^T, \quad \boldsymbol{L}_y = \begin{bmatrix} 0 & 0 & 0 & 0 & 0 & 1 \\ 0 & 1 & 0 & 0 & 0 & 0 \\ 0 & 0 & 0 & 1 & 0 & 0 \end{bmatrix}^T, \quad \boldsymbol{L}_z = \begin{bmatrix} 0 & 0 & 0 & 0 & 1 & 0 \\ 0 & 0 & 0 & 1 & 0 & 0 \\ 0 & 0 & 1 & 0 & 0 & 0 \end{bmatrix}^T$$

(2-3)

导波在中心直杆中沿 x 方向传播,设其位移场是简谐振动,通过空间分布函数表示中心直杆中任一点的位移值,则

$$\boldsymbol{u}(x,y,z,t) = \begin{bmatrix} u_x(x,y,z,t) \\ u_y(x,y,z,t) \\ u_z(x,y,z,t) \end{bmatrix} = \begin{bmatrix} U_x(y,z) \\ U_y(y,z) \\ U_z(y,z) \end{bmatrix} e^{i(kx-\omega t)} \quad (2\text{-}4)$$

式中,k 为波数;ω 为角频率。

波导横截面域 Ω 可离散为多个有限单元,离散后的单元记作 Ω_e,则可以用形函数 $\boldsymbol{N}(y,z)$ 和节点位移 (U_{xk}, U_{yk}, U_{zk}) 表示离散单元位移。当采用三角形单元进行离散时,单元内任一点的位移 $\boldsymbol{u}^{(e)}$ 为

$$\boldsymbol{u}^{(e)}(x,y,z,t) = \begin{bmatrix} \sum_{k=1}^{3} N_k(y,z)U_{xk} \\ \sum_{k=1}^{3} N_k(y,z)U_{yk} \\ \sum_{k=1}^{3} N_k(y,z)U_{zk} \end{bmatrix}^{(e)} = \boldsymbol{N}(y,z)\boldsymbol{q}^{(e)} e^{i(kx-\omega t)} \quad (2\text{-}5)$$

式中,$\boldsymbol{N}(y,z)$ 为形状函数矩阵;$\boldsymbol{q}^{(e)}$ 为节点位移矢量,且有

$$\boldsymbol{q}^{(e)} = \begin{bmatrix} U_{x1} & U_{y1} & U_{z1} & U_{x2} & U_{y2} & U_{z2} & U_{x3} & U_{y3} & U_{z3} \end{bmatrix}^T \quad (2\text{-}6)$$

$$\boldsymbol{N}(y,z) = \begin{bmatrix} N_1 & 0 & 0 & N_2 & 0 & 0 & N_3 & 0 & 0 \\ 0 & N_1 & 0 & 0 & N_2 & 0 & 0 & N_3 & 0 \\ 0 & 0 & N_1 & 0 & 0 & N_2 & 0 & 0 & N_3 \end{bmatrix} \quad (2\text{-}7)$$

对于节点 i-j-k 组成的三角形单元,其形函数 N_i、N_j、N_k 为

$$\begin{cases} N_i = \dfrac{1}{2A}(\alpha_i + \beta_i y + \delta_i z) \\ N_j = \dfrac{1}{2A}(\alpha_j + \beta_j y + \delta_j z) \\ N_k = \dfrac{1}{2A}(\alpha_k + \beta_k y + \delta_k z) \end{cases} \tag{2-8}$$

式中,A 是三角形的面积;α、β、δ 为中间系数,满足

$$\begin{cases} A = \dfrac{1}{2}(y_i(z_j - z_k) + y_j(z_k - z_i) + y_k(z_i - z_j)) \\ \alpha_i = y_j z_k - y_k z_j, \beta_i = z_j - z_k, \delta_i = y_k - y_j \\ \alpha_j = y_k z_i - y_i z_k, \beta_j = z_k - z_i, \delta_j = y_i - y_k \\ \alpha_k = y_i z_j - y_j z_i, \beta_k = z_i - z_j, \delta_k = y_j - y_i \end{cases} \tag{2-9}$$

单元的应变矢量用节点的位移表示为

$$\boldsymbol{\varepsilon}^{(e)} = \left(\boldsymbol{L}_x \dfrac{\partial}{\partial x} + \boldsymbol{L}_y \dfrac{\partial}{\partial y} + \boldsymbol{L}_z \dfrac{\partial}{\partial z} \right) \boldsymbol{N}(y,z) \boldsymbol{q}^{(e)} \mathrm{e}^{\mathrm{i}(kx-\omega t)} = (\boldsymbol{B}_1 + \mathrm{i}\boldsymbol{\xi}\boldsymbol{B}_2) \boldsymbol{q}^{(e)} \mathrm{e}^{\mathrm{i}(kx-\omega t)} \tag{2-10}$$

式中,$\boldsymbol{B}_1$、$\boldsymbol{B}_2$ 为应变矩阵,且

$$\begin{cases} \boldsymbol{B}_1 = \boldsymbol{L}_y \boldsymbol{N}_{,y} + \boldsymbol{L}_z \boldsymbol{N}_{,z} \\ \boldsymbol{B}_2 = \boldsymbol{L}_x \boldsymbol{N} \end{cases} \tag{2-11}$$

式中,$\boldsymbol{N}_{,y}$、$\boldsymbol{N}_{,z}$ 分别为形函数矩阵在 y、z 方向的导数。

根据哈密尔顿原理公式可得到直杆中超声导波的一般均质波动方程:

$$(\boldsymbol{K}_1 + \mathrm{i}k\boldsymbol{K}_2 + k^2 \boldsymbol{K}_3 - \omega^2 \boldsymbol{M})\boldsymbol{U} = \boldsymbol{0} \tag{2-12}$$

式中,$\boldsymbol{K}_1$、$\boldsymbol{K}_2$、$\boldsymbol{K}_3$ 为整体刚度矩阵;$\boldsymbol{M}$ 为整体质量矩阵,且有

$$\boldsymbol{K}_1 = \bigcup_{e=1}^{n} \boldsymbol{k}_1^{(e)}, \boldsymbol{K}_2 = \bigcup_{e=1}^{n} \boldsymbol{k}_2^{(e)}, \boldsymbol{K}_3 = \bigcup_{e=1}^{n} \boldsymbol{k}_3^{(e)}, \boldsymbol{M} = \bigcup_{e=1}^{n} \boldsymbol{m}^{(e)} \tag{2-13}$$

式中,$\boldsymbol{k}_1^{(e)}$、$\boldsymbol{k}_2^{(e)}$、$\boldsymbol{k}_3^{(e)}$ 为单元刚度矩阵;$\boldsymbol{m}^{(e)}$ 为单元质量矩阵,且有

$$\begin{cases} \boldsymbol{k}_1^{(e)} = \int_\Omega \boldsymbol{B}_1^\mathrm{T} \boldsymbol{C}_e \boldsymbol{B}_1 \mathrm{d}\Omega_e \\ \boldsymbol{k}_2^{(e)} = \int_\Omega (\boldsymbol{B}_1^\mathrm{T} \boldsymbol{C}_e \boldsymbol{B}_2 - \boldsymbol{B}_2^\mathrm{T} \boldsymbol{C}_e \boldsymbol{B}_1) \mathrm{d}\Omega_e \\ \boldsymbol{k}_3^{(e)} = \int_\Omega \boldsymbol{B}_2^\mathrm{T} \boldsymbol{C}_e \boldsymbol{B}_2 \mathrm{d}\Omega_e \\ \boldsymbol{m}^{(e)} = \int_\Omega \boldsymbol{N}_e^\mathrm{T} \rho_e \boldsymbol{N}_e \mathrm{d}\Omega_e \end{cases} \tag{2-14}$$

式中,ρ_e 为材料密度;$\boldsymbol{C}_e$ 为材料的弹性常数矩阵,对于各向同性材料,有

$$C_e = \frac{E(1-\nu)}{(1+\nu)(1-2\nu)} \begin{bmatrix} 1 & \frac{\nu}{1-\nu} & \frac{\nu}{1-\nu} & 0 & 0 & 0 \\ \frac{\nu}{1-\nu} & 1 & \frac{\nu}{1-\nu} & 0 & 0 & 0 \\ \frac{\nu}{1-\nu} & \frac{\nu}{1-\nu} & 1 & 0 & 0 & 0 \\ 0 & 0 & 0 & \frac{1-2\nu}{2(1-\nu)} & 0 & 0 \\ 0 & 0 & 0 & 0 & \frac{1-2\nu}{2(1-\nu)} & 0 \\ 0 & 0 & 0 & 0 & 0 & \frac{1-2\nu}{2(1-\nu)} \end{bmatrix} \tag{2-15}$$

式中,E 为弹性模量;ν 为泊松比。

为简化方程求解,消除式(2-12)中的虚部,引入幺正变换矩阵 T:

$$T = \begin{bmatrix} \mathrm{i} & & & & & & \\ & 1 & & & & & \\ & & 1 & & & & \\ & & & \ddots & & & \\ & & & & \mathrm{i} & & \\ & & & & & 1 & \\ & & & & & & 1 \end{bmatrix} \tag{2-16}$$

矩阵 T 中所有非对角线上元素为零,对应波矢方向的质点位移处元素为虚数单位 i,其他对角线上元素为 1,则有 $T^\mathrm{T}T = I$,可将式(2-12)转换为如下矩阵特征值方程:

$$(\boldsymbol{K}_1 + k\hat{\boldsymbol{K}}_2 + k^2\boldsymbol{K}_3 - \omega^2\boldsymbol{M})\hat{\boldsymbol{U}} = \boldsymbol{0} \tag{2-17}$$

式中,$\hat{\boldsymbol{K}}_2$ 和 $\hat{\boldsymbol{U}}$ 为

$$\begin{cases} \hat{\boldsymbol{K}}_2 = \dfrac{\boldsymbol{T}^\mathrm{T}\boldsymbol{K}_2\boldsymbol{T}}{-\mathrm{i}} \\ \hat{\boldsymbol{U}} = \boldsymbol{T}\boldsymbol{U} \end{cases} \tag{2-18}$$

确定角频率 ω 的值而求解波数 k,上式即为 k 的二次特征值问题,可重新表示为一阶特征系统,即

$$\begin{bmatrix} \boldsymbol{A} & -k\boldsymbol{B} \end{bmatrix} \begin{bmatrix} \hat{\boldsymbol{U}} \\ k\hat{\boldsymbol{U}} \end{bmatrix} = \boldsymbol{0} \tag{2-19}$$

式中,波数 k 为 $\boldsymbol{A}$ 相对于 $\boldsymbol{B}$ 的广义特征值,且 $\boldsymbol{A}$、$\boldsymbol{B}$ 分别为

$$\boldsymbol{A} = \begin{bmatrix} \boldsymbol{0} & \boldsymbol{K}_1 - \omega^2\boldsymbol{M} \\ \boldsymbol{K}_1 - \omega^2\boldsymbol{M} & \hat{\boldsymbol{K}}_2 \end{bmatrix}, \quad \boldsymbol{B} = \begin{bmatrix} \boldsymbol{K}_1 - \omega^2\boldsymbol{M} & \boldsymbol{0} \\ \boldsymbol{0} & -\boldsymbol{K}_3 \end{bmatrix} \tag{2-20}$$

给定角频率 ω 的值,求解特征方程可得到波数 k,通过式(1-6)可求得对应相速度。对所有导波模态做好分配后通过式(1-5)可求解群速度,然而当计算频散曲线时所设频率间隔较大时,容易造成数值计算误差。为直接求解群速度,使得群速度值不依赖于相邻两点的波

数 k、角频率 ω 的值,对式(2-17)求导展开变换后得到

$$\hat{\boldsymbol{U}}_L^T\left(\frac{\partial}{\partial k}(\boldsymbol{K}_1+k\hat{\boldsymbol{K}}_2+k^2\boldsymbol{K}_3)-2\omega\frac{\partial\omega}{\partial k}\boldsymbol{M}\right)\hat{\boldsymbol{U}}_R=0 \quad (2\text{-}21)$$

式中,$\hat{\boldsymbol{U}}_L$ 和 $\hat{\boldsymbol{U}}_R$ 分别为左特征向量和右特征向量。则 c_g 可表示为

$$c_g=\frac{\partial\omega}{\partial k}=\frac{\hat{\boldsymbol{U}}_L^T(\hat{\boldsymbol{K}}_2+2k\boldsymbol{K}_3)\hat{\boldsymbol{U}}_R}{2\omega\hat{\boldsymbol{U}}_L^T\boldsymbol{M}\hat{\boldsymbol{U}}_R} \quad (2\text{-}22)$$

根据上式求出的是指定频率下的群速度,通过在一定频率范围内选择多个频率并一一求解其群速度,可以散点图的形式呈现导波的频散特性。将每个频率点计算得到的特征值分配到各自对应的模态中,组成一系列的频散曲线,此处采用 Loveday[135] 提出的基于正交性的模态分类算法进行匹配。由式(2-19)推导出模态正交关系:

$$\begin{cases}\boldsymbol{\psi}_m^T\boldsymbol{B}_m\boldsymbol{\psi}_m\neq\boldsymbol{0}\\\boldsymbol{\psi}_n^T\boldsymbol{B}_m\boldsymbol{\psi}_m=\boldsymbol{0}\end{cases} \quad (2\text{-}23)$$

式中,$n\neq m$,且有

$$\boldsymbol{\psi}=\begin{bmatrix}\hat{\boldsymbol{U}}\\k\hat{\boldsymbol{U}}\end{bmatrix} \quad (2\text{-}24)$$

式(2-24)即为式(2-19)的特征向量,表明同一频率对应的特征向量之间是相互正交的,其中,$\boldsymbol{\psi}_m$ 和 $\boldsymbol{\psi}_n$ 分别表示模态 m 与模态 n 的波特征向量,$\boldsymbol{B}_m$ 为式(2-20)中的矩阵 $\boldsymbol{B}$。假设两个相邻频率的特征向量之间的正交性也近似成立,即

$$\begin{cases}\boldsymbol{\psi}_m^T(\omega)\boldsymbol{B}_m(\omega)\boldsymbol{\psi}_m(\omega+\Delta\omega)\neq\boldsymbol{0}\\\boldsymbol{\psi}_n^T(\omega)\boldsymbol{B}_n(\omega)\boldsymbol{\psi}_n(\omega+\Delta\omega)\neq\boldsymbol{0}\\\boldsymbol{\psi}_m^T(\omega)\boldsymbol{B}_n(\omega)\boldsymbol{\psi}_n(\omega+\Delta\omega)\approx\boldsymbol{0}\\\boldsymbol{\psi}_n^T(\omega)\boldsymbol{B}_m(\omega)\boldsymbol{\psi}_m(\omega+\Delta\omega)\approx\boldsymbol{0}\end{cases} \quad (2\text{-}25)$$

计算得到相邻两个频率对应的特征值与特征向量后,通过计算高低频特征向量之间的正交关系,即根据 $\boldsymbol{\psi}_n^T(\omega)\boldsymbol{B}_m(\omega)\boldsymbol{\psi}_m(\omega+\Delta\omega)$ 的值将散点进行连线后可获得频散曲线。

2.1.2 基于螺旋坐标系的螺旋曲杆超声导波频散曲线求解方法

多层绞线中,除中心层外的单线均为螺旋曲杆结构,在传统直角坐标系中该结构不具备平移不变性。为求解螺旋曲杆结构的导波频散曲线,分析超声导波在该结构中的传播特性,建立螺旋坐标系,使得螺旋曲杆截面沿螺旋线中心线具有平移不变性,如图 2-2 所示。

设 $(\boldsymbol{e}_X,\boldsymbol{e}_Y,\boldsymbol{e}_Z)$ 为笛卡儿坐标系下的正交基向量,R 和 L 分别是螺旋杆的螺旋半径和节距,则螺旋中心线可表示为

$$\boldsymbol{R}(s)=R\cos\left(\frac{2\pi s}{l}\right)\boldsymbol{e}_X+R\sin\left(\frac{2\pi s}{l}\right)\boldsymbol{e}_Y+\frac{L}{l}s\boldsymbol{e}_Z \quad (2\text{-}26)$$

式中,s 为螺旋线弧长;l 为一个螺旋周期的曲线长度,且有

$$l=\sqrt{L^2+4\pi^2R^2} \quad (2\text{-}27)$$

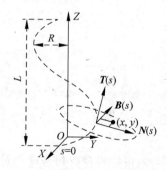

图 2-2　螺旋坐标系及其相关正交基

对应的螺旋角 φ 为
$$\varphi = \arctan(2\pi R/L) \tag{2-28}$$

根据弗莱纳公式可求得中心线的切线、法线和次法线,其单位向量分别用 $\boldsymbol{T}$、$\boldsymbol{N}$、$\boldsymbol{B}$ 表示,且有

$$\begin{cases} \mathrm{d}\boldsymbol{T}/\mathrm{d}s = \kappa \boldsymbol{N} \\ \mathrm{d}\boldsymbol{N}/\mathrm{d}s = \tau \boldsymbol{B} - \kappa \boldsymbol{T} \\ \mathrm{d}\boldsymbol{B}/\mathrm{d}s = -\tau \boldsymbol{N} \end{cases} \tag{2-29}$$

式中,s 为螺旋线弧长;κ 为螺旋中心线的曲率;τ 为螺旋中心线的挠率,且有

$$\begin{cases} \kappa = 4\pi^2 R/l^2 \\ \tau = 2\pi L/l^2 \end{cases} \tag{2-30}$$

在笛卡儿坐标系中 $\boldsymbol{N}$、$\boldsymbol{B}$、$\boldsymbol{T}$ 表示为

$$\begin{cases} \boldsymbol{N}(s) = \cos\left(\dfrac{2\pi s}{l}\right)\boldsymbol{e}_X + \sin\left(\dfrac{2\pi s}{l} + \theta\right)\boldsymbol{e}_Y \\ \boldsymbol{B}(s) = -\dfrac{L}{l}\sin\left(\dfrac{2\pi s}{l}\right)\boldsymbol{e}_X + \dfrac{L}{l}\cos\left(\dfrac{2\pi s}{l}\right)\boldsymbol{e}_Y - \dfrac{2\pi R}{l}\boldsymbol{e}_Z \\ \boldsymbol{T}(s) = -\dfrac{2\pi R}{l}\sin\left(\dfrac{2\pi s}{l}\right)\boldsymbol{e}_X + \dfrac{2\pi R}{l}\cos\left(\dfrac{2\pi s}{l}\right)\boldsymbol{e}_Y + \dfrac{L}{l}\boldsymbol{e}_Z \end{cases} \tag{2-31}$$

通过正交基 $(\boldsymbol{N},\boldsymbol{B},\boldsymbol{T})$ 建立螺旋坐标系 (x,y,s),则笛卡儿坐标系下任意向量 $\boldsymbol{\Phi} = X\boldsymbol{e}_X + Y\boldsymbol{e}_Y + Z\boldsymbol{e}_Z$ 均可表示为如下形式:

$$\boldsymbol{\Phi}(x,y,s) = \boldsymbol{R}(s) + x\boldsymbol{N}(s) + y\boldsymbol{B}(s) \tag{2-32}$$

根据弗莱纳公式可得到非正交协变基:

$$\begin{cases} \boldsymbol{g}_1 = \boldsymbol{N}(s) \\ \boldsymbol{g}_2 = \boldsymbol{B}(s) \\ \boldsymbol{g}_3 = -\tau y \boldsymbol{N}(s) + \tau x \boldsymbol{B}(s) + (1+\kappa x)\boldsymbol{T}(s) \end{cases} \tag{2-33}$$

根据 $g_{mn} = \boldsymbol{g}_m \cdot \boldsymbol{g}_n$,可得到协变度量张量[136]:

$$\boldsymbol{g} = \begin{bmatrix} 1 & 0 & -\tau y \\ 0 & 1 & \tau x \\ -\tau y & \tau x & \tau^2(x^2+y^2) + (1+\kappa x)^2 \end{bmatrix} \tag{2-34}$$

对于螺旋角恒定的螺旋杆,其曲率 κ 与挠率 τ 均为常数,因此 $\boldsymbol{g}$ 不依赖于 s,任何偏微分算子的系数也独立于 s,即在该螺旋坐标系中波导的横截面不随沿螺旋中心线的弧长 s 的变化而变化,该螺旋坐标系产生了沿 s 方向的平移不变性。

根据 $\boldsymbol{g}^i \cdot \boldsymbol{g}_j = \delta^i_j$,可得到反协变基 $(\boldsymbol{g}^1, \boldsymbol{g}^2, \boldsymbol{g}^3)$:

$$\begin{cases} \boldsymbol{g}^1 = \boldsymbol{N}(s) + \dfrac{\tau y}{1+\kappa x}\boldsymbol{T}(s) \\ \boldsymbol{g}^2 = \boldsymbol{B}(s) - \dfrac{\tau x}{1+\kappa x}\boldsymbol{T}(s) \\ \boldsymbol{g}^3 = \dfrac{1}{1+\kappa x}\boldsymbol{T}(s) \end{cases} \tag{2-35}$$

根据 $(\boldsymbol{g}^{-1})_{mn} = g^{mn} = \boldsymbol{g}^m \cdot \boldsymbol{g}^n$,可得到反协变度量张量:

$$\boldsymbol{g}^{-1} = \frac{1}{g}\begin{bmatrix} g+(\tau y)^2 & -\tau^2 xy & \tau y \\ -\tau^2 xy & g+(\tau x)^2 & -\tau x \\ \tau y & -\tau x & 1 \end{bmatrix} \tag{2-36}$$

式中,$g=(1+\kappa x)^2$。定义 $\Gamma_{ij}^k = \boldsymbol{g}_{i,j} \cdot \boldsymbol{g}^k$,通过弗莱纳公式可以得到

$$\Gamma_{11}^k = \Gamma_{12}^k = \Gamma_{21}^k = \Gamma_{22}^k = 0, \quad \Gamma_{33}^1 = \frac{\kappa(\tau y)^2}{1-\kappa x} + \kappa(1-\kappa x), \quad \Gamma_{33}^3 = \frac{\kappa \tau y}{1-\kappa x}$$

$$\Gamma_{23}^2 = \Gamma_{32}^2 = \Gamma_{23}^3 = \Gamma_{32}^3 = 0, \quad \Gamma_{33}^2 = -\frac{\kappa \tau^2 xy}{1-\kappa x} - \tau^2 y, \quad \Gamma_{23}^1 = \Gamma_{32}^1 = -\tau$$

$$\Gamma_{13}^2 = \Gamma_{31}^2 = \frac{\kappa \tau x}{1-\kappa x} + \tau, \quad \Gamma_{13}^1 = \Gamma_{31}^1 = -\frac{\kappa \tau y}{1-\kappa x}, \quad \Gamma_{13}^3 = \Gamma_{31}^3 = -\frac{\kappa}{1-\kappa x}$$

$$\tag{2-37}$$

对于线性弹性材料,小应变和位移与时间谐波 $e^{-i\omega t}$ 相关,动力学控制方程为

$$\int_\Omega \delta \boldsymbol{\varepsilon}^T \boldsymbol{\sigma} \mathrm{d}V - \omega^2 \int_\Omega \rho \delta \boldsymbol{u}^T \boldsymbol{u} \mathrm{d}V = 0 \tag{2-38}$$

假设波导不受外力影响,外表面上应力为零,则可以得到应力-应变和应变-位移关系式:

$$\begin{cases} \sigma^{ij} = C^{ijkl} \varepsilon_{kl} \\ \varepsilon_{ij} = \frac{1}{2}(u_{i,j} + u_{j,i}) - \Gamma_{ij}^k u_k \end{cases} \tag{2-39}$$

则应变-位移关系可以写为

$$\boldsymbol{\varepsilon} = (\boldsymbol{L}_{xy} + \boldsymbol{L}_s \partial/\partial s)\boldsymbol{u} \tag{2-40}$$

式中,$\boldsymbol{L}_{xy}$、$\boldsymbol{L}_s$ 为微分算子,且有

$$\boldsymbol{L}_{xy} = \begin{bmatrix} \partial/\partial x & 0 & 0 \\ 0 & \partial/\partial y & 0 \\ \tau^2 x - \kappa(1-\kappa x) & \tau^2 y & -\kappa \tau y \\ \partial/\partial y & \partial/\partial x & 0 \\ -\tau y \partial/\partial x & -\tau + \tau x \partial/\partial x & \kappa + (1-\kappa x)\partial/\partial x \\ \tau - \tau y \partial/\partial y & \tau x \partial/\partial y & (1-\kappa x)\partial/\partial y \end{bmatrix} \tag{2-41}$$

$$\boldsymbol{L}_s = \begin{bmatrix} 0 & 0 & -\tau y & 0 & 1 & 0 \\ 0 & 0 & \tau x & 0 & 0 & 1 \\ 0 & 0 & 1-\kappa x & 0 & 0 & 0 \end{bmatrix}^T \tag{2-42}$$

在平衡方程中 s 并非显式表示,可以使用 $\pm \mathrm{i}k$ 代替 $\partial/\partial s$,k 为 s 方向波数,问题从三维降到二维(从体积减小到波导的横截面 S),最终得到波动方程:

$$(\boldsymbol{K}_1 + \mathrm{i}k(\boldsymbol{K}_2 - \boldsymbol{K}_2^T) + k^2 \boldsymbol{K}_3 - \omega^2 \boldsymbol{M})\boldsymbol{U} = 0 \tag{2-43}$$

式中,$\boldsymbol{K}_1$、$\boldsymbol{K}_2$、$\boldsymbol{K}_3$、$\boldsymbol{M}$ 为整体刚度矩阵和整体质量矩阵,对应的单元刚度矩阵与单元质量矩阵 $\boldsymbol{k}_1^{(e)}$、$\boldsymbol{k}_2^{(e)}$、$\boldsymbol{k}_3^{(e)}$、$\boldsymbol{m}^{(e)}$ 为

$$\begin{cases} \boldsymbol{k}_1^{(e)} = \int_{S^e} \boldsymbol{N}_e^{\mathrm{T}} \boldsymbol{L}_{xy}^{\mathrm{T}} \boldsymbol{C}_e \boldsymbol{L}_{xy} \boldsymbol{N}_e \sqrt{g}\, \mathrm{d}S \\ \boldsymbol{k}_2^{(e)} = \int_{S^e} \boldsymbol{N}_e^{\mathrm{T}} \boldsymbol{L}_{xy}^{\mathrm{T}} \boldsymbol{C}_e \boldsymbol{L}_s \boldsymbol{N}_e \sqrt{g}\, \mathrm{d}S \\ \boldsymbol{k}_3^{(e)} = \int_{S^e} \boldsymbol{N}_e^{\mathrm{T}} \boldsymbol{L}_s^{\mathrm{T}} \boldsymbol{C}_e \boldsymbol{L}_s \boldsymbol{N}_e \sqrt{g}\, \mathrm{d}S \\ \boldsymbol{m}^{(e)} = \int_{S^e} \rho_e \boldsymbol{N}_e^{\mathrm{T}} \boldsymbol{N}_e \sqrt{g}\, \mathrm{d}S \end{cases} \qquad (2\text{-}44)$$

给定角频率 ω 的值，通过式(2-43)求解特征方程可得到波数 k，从而根据式(1-6)可求得对应的相速度，根据式(2-22)可求得对应群速度，给定一个频率范围的多个角频率 ω 值，得到对应频率下的波数、群速度与相速度，将所得散点按特征向量之间的正交性进行相连得到曲线，即可获得螺旋结构的导波频散曲线。

2.1.3 基于扭曲坐标系的螺旋耦合杆结构超声导波求解方法

直杆和螺旋曲杆结构的超声导波频散曲线可分别在直角坐标系与螺旋坐标系下求解，而当直杆与曲杆组合而成绞线结构时，两种坐标系均无法同时满足绞线各单线的平移不变性。因此，本节在直角坐标系与螺旋坐标系的基础上，结合直角坐标系的平移特性与螺旋坐标系的旋转特性，建立扭曲坐标系，通过选择合适的正交基解决绞线平移不变性问题。假设股线之间的接触为赫兹接触，计算时可将接触区域视为一条线[137]。

设 $(\boldsymbol{e}_X, \boldsymbol{e}_Y, \boldsymbol{e}_Z)$ 为笛卡儿正交基，此时螺旋中心线表示如下：

$$\boldsymbol{R}(s) = R\cos\left(\frac{2\pi}{l}s + \theta\right)\boldsymbol{e}_X + R\sin\left(\frac{2\pi}{l}s + \theta\right)\boldsymbol{e}_Y + \frac{L}{l}s\boldsymbol{e}_Z \qquad (2\text{-}45)$$

式中，s 为螺旋线弧长；l 为一个螺旋周期的曲线长度，且有 $l = \sqrt{L^2 + 4\pi^2 R^2}$；$R$ 和 L 分别是螺旋杆的螺旋半径和节距；θ 为 $Z=0$ 平面上的螺旋相位角。

此处考虑弗莱纳基 $(\boldsymbol{e}_n, \boldsymbol{e}_b, \boldsymbol{e}_t)$，其单位向量 $\boldsymbol{e}_n$、$\boldsymbol{e}_b$、$\boldsymbol{e}_t$ 可通过以下公式求得

$$\begin{cases} \boldsymbol{e}_t = \mathrm{d}\boldsymbol{r}/\mathrm{d}s \\ \mathrm{d}\boldsymbol{e}_n/\mathrm{d}s = \tau\boldsymbol{e}_b - \kappa\boldsymbol{e}_t \\ \mathrm{d}\boldsymbol{e}_b/\mathrm{d}s = -\tau\boldsymbol{e}_n \end{cases} \qquad (2\text{-}46)$$

对于螺旋曲线，$\boldsymbol{e}_n$、$\boldsymbol{e}_b$、$\boldsymbol{e}_t$ 可通过笛卡儿正交基表示如下[138]：

$$\begin{aligned} \boldsymbol{e}_n &= \cos\left(\frac{2\pi}{l}s + \theta\right)\boldsymbol{e}_X + \sin\left(\frac{2\pi}{l}s + \theta\right)\boldsymbol{e}_Y \\ \boldsymbol{e}_b &= \frac{L}{l}\sin\left(\frac{2\pi}{l}s + \theta\right)\boldsymbol{e}_X - \frac{L}{l}\cos\left(\frac{2\pi}{l}s\right)\boldsymbol{e}_Y + \frac{2\pi R}{l}\boldsymbol{e}_Z \\ \boldsymbol{e}_t &= -\frac{2\pi R}{l}\sin\left(\frac{2\pi}{l}s + \theta\right)\boldsymbol{e}_X + \frac{2\pi R}{l}\cos\left(\frac{2\pi}{l}s + \theta\right)\boldsymbol{e}_Y + \frac{L}{l}\boldsymbol{e}_Z \end{aligned} \qquad (2\text{-}47)$$

式中，法向量 $\boldsymbol{e}_n$ 平行于 $(\boldsymbol{e}_X, \boldsymbol{e}_Y)$ 平面；$\boldsymbol{e}_b$ 和 $\boldsymbol{e}_t$ 随着参数 s 和 θ 的变化沿笛卡儿基的三个方向移动。当螺旋半径 $R=0$ 时，有 $l=L$，曲率 $\kappa=0$ 且挠率 $\tau=2\pi/L$，此时弗莱纳基用 $(\boldsymbol{e}_x, \boldsymbol{e}_y, \boldsymbol{e}_z)$ 表示，对应于沿 Z 轴 $(s \equiv Z)$ 且具有轴向周期性 L 的扭曲坐标系，如图 2-3 所示。

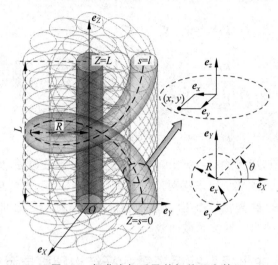

图 2-3　扭曲坐标系及其相关正交基

单位向量 e_x 和 e_y 绕 Z 轴旋转，并平行于 (e_X, e_Y) 平面，e_x 和 e_y 可用笛卡儿正交基表示如下：

$$e_x = -\cos\left(\frac{2\pi}{L}Z + \theta\right)e_X - \sin\left(\frac{2\pi}{L}Z + \theta\right)e_Y$$
$$e_y = \sin\left(\frac{2\pi}{L}Z + \theta\right)e_X - \cos\left(\frac{2\pi}{L}Z + \theta\right)e_Y \tag{2-48}$$

此时通过扭曲基 (e_x, e_y, e_z) 建立了扭曲坐标系 (x, y, Z)，其中任意位置向量可表示为

$$\boldsymbol{X}(x, y, Z) = x\boldsymbol{e}_x(Z) + y\boldsymbol{e}_y(Z) + Z\boldsymbol{e}_z \tag{2-49}$$

对应非正交协变基为

$$\begin{cases} \boldsymbol{g}_1 = \boldsymbol{e}_x(Z) \\ \boldsymbol{g}_2 = \boldsymbol{e}_y(Z) \\ \boldsymbol{g}_3 = -\tau y \boldsymbol{e}_x(Z) + \tau x \boldsymbol{e}_y(Z) + \boldsymbol{e}_z \end{cases} \tag{2-50}$$

协变度量张量为

$$\boldsymbol{g} = \begin{bmatrix} 1 & 0 & -\tau y \\ 0 & 1 & \tau x \\ -\tau y & \tau x & \tau^2(x^2 + y^2) + 1 \end{bmatrix} \tag{2-51}$$

反协变基为

$$\begin{cases} \boldsymbol{g}^1 = \boldsymbol{e}_x(Z) + \tau y \boldsymbol{e}_z \\ \boldsymbol{g}^2 = \boldsymbol{e}_y(Z) - \tau x \boldsymbol{e}_z \\ \boldsymbol{g}^3 = \boldsymbol{e}_z \end{cases} \tag{2-52}$$

第二类克里斯托费尔符号 Γ_{ij}^k 为

$$\Gamma_{11}^k = \Gamma_{12}^k = \Gamma_{21}^k = \Gamma_{22}^k = 0, \Gamma_{13}^1 = \Gamma_{31}^1 = 0, \Gamma_{33}^1 = -\tau^2 x, \Gamma_{23}^1 = \Gamma_{32}^1 = -\tau$$
$$\Gamma_{13}^3 = \Gamma_{31}^3 = \Gamma_{23}^3 = \Gamma_{32}^3 = \Gamma_{33}^3 = 0, \Gamma_{33}^2 = -\tau^2 y, \Gamma_{23}^2 = \Gamma_{32}^2 = 0, \Gamma_{13}^2 = \Gamma_{31}^2 = \tau$$
$$\tag{2-53}$$

应变可以用扭曲基表示为

$$\boldsymbol{\varepsilon} = (\boldsymbol{L}_{xy} + \boldsymbol{L}_Z \partial/\partial Z)\boldsymbol{u} \tag{2-54}$$

式中，$\boldsymbol{L}_{xy}$、$\boldsymbol{L}_Z$ 为微分算子，且有

$$\boldsymbol{L}_{xy} = \begin{bmatrix} \partial/\partial x & 0 & 0 \\ 0 & \partial/\partial y & 0 \\ 0 & 0 & \tau(y\partial/\partial x - x\partial/\partial y) \\ \partial/\partial y & \partial/\partial x & 0 \\ \tau(y\partial/\partial x - x\partial/\partial y) & -\tau & \partial/\partial x \\ \tau & \tau(y\partial/\partial x - x\partial/\partial y) & \partial/\partial y \end{bmatrix} \tag{2-55}$$

$$\boldsymbol{L}_Z = \begin{bmatrix} 0 & 0 & 0 & 0 & 1 & 0 \\ 0 & 0 & 0 & 0 & 0 & 1 \\ 0 & 0 & 1 & 0 & 0 & 0 \end{bmatrix}^{\mathrm{T}} \tag{2-56}$$

用 $\pm \mathrm{i}k$ 代替 $\partial/\partial Z$，k 为 Z 方向波数，最终得到波动方程：

$$(\boldsymbol{K}_1 + \mathrm{i}k(\boldsymbol{K}_2 - \boldsymbol{K}_2^{\mathrm{T}}) + k^2 \boldsymbol{K}_3 - \omega^2 \boldsymbol{M})\boldsymbol{U} = \boldsymbol{0} \tag{2-57}$$

式中，$\boldsymbol{K}_1$、$\boldsymbol{K}_2$、$\boldsymbol{K}_3$、$\boldsymbol{M}$ 为整体刚度矩阵和整体质量矩阵，扭曲坐标系下单元刚度矩阵 $\boldsymbol{k}_1^{(e)}$、$\boldsymbol{k}_2^{(e)}$、$\boldsymbol{k}_3^{(e)}$，单元质量矩阵 $\boldsymbol{m}^{(e)}$ 分别为

$$\begin{cases} \boldsymbol{k}_1^{(e)} = \int_{S^e} \boldsymbol{N}_e^{\mathrm{T}} \boldsymbol{L}_{xy}^{\mathrm{T}} \boldsymbol{C}_e \boldsymbol{L}_{xy} \boldsymbol{N}_e \mathrm{d}x \mathrm{d}y \\ \boldsymbol{k}_2^{(e)} = \int_{S^e} \boldsymbol{N}_e^{\mathrm{T}} \boldsymbol{L}_{xy}^{\mathrm{T}} \boldsymbol{C}_e \boldsymbol{L}_Z \boldsymbol{N}_e \mathrm{d}x \mathrm{d}y \\ \boldsymbol{k}_3^{(e)} = \int_{S^e} \boldsymbol{N}_e^{\mathrm{T}} \boldsymbol{L}_Z^{\mathrm{T}} \boldsymbol{C}_e \boldsymbol{L}_Z \boldsymbol{N}_e \mathrm{d}x \mathrm{d}y \\ \boldsymbol{m}^{(e)} = \int_{S^e} \rho_e \boldsymbol{N}_e^{\mathrm{T}} \boldsymbol{N}_e \mathrm{d}x \mathrm{d}y \end{cases} \tag{2-58}$$

对比某螺旋曲杆轴向位置 Z_1 处与轴向位置 Z_2 处的横截面，两横截面形状相似，两者之间仅存在一个绕 Z 轴旋转的角度 $2\pi(Z_2-Z_1)/L$，而扭曲基平面 ($\boldsymbol{e}_X$, $\boldsymbol{e}_Y$) 也以相同角度绕 Z 轴旋转，则横截面在该平面中保持不变，且对应微分算子也与轴向变量 Z 无关，因此螺旋曲杆结构在该扭曲坐标系中具有平移不变性，螺旋曲杆与直杆的频散曲线计算均被统一于式(2-57)下。

分别设置不同杆的螺旋半径和节距，计算对应杆截面单元刚度矩阵 $\boldsymbol{k}_1^{(e)}$、$\boldsymbol{k}_2^{(e)}$、$\boldsymbol{k}_3^{(e)}$ 和单元质量矩阵 $\boldsymbol{m}^{(e)}$，再进行组装获得整体刚度矩阵 $\boldsymbol{K}_1$、$\boldsymbol{K}_2$、$\boldsymbol{K}_3$ 和整体质量矩阵 $\boldsymbol{M}$。组装时将单元刚度矩阵坐标转换至系统坐标系，该过程可表示为

$$\bar{\boldsymbol{k}}^{(e)} = \boldsymbol{R}^{\mathrm{T}} \boldsymbol{k}^{(e)} \boldsymbol{R} \tag{2-59}$$

式中，$\bar{\boldsymbol{k}}^{(e)}$ 为系统坐标系下的单元刚度矩阵；$\boldsymbol{k}^{(e)}$ 为单元坐标系下的单元刚度矩阵；$\boldsymbol{R}$ 为坐标转换矩阵。图 2-4 所示为对应的组装示意图，单元刚度矩阵分为多个子矩阵，将单元刚度矩阵中的 ij 子矩阵叠加到整体刚度矩阵的 K_{ij} 子矩阵，以此类推。

获得整体刚度矩阵 $\boldsymbol{K}_1$、$\boldsymbol{K}_2$、$\boldsymbol{K}_3$ 和整体质量矩阵 $\boldsymbol{M}$ 后，给定一个频率范围的多个角频率 ω 值，通过式(2-57)求解特征方程可得到对应频率的波数 k，进而可求得对应频率的相速度与群速度，将所得散点按特征向量之间的正交性进行相连得到曲线，即可获得螺旋耦合杆结构的导波频散曲线。

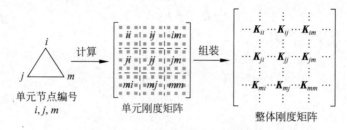

图 2-4 整体刚度矩阵组装示意图

2.2 螺旋耦合结构中的导波传播特性影响因素分析

绞线是由直杆与螺旋曲杆按一定规律绞合而成的耦合杆结构。本节首先分别分析超声导波在中心层直杆、次外层螺旋曲杆、最外层螺旋曲杆中的传播特性,通过对比分析研究螺旋结构对超声导波传播的影响;其次分析超声导波在耦合杆中的传播特性,分析研究杆间接触耦合作用与螺旋结构对耦合杆中导波传播的影响。

2.2.1 螺旋结构对单杆结构导波传播影响分析

本书研究的承力索主要使用型号为 JTM120 的铜镁合金绞线,其中心层为 1 根单线(直杆),次外层为 6 根单线(螺旋曲杆)螺旋绞合在中心层单线上,旋向向左,规定绞合节径比为 11~15,最外层为 12 根单线(螺旋曲杆)螺旋绞合在次外层上,旋向向右,规定绞合节径比为 10~12。JTM120 型承力索作为典型的三层绞线结构,从结构到材料上均具备代表性,因此本书选择该结构作为研究对象,以下简称承力索,其主要物理参数见表 2-1。

表 2-1 JTM120 型承力索主要物理参数

弹性模量/GPa	泊松比	密度/(kg/m³)	纵波波速/(m/s)	横波波速/(m/s)
132	0.33	8940	4706	2353

将表 2-1 中的密度、弹性模量、泊松比代入式(2-14)和式(2-15),可以计算出自由状态下中心直杆的导波频散曲线。此处计算频率 0~1 MHz 内的导波频散曲线,如图 2-5 所示,经过正交模态追踪后对其中的 L(0,1)、T(0,1)、F(1,1)模态导波进行连线并用不同颜色标记。

T(0,1)模态在整个 0~1 MHz 频率内,各个频率下的群速度均相同,即表现为非频散。在低频段范围内,导波模态数量少,L(0,1)模态导波群速度大于 T(0,1)和 F(1,1)模态导波群速度。随着频率的增加模态数量逐渐增加,L(0,1)模态导波群速度逐渐减小,F(1,1)模态导波群速度逐渐增加至几乎与 T(0,1)模态导波群速度持平。频率为 150 kHz 时直杆中三种模态的位移矢量如图 2-6 所示:L 模态主要体现在位移矢量指向杆轴向,杆受到轴向拉力或压力;T 模态体现在横截面上的位移矢量沿切向方向旋转,杆受到扭矩作用;F 模态则体现在位移矢量呈绕圆截面上的弦旋转趋势,杆受到弯矩作用。

记承力索中心层直杆为 A,次外层螺旋曲杆为 B,最外层螺旋曲杆为 C,如图 2-7 所示。其中,螺旋半径 $R_B=2.8$ mm,节距 $L_B=120$ mm,旋向向左,螺旋角为 $-8.34°$;螺旋半径 $R_C=5.6$ mm,节距 $L_C=160$ mm,旋向向右,螺旋角为 $12.4°$。

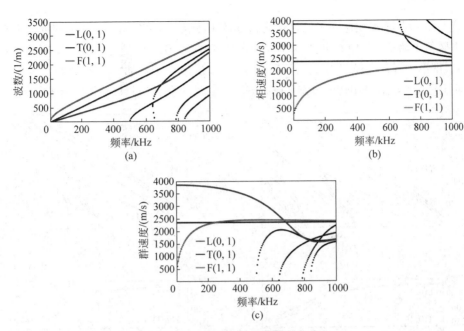

图 2-5 中心直杆导波频散曲线
(a) 波数图;(b) 相速度图;(c) 群速度图

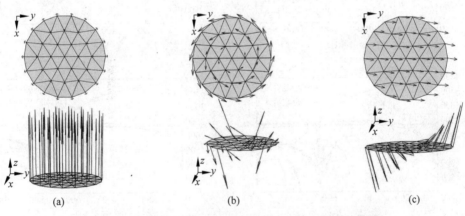

图 2-6 频率为 150 kHz 时中心直杆中各模态位移矢量图
(a) L(0,1)模态;(b) T(0,1)模态;(c) F(1,1)模态

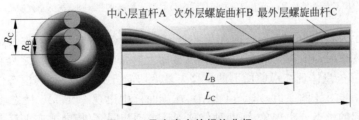

图 2-7 承力索中的螺旋曲杆

计算 0～1 MHz 频率内的单一螺旋曲杆频散曲线并与中心直杆进行对比,结果如图 2-8 所示。在 0～500 kHz 的频率内,整体上螺旋曲杆 B 与螺旋曲杆 C 频散曲线几乎一致。中心直杆 A、螺旋曲杆 B、螺旋曲杆 C 中的 L(0,1)模态群速度依次降低;螺旋曲杆 B 中的 T(0,1)模

态群速度与中心直杆 A 相比并无明显变化,而螺旋曲杆 C 中的 T(0,1) 模态群速度与中心直杆 A 相比在数值上略低;与中心直杆 A 不同的是,螺旋曲杆 B、C 中的弯曲模态发生了明显模态分离现象,即图中标注的模态 $F(1,1)^+$ 和 $F(1,1)^-$,原因在于弯曲模态在螺旋结构中无对称性。事实上尽管中心直杆中弯曲模态无模态分离现象,但所得波数仍以双根的形式出现。

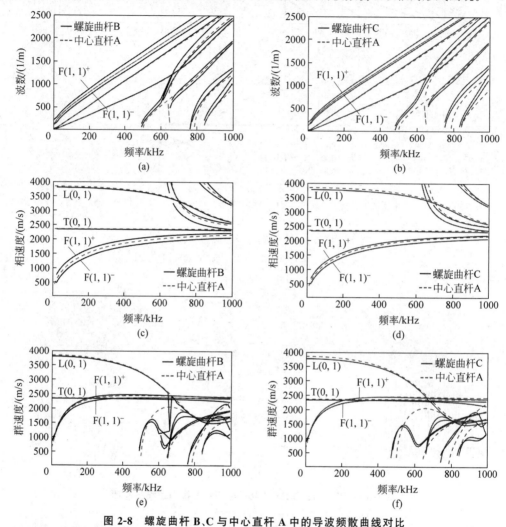

图 2-8 螺旋曲杆 B、C 与中心直杆 A 中的导波频散曲线对比
(a) B 与 A 波数图;(b) C 与 A 波数图;(c) B 与 A 相速度图;(d) C 与 A 相速度图;(e) B 与 A 群速度图;(f) C 与 A 群速度图

图 2-9 所示为频率为 150 kHz 时螺旋曲杆 B 中的模态位移矢量,T 模态位移矢量从三维等轴侧视图上观察时与 F 模态相似,均呈绕圆截面上的弦旋转趋势,不同之处在于从正视图观察时 T 模态位移矢量体现在横截面上的位移矢量沿切向方向旋转,而 F 模态位移矢量则指向同一方向。进一步对比图 2-9(c) 与图 2-9(d),螺旋曲杆中出现 $F(1,1)^+$ 模态和 $F(1,1)^-$ 模态为非轴对称引起的模态分离现象,而两种位移矢量类型相同,仅指向方向上存在差异。

频率为 150 kHz 时的螺旋曲杆 C 模态位移矢量如图 2-10 所示,类型与螺旋曲杆 B 一致,低频段内其他频率对应模态位移矢量亦相同。由此可见,由于 JTM120 承力索最外层 C 与次外层 B 单线的材料属性、直径均相同,仅螺旋半径及螺旋角不同,虽然旋向相反但螺旋角相差较小,导波频率处于低频段时并未引起导波传播特性出现明显区别。

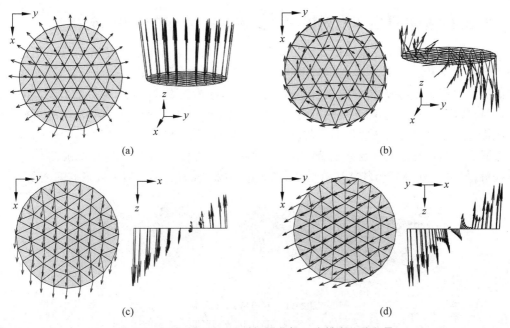

图 2-9 频率为 150 kHz 时螺旋曲杆 B 中模态位移矢量

(a) L(0,1)模态；(b) T(0,1)模态；(c) F(1,1)$^+$模态；(d) F(1,1)$^-$模态

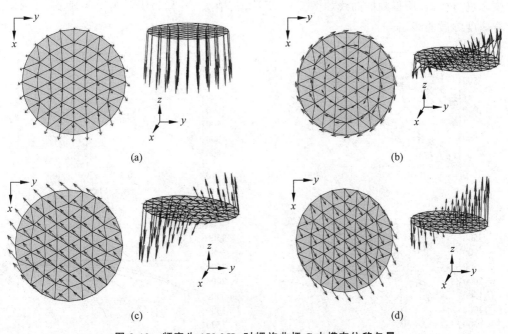

图 2-10 频率为 150 kHz 时螺旋曲杆 C 中模态位移矢量

(a) L(0,1)模态；(b) T(0,1)模态；(c) F(1,1)$^+$模态；(d) F(1,1)$^-$模态

综上可知，螺旋结构会引起 F 模态导波发生模态分离现象，直杆与螺旋曲杆导波速度略有差异，但由于杆直径与材料相同，整体上直杆与螺旋曲杆在 0~1 MHz 频率内的导波频散曲线及位移矢量几乎相同。

2.2.2 接触耦合作用对耦合杆结构中的导波传播影响分析

绞线各单线之间通过接触耦合成为复杂的波导,边界条件的改变使得导波在耦合结构中的传播变得复杂,不能简单的用自由状态时的单线频散曲线替代。与此同时,当单线受轴向的压应力作用时,会产生径向膨胀和径向拉应力,即泊松效应,因此当导波在绞线中传播时,泊松效应会进一步影响导波的传播。首先忽略螺旋曲杆螺旋结构的影响,只分析杆间的接触耦合作用对导波传播的影响,假设存在一个双直杆耦合结构,直径均为 2.8 mm,材料参数同表 2-1,两杆之间为赫兹接触,接触区域视为一条线,即将三维波导接触简化为二维点接触,如图 2-11 所示为其三维模型及对应的网格截面,对接触区域进行了局部细化。

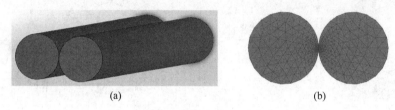

图 2-11 双直杆耦合结构

(a) 三维模型;(b) 截面网格

计算 0～500 kHz 内的导波波数、群速度和相速度,并进行模态分类后用不同颜色对各个模态进行标记,所得频散曲线如图 2-12 所示,其中图 2-12(d) 所示为泊松比 $\nu=0$ 时对应的群速度频散曲线。

图 2-12
彩图

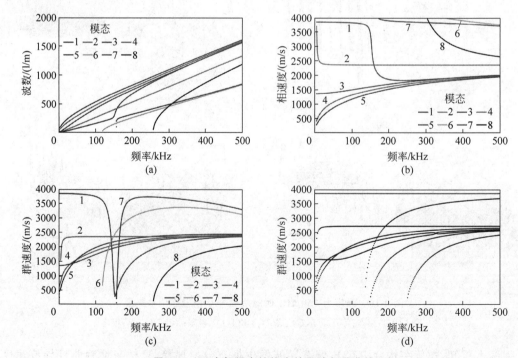

图 2-12 双直杆耦合结构中的导波频散曲线

(a) 波数图;(b) 相速度图;(c) 群速度图;(d) 泊松比 $\nu=0$ 时的群速度图

与单直杆相比,双直杆结构中出现更多模态,在双直杆群速度图中,模态 2 在 0 Hz 附近出现陷波,即群速度从 0 Hz 开始随着频率增加迅速增长,之后呈水平趋势且在数值上与单直杆中的 T(0,1) 相等;模态 5 与单直杆中的 F(1,1) 模态频散曲线基本重合,而模态 3、4、6、8 等新增模态尚需结合位移矢量图做进一步判断;模态 1(0~100 kHz)、模态 7(200~500 kHz)与单直杆中的 L(0,1) 模态在数值和趋势上接近,但由于双直杆的两杆之间接触耦合作用使得 150 kHz 附近出现陷波现象,这种现象主要是由于泊松效应引起的纵向模态产生径向运动,在泊松比 $\nu=0$ 的情况下模态 1 曲线的转向现象消失。

求取双直杆耦合结构中各模态几个频率下的位移矢量,并将其标注于对应模态的群速度曲线上,如图 2-13 所示。

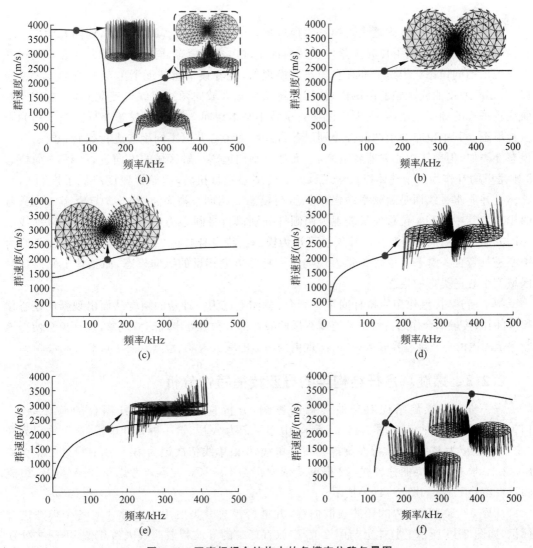

图 2-13 双直杆耦合结构中的各模态位移矢量图

(a) 导波模态 1;(b) 导波模态 2;(c) 导波模态 3;(d) 导波模态 4;(e) 导波模态 5;
(f) 导波模态 6;(g) 导波模态 7;(h) 导波模态 8

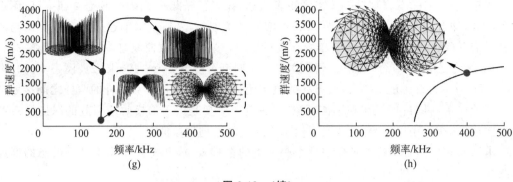

图 2-13 （续）

模态 1 在 150 kHz 附近出现模态转换现象,在低频范围内为纵向模态,而随着频率的增长,在泊松效应的影响下位移矢量发生转向而呈现出弯曲模态,同一条频散曲线在不同频率下呈现出不同模态。模态 7 亦存在模态转换现象,随着频率增长逐渐由弯曲模态转为纵向模态,在群速度曲线陡峭的范围内,位移矢量从接触区域向两边呈线性变化趋势,在群速度曲线较平稳的频率范围内,平面内位移矢量大小基本相同。模态 2、模态 3 与模态 8 均为类扭转模态。其中模态 2 中两圆杆分别以各自圆心为中心并以不同旋向进行扭转；模态 8 与模态 2 类似,但旋转中心并非各自圆心,而是分别向远离接触区域的方向进行偏移；而模态 3 则是以两杆作为一个整体以接触区域为旋转中心进行扭转,起始群速度略低于模态 2,且整体上并非水平线而是随频率缓慢增长至与模态 2 相同。模态 4、模态 5 与模态 6 为类弯曲模态。其中模态 4 位移矢量表现为两圆杆分别以自身圆心为中心,以公切线为对称线以相同方向进行弯曲；模态 5 位移矢量可视为模态 4 绕自身旋转 90°,两杆整体上以连心线为中心进行弯曲；模态 6 位移矢量表现为单一杆为方向相反的纵向模态,而整体上则以接触区域为中心呈类弯曲模态。

综上所述,接触作用使得杆间进行耦合,整体上成为一种新的结构从而出现新的模态位移,杆间的接触耦合作用会使得群速度频散曲线在部分频率处出现陷波现象,该现象会使得该频率范围内的群速度差异较大,从而出现更为明显的频散现象,检测时需尽量避开陷波频率。

2.2.3 螺旋耦合杆结构中的导波传播特性分析

进一步考虑螺旋结构对导波传播的影响,分析直杆与螺旋曲杆耦合的双杆结构。JTM120 型承力索截面如图 2-14(a)所示,中心层记为 A 层,含 1 根直杆单线,该单线记为杆 A；次外层记为 B 层,含 6 根左旋螺旋曲杆单线,6 根单线依次记为 $B_1 \sim B_6$；最外层记为 C 层,含 12 根右旋螺旋曲杆单线,12 根单线依次记为 $C_1 \sim C_{12}$。不妨考虑单线 A 与 B_1 组成的双杆耦合结构,如图 2-14(b)所示。

计算 0~500 kHz 内的导波频散曲线,并进行模态分类后用不同颜色对各个模态进行标记,如图 2-15 所示。整体上与图 2-12 中双直杆中的导波频散曲线大致相似,不同之处在于：模态 1 与模态 2 均在 0 Hz 附近出现陷波；在 150 kHz 附近的陷波现象更为明显,不仅是模态 1 和模态 7,模态 2 与模态 6 也出现陷波现象；在 300 kHz 附近,模态 7 与模态 8 也出现陷波现象。图 2-15(d)所示为泊松比 $\nu=0$ 时的群速度图,尽管 0 Hz、150 kHz、300 kHz 附近的陷波频率范围减小但陷波现象并未消失,原因在于螺旋曲杆的螺旋几何结构产生了额外的径向运动。可以预见,由于其螺旋几何结构的存在,在此类结构中激励纵向模态导波时,会随着传播不可避免地分离出其他模态导波。

图 2-14　直杆与螺旋曲杆耦合模型示意图
(a) 承力索截面;(b) 三维模型

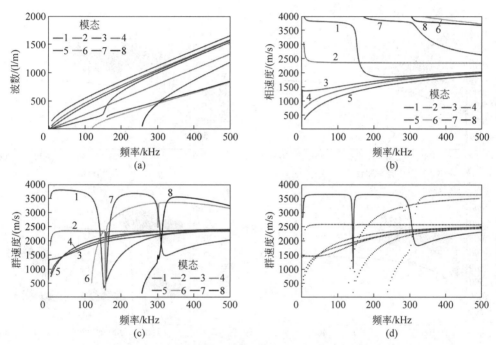

图 2-15　直杆与螺旋曲杆耦合结构中的导波频散曲线
(a) 波数图;(b) 相速度图;(c) 群速度图;(d) 泊松比 $\nu=0$ 时的群速度图

进一步求取直杆与螺旋曲杆耦合结构中各模态不同频率下的位移矢量,并将其标注于对应模态的群速度曲线上,所得位移矢量图如图 2-16 所示。模态 1 同样存在模态转换现象,在低频范围内为纵向模态,而与双直杆不同的是,随着频率的增长,在泊松效应与螺旋结构共同影响下位移矢量发生转向而在整体上呈现出扭转模态。模态 7 中的模态转换现象更为明显,模态初始呈弯曲模态,随着频率增长逐渐转为纵向模态,最后逐步转为扭转模态。模态 3 依然是以两杆作为一个整体以接触区域为旋转中心进行扭转。模态 8 则是由整体的扭转模态向纵向模态变化。模态 4 与模态 5 与双直杆中相同,均为弯曲模态,说明螺旋结构对该类模态影响不大。而模态 6 是由整体上方向相反的纵向模态向以接触区域为中心的类弯曲模态变化。模态 2 位移矢量虽整体上与双直杆中相似,但模态在 150 kHz 附近出现明显陷波现象,模态 6 在 150 kHz 与 300 kHz 附近也出现相同的情况,原因在于用式(2-22)求解该频率对应群速度时产生的异常值。而从图 2-15(a)和图 2-15(b)中可以看出,模态 2 和模态 6 的波数频散曲线、相速度频散曲线在 150 kHz 与 300 kHz 附近均是平滑的,群速度频散曲线在该处也应是光滑连续的,因此当需要引入群速度频散曲线进行其他计算时可去掉其中的异常值。

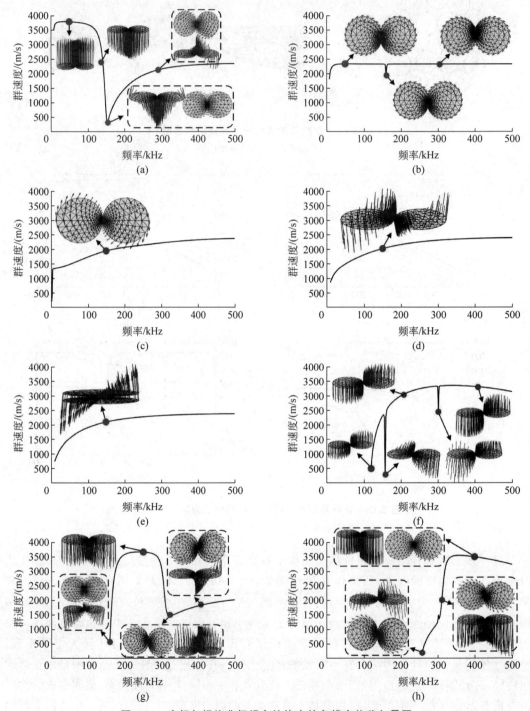

图 2-16　直杆与螺旋曲杆耦合结构中的各模态位移矢量图
(a) 导波模态 1;(b) 导波模态 2;(c) 导波模态 3;(d) 导波模态 4;(e) 导波模态 5;
(f) 导波模态 6;(g) 导波模态 7;(h) 导波模态 8

结合双直杆耦合结构、直杆与螺旋曲杆耦合结构可知,泊松效应和螺旋几何结构是使得导波模态出现陷波的主要原因,且由于杆之间的接触使得该边界的径向位移被约束,破坏了杆截面的圆对称性,导致纵向、弯曲和扭转模态之间出现耦合,最终产生模态转换现象。

2.3 绞线结构中的超声导波传播特性分析

2.3.1 双层绞线结构中的导波传播特性

本节分析导波在由承力索中心层 A 与次外层 B 组成的双层七芯绞线中的传播特性。首先忽略螺旋结构对导波传播的影响,即将次外层 6 根单线 $B_1 \sim B_6$ 简化为直杆,假设 A 层杆与 B 层杆均存在接触,得到七芯平行杆结构,如图 2-17 所示,在此基础上分 B 层杆之间有无接触两种情况进行分析,对接触区域进行局部加密,杆直径、材料属性等参数与前文相同。

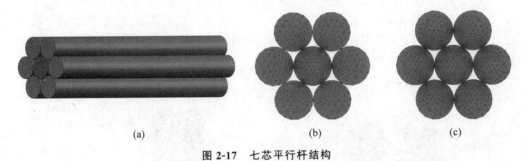

图 2-17 七芯平行杆结构
(a) 三维模型;(b) B 层杆间无接触;(c) B 层杆间接触

1. 七芯平行杆结构(B 层杆间无接触)

通过图 2-17(b)中的网格可以计算出 $0 \sim 500$ kHz 内七芯平行杆结构的导波频散曲线(B 层杆间无接触),如图 2-18 所示。与图 2-12 中双直杆耦合结构导波频散曲线相比,七芯平行杆结构中的导波模态明显增多,模态分类后对与双直杆耦合结构中相似的部分模态进行标记。模态 1 同样在 150 kHz 附近出现陷波现象,如图 2-18(d)所示,在泊松比 $\nu=0$ 的情况下模态 1 曲线转向现象消失,说明泊松效应在七芯平行杆结构(B 层杆间无接触)中亦会引起纵向模态产生径向运动。

通过观察频散曲线图与对应矩阵值可以发现,部分模态的频散曲线图几乎重合,此处选择其中重合的一例,将三个重合的模态分别记为模态 4、模态 5、模态 6。进一步获取七芯平行杆结构(B 层杆间无接触)中各模态在不同频率下的位移矢量,并将其标注于对应模态的群速度曲线上,所得位移矢量图如图 2-19 所示。可以发现,模态 4、模态 5、模态 6 虽然其频散曲线重叠,但其对应的位移矢量各不相同,表现为单一杆上的弯曲模态以不同方式组合而成的整体类弯曲模态。而其余模态与双直杆耦合结构中类似,整体上,以单一杆中方向相同的纵向模态组合而成的类纵向模态导波,其群速度峰值处于 3500 m/s 档位,而方向相反的纵向模态组合而成的类弯曲模态其群速度峰值处于 3000 m/s 档位,其余类弯曲模态及类扭转模态的群速度峰值处于 2000 m/s 档位。

图 2-18
彩图

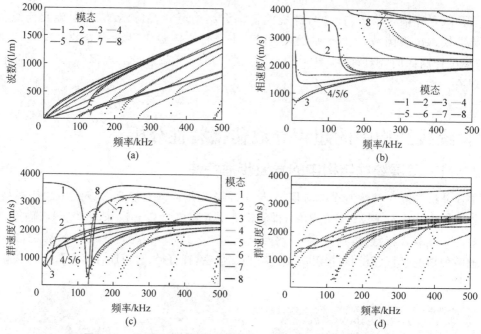

图 2-18　七芯平行杆结构中的导波频散曲线（B 层杆间无接触）
(a) 波数图；(b) 相速度图；(c) 群速度图；(d) 泊松比 $\nu=0$ 时的群速度图

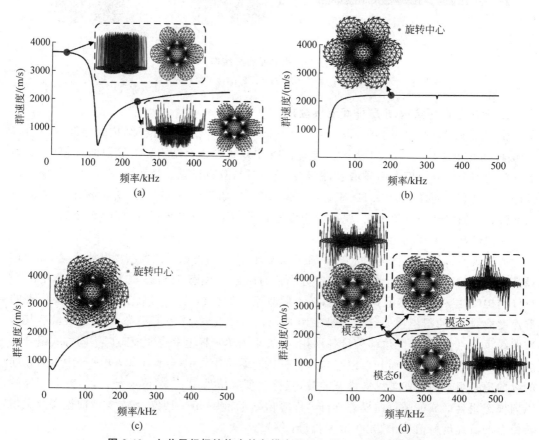

图 2-19　七芯平行杆结构中的各模态位移矢量（B 层杆间无接触）
(a) 模态 1；(b) 模态 2；(c) 模态 3；(d) 模态 4～模态 6；(e) 模态 7；(f) 模态 8

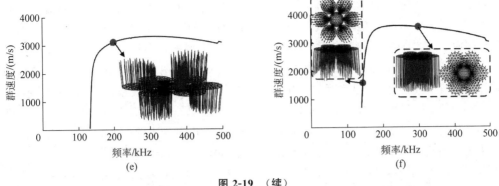

图 2-19 （续）

2. 七芯平行杆结构（B 层杆间接触）

通过图 2-17(c)中的网格可以计算出 0～500 kHz 内七芯平行杆结构中的导波频散曲线（B 层杆间接触），如图 2-20 所示。与图 2-18 相比，0～100 kHz 频段的导波模态反而较少，类扭转模态 2 群速度曲线下降且其截止频率左移，类扭转模态 3 的群速度曲线下降且不再平行于 x 轴，峰值处于 3000 m/s 档位的模态 4 变化明显，而类纵向模态 1、模态 5 导波群速度仅有细微变化。需要说明的是，此处当频率大于 150 kHz 时模态 1 并未延续，原因在于通过式(2-25)进行正交模态分类时，需通过设置阈值进行判别，即将前一频率特征向量自身正交作为基准，当后一频率特征向量与前一频率特征向量的正交值大于基准值的某个百分比时，即可认为后一频率的特征向量对应的波数、相速度、群速度与前一频率的特征向量对应的波数、相速度、群速度属于同一模态。通常同一模态下前后频率特征向量的正交值与非同一模态下的值在量级上具有明显区别，但当阈值选择过高时易导致模态曲线随着频率增加而断开，阈值选择过低

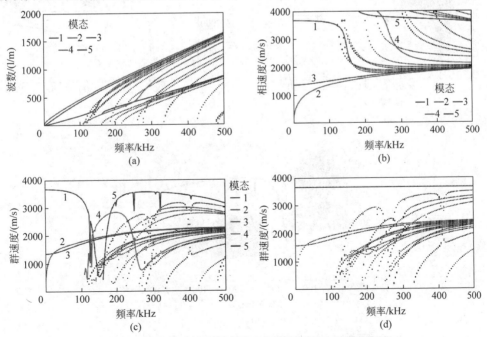

图 2-20 七芯平行杆结构中的导波频散曲线（B 层杆间接触）
(a) 波数图；(b) 相速度图；(c) 群速度图；(d) 泊松比 $\nu=0$ 时的群速度图

时易导致模态分类错误,因此需要获取完整频散曲线时可通过调整阈值使得曲线连续。对比图 2-20(d)与图 2-18(d)可知,泊松比 $\nu=0$ 时类纵向模态相同,而其余模态变化明显,可知对于结构整体而言,B 层杆间的接触作用主要影响弯曲和扭转模态,而对纵向模态影响较小。

七芯平行杆结构中的模态位移矢量(B 层杆间接触),如图 2-21 所示。由于 B 层杆间的接触作用改变了 B 层杆的边界条件,使得类弯曲模态与类扭转模态的组合方式发生了变化,其中低频段内不再出现以 B 层杆各自为中心的类扭转模态,而类纵向模态导波受到影响较小。尽管增多的接触条件使得各个模态位移矢量组合方式发生变化,但组合而成的模态群速度峰值仍可分为 3500 m/s、3000 m/s 和 2000 m/s 三个档位。

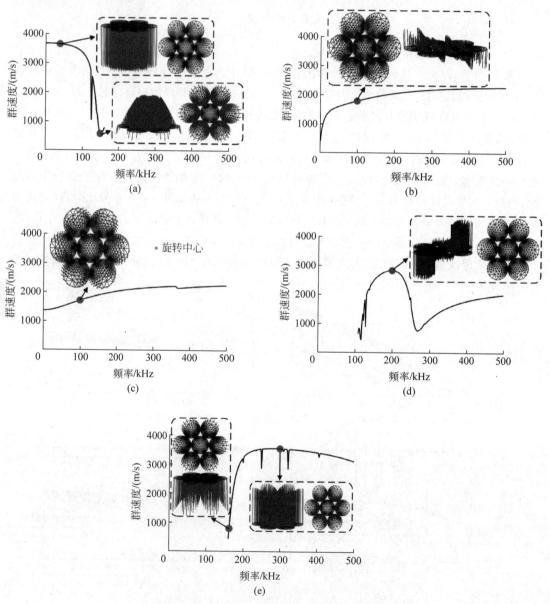

图 2-21　七芯平行杆结构中的各模态位移矢量(B 层杆间接触)
(a) 模态 1;(b) 模态 2;(c) 模态 3;(d) 模态 4;(e) 模态 5

在对七芯平行杆结构分析的基础上,进一步考虑螺旋结构对导波传播的影响,即分析导波在由承力索中心层 A 与次外层 B 组成的七芯绞线结构中的传播特性,如图 2-22(a)所示。承力索次外层螺旋曲杆节距为 120 mm,假设中心直杆 A 与次外层螺旋曲杆 $B_1 \sim B_6$ 之间均存在接触,在此基础上对螺旋曲杆间有无接触两种情况进行分析。螺旋曲杆之间不同接触状态对应的网格分别如图 2-22(b)与图 2-22(c)所示,对接触区域进行局部加密,其余参数与前文相同。

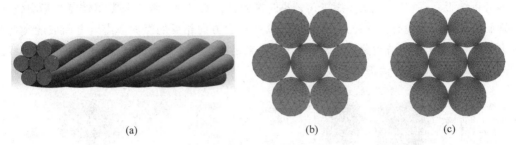

图 2-22 七芯绞线结构
(a)三维模型;(b)B 层螺旋杆间无接触;(c)B 层螺旋杆间接触

3. 七芯绞线结构(B 层螺旋杆间无接触)

通过图 2-22(b)中的网格可以计算出 0~500 kHz 范围内七芯绞线结构中的导波频散曲线(螺旋杆间无接触),如图 2-23 所示,对其中主要的几个模态进行连线并用不同颜色标记。与图 2-18 中七芯平行杆结构(B 层杆间无接触)导波频散曲线相比,七芯绞线结构中的导波模态更多,但大部分导波模态的群速度与相速度相似,即在波导螺旋的影响下会产生更多模态,但螺旋角较小时对大部分模态影响较小。从图 2-23(d)可知,泊松比 $\nu=0$ 时的群速

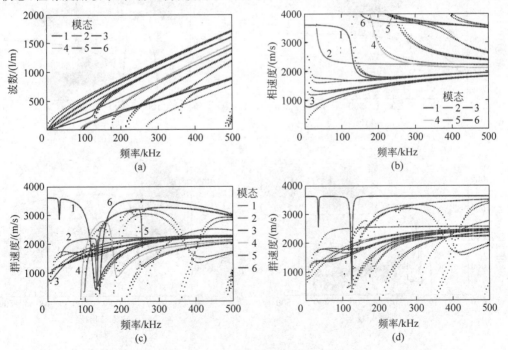

图 2-23 七芯绞线结构中的导波频散曲线(螺旋曲杆间无接触)
(a)波数图;(b)相速度图;(c)群速度图;(d)泊松比 $\nu=0$ 时的群速度图

度图陷波现象并未消失,绞线螺旋结构导致了额外的径向运动,绞线结构中的纵向模态导波随着传播会分离出其他模态导波。

对应的七芯绞线结构中的模态位移矢量(螺旋杆间无接触)如图 2-24 所示,七芯绞线结构中的类纵向模态与类扭转模态,采用式(2-22)求解群速度频散曲线时更易产生由计算误差造成的异常值,而去掉异常值后,模态群速度与位移矢量在数值及变化趋势上与七芯平行杆结构中的分析结果几乎相同,说明当螺旋角较小时螺旋结构对类纵向模态与类扭转模态影响较小。而螺旋结构对弯曲模态影响较大,尤其是以单一杆中方向相反的纵向模态组合而成的类弯曲模态导波,更易出现陷波现象。但整体上,依然满足前文所述规律,即以不同方式组合而成的导波模态对应群速度峰值仍可大致分为 3500 m/s、3000 m/s 和 2000 m/s 三个档位。

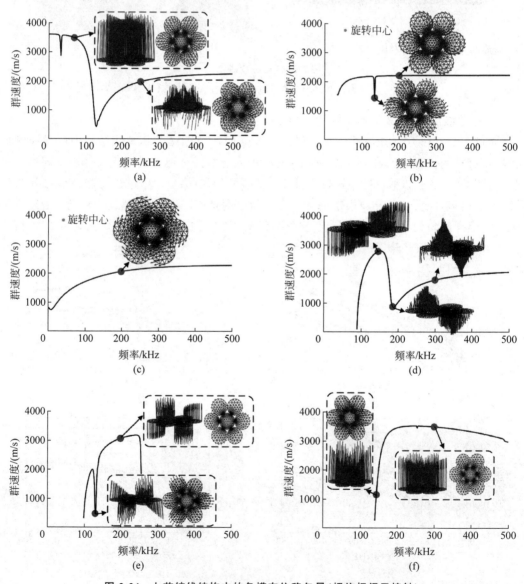

图 2-24 七芯绞线结构中的各模态位移矢量(螺旋杆间无接触)
(a) 模态 1;(b) 模态 2;(c) 模态 3;(d) 模态 4;(e) 模态 5;(f) 模态 6

4. 七芯绞线结构（B 层螺旋杆间接触）

考虑七芯绞线外层螺旋杆间的接触作用，即用图 2-22(c) 截面网格求 0～500 kHz 范围内的导波频散曲线，并对其中主要的几个模态进行标记，如图 2-25 所示。与七芯平行杆结构中类似，B 层杆间接触条件的改变使得低频段模态较少而高频段模态增多。与图 2-23(c) 对比，图 2-25(c) 中类纵向模态 1 与模态 6 几乎相同，而黄色标记的类弯曲模态 5 相对更为平缓，模态转换现象出现在更高频率，其余类弯曲模态与类扭转模态区别则更为明显。与图 2-23(d) 对比，图 2-25(d) 中红色标记的类纵向模态在高于 350 kHz 时发生模态转换现象，说明随着频率的增加，绞线螺旋杆间的接触作用对导波传播的影响也增大了。

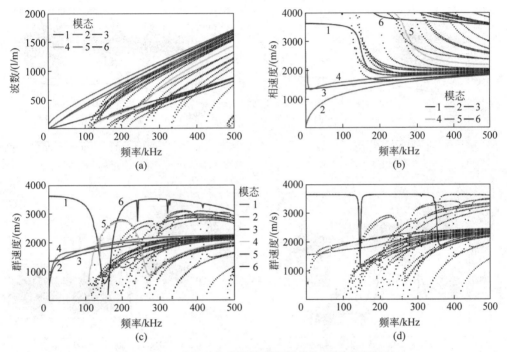

图 2-25 七芯绞线结构中的导波频散曲线（螺旋杆间接触）
(a) 波数图；(b) 相速度图；(c) 群速度图；(d) 泊松比 $\nu=0$ 时的群速度图

对应的七芯绞线结构中的模态位移矢量（螺旋杆间接触）如图 2-26 所示。与七芯平行杆、七芯绞线结构（螺旋杆间无接触）中的对应模态相比，螺旋杆间的接触作用改变了 B 层杆的边界条件，使得低频段内不再出现以 B 层杆各自为旋转中心的类扭转模态，而整体上的对称性并未被破坏，因此以中心杆为旋转中心的类扭转模态得以保留。类纵向模态对应的群速度和位移矢量与七芯平行杆、七芯绞线结构（螺旋杆间无接触）中几乎相同，而类弯曲模态虽由于接触作用导致位移矢量组合方式不同，但其群速度也基本接近。因此对于七芯结构在一定程度上可忽略其 B 层杆间的接触及螺旋结构对导波的影响，从而将结构进行简化。

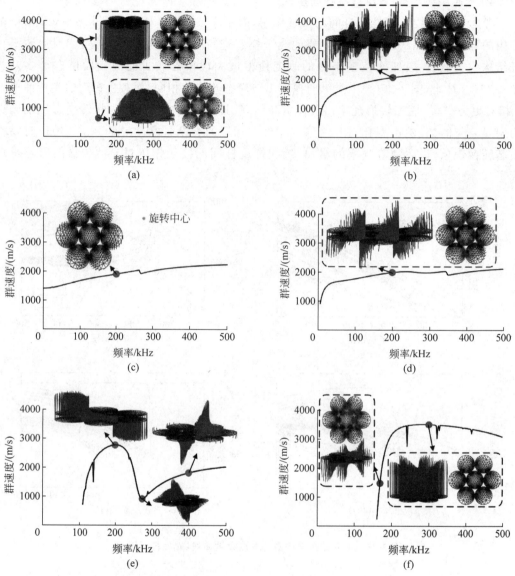

图 2-26 七芯绞线结构中的各模态位移矢量（螺旋杆间接触）
(a) 模态 1；(b) 模态 2；(c) 模态 3；(d) 模态 4；(e) 模态 5；(f) 模态 6

2.3.2 多层绞线结构中的导波传播特性

1. 耦合作用对多层绞线结构中的导波传播特性的影响

对于由多根螺旋曲杆与一根直杆耦合而成的多层绞线结构，忽略螺旋结构的影响，首先分析多层杆结构之间的耦合，即将次外层 6 股单线 $B_1 \sim B_6$、最外层 12 根股线 $C_1 \sim C_{12}$ 均简化为直杆。考虑相邻直杆之间均紧密接触，即中心直杆与次外层直杆之间、次外层直杆之间、次外层直杆与对应最外层直杆、最外层直杆之间均存在接触，所得十九芯平行杆结构及其对应的截面网格如图 2-27 所示。对接触区域进行局部加密，杆直径、材料属性等参数与前文相同。

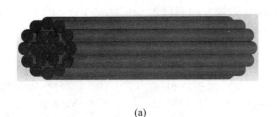
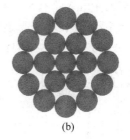

图 2-27 十九芯平行杆结构

(a) 三维模型；(b) 截面网格

计算得到 0～500 kHz 范围内十九芯平行杆结构的导波频散曲线，模态分类后对部分模态进行标记，如图 2-28 所示。与双直杆耦合结构导波频散曲线相比，十九芯平行杆结构中的导波模态明显增多。通过群速度图可以看出，与双直杆结构相比，十九芯平行杆结构由于耦合层数的增多使得群速度陷波现象发生明显变化，陷波频率提前至 100 kHz 附近，且在整个 0～500 kHz 范围内十九芯平行杆结构的类纵向模态导波群速度曲线被分为了四条曲线，在图 2-28(c) 中标记为模态 1、模态 5、模态 7 和模态 8；而其余模态明显增多且变化明显，杆结构耦合层数的增多增加了杆间的接触对数量，进而改变了杆间的接触条件，而杆间的接触作用主要影响弯曲模态导波和扭转模态导波，对纵向模态导波影响较小。通过图 2-28(d) 可以看出，当泊松比 $\nu=0$ 时模态 1 群速度曲线转向现象消失，说明泊松效应在十九芯平行杆结构中亦会引起纵向模态产生径向运动。

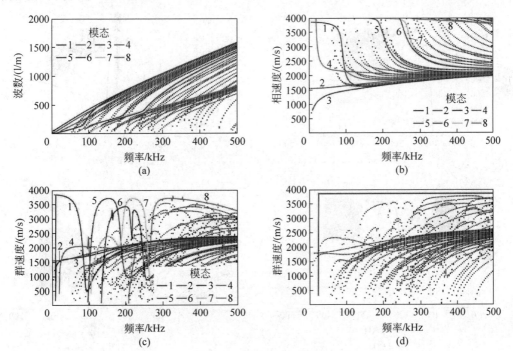

图 2-28 十九芯平行杆结构中的导波频散曲线

(a) 波数图；(b) 相速度图；(c) 群速度图；(d) 泊松比 $\nu=0$ 时的群速度图

对应的十九芯平行杆结构中的模态位移矢量,如图 2-29 所示。在模态 1、模态 5、模态 7 和模态 8 中,模态位移矢量表现为由单杆中矢量方向相同的纵向模态组成的类纵向模态时,即 50 kHz、150 kHz、220 kHz 及 300 kHz 等频率时对应群速度较快,几乎接近单杆结构中

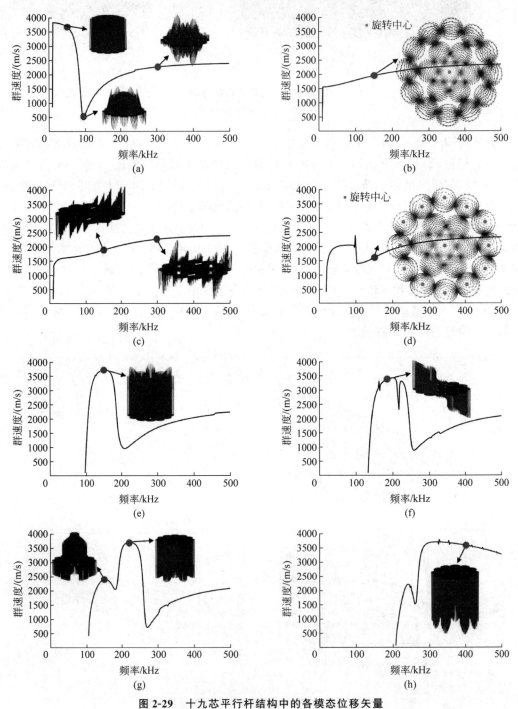

图 2-29　十九芯平行杆结构中的各模态位移矢量

(a) 导波模态 1；(b) 导波模态 2；(c) 导波模态 3；(d) 导波模态 4；(e) 导波模态 5；
(f) 导波模态 6；(g) 导波模态 7；(h) 导波模态 8

的纵向模态群速度；模态 6 的模态位移矢量表现为由单杆中矢量方向相反的纵向模态组成，使得整体呈类弯曲模态，群速度略低于类纵向模态群速度；其余模态与双杆结构中类似，模态 3 为类弯曲模态，模态 2 和模态 4 为类扭转模态，低频时群速度略低于单杆中同频率对应的群速度，而随着频率的增加，群速度逐渐趋近单杆中同频率对应的群速度。其中，模态 2 的次外层与最外层位移矢量均以中心层的杆圆心为旋转中心且旋向相同，模态 4 的情况则有所不同，中心层和次外层位移矢量是以中心层的杆圆心为旋转中心，最外层在低频阶段是以各自杆圆心为旋转中心，且相邻杆之间位移矢量旋向相反，随着频率的增加，部分最外层位移矢量不再是以杆圆心为旋转中心而是呈现出其他模态位移方式。

可以看出，接触作用使得多层杆之间进行耦合，整体上成为一种新的结构从而出现了新的模态位移，多层耦合杆结构中接触耦合对的增多，进一步增加了导波频散曲线的复杂性。而当单杆中矢量方向相同的纵向模态组成整体上的类纵向模态时，对应的群速度最大，且频散较小。

2. 螺旋结构对多层绞线结构中的导波传播特性的影响

承力索为典型的十九芯多层绞线结构，为进一步分析导波在该结构中的传播特性，假设相邻单线之间均紧密接触，即中心直杆与次外层螺旋曲杆、次外层螺旋曲杆之间、次外层螺旋曲杆与最外层螺旋曲杆、最外层螺旋曲杆之间均存在接触，进行网格划分并对接触区域进行局部加密，所得十九芯绞线结构及其对应的截面网格如图 2-30 所示。

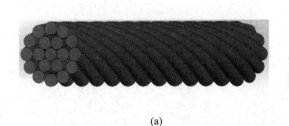
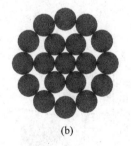

图 2-30　十九芯绞线结构
(a) 三维模型；(b) 截面网格

计算得到 0~500 kHz 频率范围内十九芯绞结构的导波频散曲线，如图 2-31 所示。与十九芯平行杆的导波频散曲线图 2-28 对比，十九芯绞线结构的频散曲线在初始阶段即出现不同，模态 1 的群速度曲线出现明显的模态转换现象，原因在于泊松效应和螺旋几何结构的综合影响使得类纵向模态被分为更多段。然而从整体上看十九芯绞线与十九芯平行杆所得的群速度散点是非常接近的，只是模态转换现象使得这些点在经过正交模态追踪处理时被分配到不同曲线中，且十九芯绞线的群速度频散曲线陷波现象同样出现在 100 kHz 附近。对比图 2-31(d)与图 2-28(d)，当忽略泊松效应的影响时，十九芯平行杆中类纵向模态群速度曲线几乎为直线，而十九芯绞线中的类纵向模态群速度曲线则出现陷波现象和模态转换现象，原因在于十九芯绞线次外层与最外层螺旋曲杆旋向相反，其螺旋几何结构对纵向模态导波传播产生了较大的影响。

对应的十九芯绞线结构中的模态位移矢量如图 2-32 所示。尽管绞线层数的增加，以及相邻层之间旋向相反导致螺旋结构更加复杂，但从整体上看，依旧是各个单线以不同类型的位移矢量按一定规律组合的方式，使十九芯绞线整体呈类纵向模态、类弯曲模态和类扭转模

图 2-31
彩图

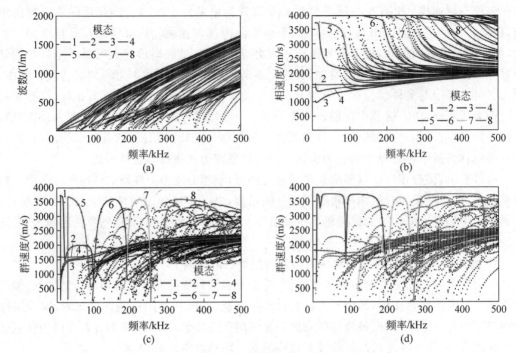

图 2-31　十九芯绞线结构中的导波频散曲线
(a) 波数图；(b) 相速度图；(c) 群速度图；(d) 泊松比 $\nu=0$ 时的群速度图

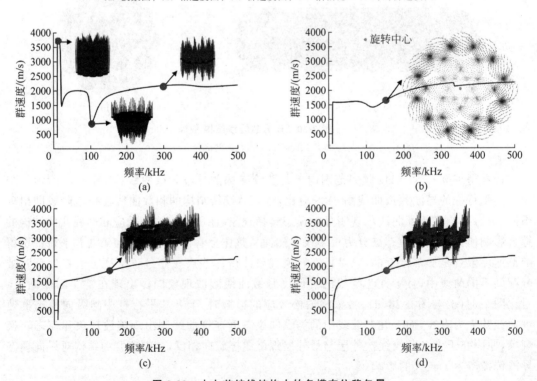

图 2-32　十九芯绞线结构中的各模态位移矢量
(a) 导波模态 1；(b) 导波模态 2；(c) 导波模态 3；(d) 导波模态 4；(e) 导波模态 5；
(f) 导波模态 6；(g) 导波模态 7；(h) 导波模态 8

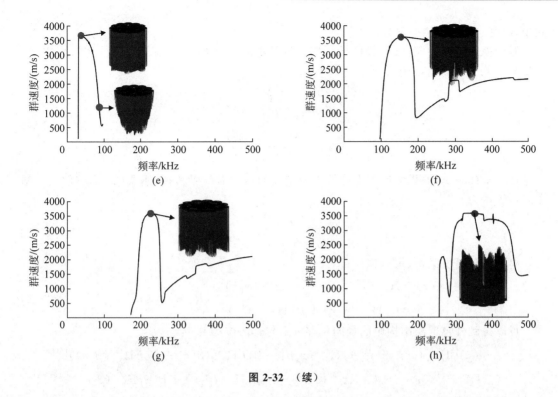

图 2-32 （续）

态。模态 1、模态 5、模态 6、模态 7 和模态 8 中,当模态位移矢量表现为由单杆中矢量方向相同的纵向模态组成的类纵向模态时,其群速度较快,几乎接近单杆结构中的纵向模态群速度;模态 2 为类扭转模态,次外层与最外层位移矢量均以中心层的杆圆心为旋转中心且旋向相同;模态 3 和模态 4 为类弯曲模态,群速度几乎与十九芯直杆中相同。

与多层直杆耦合结构相比,十九芯绞线中由于螺旋结构的影响,进一步加剧了导波频散曲线的复杂性。但在部分频率范围内,如 100～200 kHz 频段范围内,十九芯绞线整体上呈类纵向模态的群速度依然是最快且相对平稳的,此时群速度与单线中的纵向模态群速度十分接近。因此,当在单线中激励该频段范围内的超声导波信号时,该模态导波受到耦合杆之间的耦合作用与螺旋结构的影响较小,利于承力索检测。

2.3.3 包覆结构对绞线中的超声导波传播影响

在接触网系统中包覆承力索的结构,如中心锚结线夹等通常为结构复杂的异形结构,所以理论分析包覆结构对导波在绞线中的传播特性的影响比较困难。为研究包覆结构对导波传播特性的影响,将结构进行简化,设被包覆承力索为等直径的实心圆柱杆结构,包覆结构为圆环结构。如图 2-33 所示,坐标轴 z 轴为圆柱杆中心轴线,并假设导波沿 z 轴传播,R_1 表示中心圆柱杆半径,R_2 表示包覆层最小外半径。

当导波在实心杆中任意层传播时,满足以下关系[139]:

$$\mu \nabla^2 \boldsymbol{u} + (\lambda + \mu) \nabla (\nabla \cdot \boldsymbol{u}) = \rho \frac{\partial^2 \boldsymbol{u}}{\partial t^2} \quad (2\text{-}60)$$

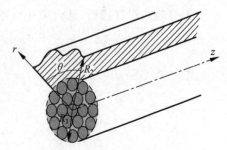

图 2-33 包覆区承力索模型

式中，μ 和 λ 为材料拉梅常数。

对于纵向模态导波，矢量势 $\boldsymbol{\Psi}$ 的径向分量与轴向分量为零，只有周向分量 Ψ_θ，且 Ψ_θ 与标量势 ϕ 均为 r、z、t 的函数，有

$$\begin{cases} \nabla^2 \phi = \dfrac{1}{c_1^2} \dfrac{\partial^2 \phi}{\partial t^2} \\ \nabla^2 \Psi_\theta - \dfrac{\Psi_\theta}{r^2} = \dfrac{1}{c_2^2} \dfrac{\partial^2 \Psi_\theta}{\partial t^2} \end{cases} \tag{2-61}$$

在柱坐标系下，假设纵向模态导波以简谐波的形式沿 z 轴传播，则式(2-61)的解的一般形式可表示为

$$\begin{cases} \phi = f(r) \mathrm{e}^{\mathrm{i}(kz-\omega t)} \\ \Psi_\theta = h(r) \mathrm{e}^{\mathrm{i}(kz-\omega t)} \end{cases} \tag{2-62}$$

对于外包覆层结构，求解得

$$\begin{cases} f(r) = A_1 \mathrm{H}_0^{(1)}(\alpha_1 r) + A_2 \mathrm{H}_0^{(2)}(\alpha_1 r) \\ h(r) = B_1 \mathrm{H}_1^{(1)}(\beta_1 r) + B_2 \mathrm{H}_1^{(2)}(\beta_1 r) \end{cases} \quad (R_1 \leqslant r \leqslant R_2) \tag{2-63}$$

可以得到外包覆层结构中的径向位移 u_{r1} 与轴向位移 u_{z1}：

$$\begin{cases} u_{r1} = (-\alpha_1 A_1 \mathrm{H}_1^{(1)}(\alpha_1 r) - \alpha_1 A_2 \mathrm{H}_1^{(2)}(\alpha_1 r) + B_1 k \mathrm{H}_1^{(1)}(\beta_1 r) + B_2 k \mathrm{H}_1^{(2)}(\beta_1 r)) \mathrm{e}^{\mathrm{i}(kz-\omega t)} \\ u_{z1} = (-k A_1 \mathrm{H}_0^{(1)}(\alpha_1 r) - k A_2 \mathrm{H}_0^{(2)}(\alpha_1 r) - B_1 \beta_1 \mathrm{H}_0^{(1)}(\beta_1 r) - B_2 \beta_1 \mathrm{H}_0^{(2)}(\beta_1 r)) \mathrm{e}^{\mathrm{i}(kz-\omega t)} \end{cases}$$
$$\tag{2-64}$$

式中，$\mathrm{H}_j^{(i)}$ 为汉开尔(Hankel)函数 $(i,j=0,1)$，α 和 β 表示与频率 ω 和波数 k 相关的参数，且有

$$\begin{cases} \alpha^2 = \dfrac{\omega^2}{c_\mathrm{L}^2} - k^2 \\ \beta^2 = \dfrac{\omega^2}{c_\mathrm{T}^2} - k^2 \end{cases} \tag{2-65}$$

对于内层被包覆圆柱杆结构，满足

$$\begin{cases} f(r) = A_3 \mathrm{J}_0(\alpha_2 r) \\ h(r) = B_3 \mathrm{J}_0(\beta_2 r) \end{cases} \quad (0 \leqslant r \leqslant R_1) \tag{2-66}$$

式中，A_3 和 B_3 为待定系数；J 为贝塞尔(Bessel)函数。由此可以得到内层圆柱杆中的径向位移 u_{r2} 与轴向位移 u_{z2}：

$$\begin{cases} u_{r2} = (-\alpha_2 A_3 \mathrm{J}_1(\alpha_2 r) - \mathrm{i} k \beta_2 B_3 \mathrm{J}_1(\beta_2 r)) \mathrm{e}^{\mathrm{i}(kz-\omega t)} \\ u_{z2} = (\mathrm{i} k A_3 \mathrm{J}_0(\alpha_2 r) + \beta_2^2 B_3 \mathrm{J}_0(\beta_2 r)) \mathrm{e}^{\mathrm{i}(kz-\omega t)} \end{cases} \tag{2-67}$$

对于等效双层杆模型，其内层杆与外包覆层的应力与位移边界条件如下：

$$\begin{cases} \sigma_{rr} \big|_{r=R_2} = 0 \\ \sigma_{rz} \big|_{r=R_2} = 0 \\ u_{r1} \big|_{r=R_1} = u_{r2} \big|_{r=R_1} \\ u_{z1} \big|_{r=R_1} = u_{z2} \big|_{r=R_1} \\ \sigma_{rr1} \big|_{r=R_1} = \sigma_{rr2} \big|_{r=R_1} \\ \sigma_{rz1} \big|_{r=R_1} = \sigma_{rz2} \big|_{r=R_1} \end{cases} \tag{2-68}$$

联立双层杆结构中边界条件，可以建立特征方程：
$$D[A_1 \quad A_2 \quad B_1 \quad B_2 \quad A_3 \quad B_3]^T = 0 \tag{2-69}$$
式中，D 为系数矩阵，当式(2-69)的系数行列式为零时该式有非零解，即
$$|D| = 0 \tag{2-70}$$

式(2-70)可简化为关于频率与相速度的超越方程，即为双层杆结构中纵向模态的频散方程。

对于扭转模态导波，标量势 ϕ 为零，且矢量势 $\boldsymbol{\Psi}$ 的径向分量与周向分量为零，仅有轴向分量 ψ_z，且为 r、z、t 的函数，因此有

$$\nabla^2 \psi_z = \frac{1}{c_2^2} \frac{\partial^2 H_z}{\partial t^2} \tag{2-71}$$

对于内层圆柱杆结构，有
$$\psi_z^{(1)} = h_z^{(1)}(r) e^{i(kz-\omega t)} = C_1 J_0(\beta_1 r) e^{i(kz-\omega t)} \tag{2-72}$$
$$u_\theta^{(1)} = C_1 \beta_1 J_1(\beta_1 r) e^{i(kz-\omega t)} \tag{2-73}$$

对于外层包覆结构，有
$$\psi_z^{(2)} = h_z^{(2)}(r) e^{i(kz-\omega t)} = C_2 H_0^{(2)}(\beta_2 r) e^{i(kz-\omega t)} \tag{2-74}$$
$$u_\theta^{(2)} = C_2 \beta_2 H_1^{(2)}(\beta_2 r) e^{i(kz-\omega t)} \tag{2-75}$$

在 $r = R_1$ 表面上，即内外层结构接触面上，有
$$\begin{cases} u_\theta^{(1)} = u_\theta^{(2)} \\ \sigma_{r\theta}^{(1)} = \sigma_{r\theta}^{(2)} \end{cases} \tag{2-76}$$

联立双层杆结构中边界条件，可以建立特征方程：
$$MN = 0 \tag{2-77}$$
式中，M 为二阶系数矩阵；$N = [C_1 \quad C_2]^T$。

当式(2-77)的系数行列式为零时该式有非零解，即
$$\det M = 0 \tag{2-78}$$

式(2-78)即为双层杆结构中扭转模态的频散方程，同理可获得弯曲模态的频散方程。采用半解析有限元法进行分析，取与承力索最外层相接触的部分作为包覆层，对整个截面进行网格划分并对接触区域进行网格加密，如图 2-34(c)所示。

(a)

(b)

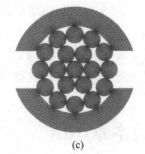
(c)

图 2-34 包覆区承力索结构
(a) 中心锚结线夹；(b) 包覆区承力索；(c) 网格化截面

0～500 kHz 频率范围内的包覆区承力索结构导波频散曲线及位移矢量如图 2-35 所示,对主要模态进行连线标记,并绘制 100～200 kHz 范围内群速度峰值对应频率的模态位移矢量。

图 2-35 彩图

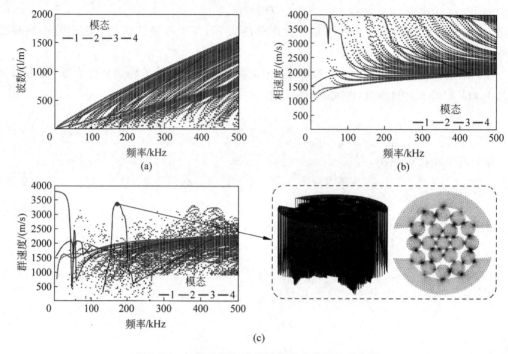

图 2-35 包覆区承力索结构频散曲线及位移矢量
(a) 波数图;(b) 相速度图;(c) 群速度图及对应频率位移矢量

与图 2-31 相比,包覆结构使得中高频段模态数量急剧增加,而低频段时类弯曲模态、类扭转模态和类纵向模态群速度基本相同,可见包覆结构对高频导波的影响较大而对低频导波影响较小。在 100～200 kHz 频段内依旧存在群速度与十九芯绞线中接近的类纵向模态,当激励该频段导波时类纵向模态能较好地通过承力索包覆区域,且在此处进行计算时将承力索与锚结线夹之间的接触简化为共节点接触,而实际结构中两者之间的接触状态会弱于共节点接触状态,因此实际检测时导波能更好地穿过包覆区域。与 0～100 kHz 频段相比,100～200 kHz 频段内激励信号时域长度较短,不易在时域上发生混叠,而与 200～250 kHz 频段相比,100～200 kHz 频段频率较低导波不易衰减,且引入的其他模态数量较少。结合考虑图 2-31(c) 中承力索非包覆区域群速度较快的类纵向模态导波所在频段,100～200 kHz 频段是合适的激励信号选择频段。

2.4 本章小结

本章对多层绞线结构中的超声导波传播特性进行了研究分析。在直角坐标系与螺旋坐标系的基础上,结合直角坐标系的平移特性与螺旋坐标系的旋转特性,建立扭曲坐标系,提出多层螺旋耦合结构导波频散曲线的半解析有限元求解方法,结合赫兹接触理论对杆间的接触条件进行简化,使得多层螺旋曲杆结构各单线在该扭曲坐标系中具有平移不变性,螺旋曲杆与直杆的频散曲线计算被统一于同一个波动方程,实现任意多层螺旋耦合杆结构频散曲线的求解;并分析螺旋结构与接触耦合作用对超声导波传播特性的影响,结果表明螺旋几何结构与接触耦合产生的泊松效应是使导波模态出现陷波现象的主要原因。研究发现随着绞线层数以及杆间接触条件的增加,绞线结构中的导波模态数量增多,且更加复杂,包覆结构则会进一步影响绞线中的导波传播,但主要模态仍可分为类纵向模态、类弯曲模态和类扭转模态。类纵向模态超声导波群速度最快,不易在时域上与其他模态导波发生混叠,是检测绞线损伤较为合适的选择。

第 3 章

压电阵列超声导波传感器设计

为实现绞线结构阵列超声导波检测，首先需要研制对应的传感器。目前根据超声导波的产生机制可将传感器分为激光式、电磁式和压电式等。对于多层绞线结构超声导波检测，激光式超声导波传感器难以激发任意波形调制信号且要求被测表面片平整，电磁式超声导波传感器结构相对复杂且尺寸偏大，而压电式超声导波传感器结构简单，压电晶片易于切割，更适用于多层绞线结构损伤检测。本章将首先介绍压电传感器设计基础，探讨用于制作压电传感器的敏感元件选择，以及考虑楔块的声学匹配。在此基础上，针对快速检测绞线最外层单线，设计了针状式阵列超声导波传感器；针对检测环境更为复杂，对装载稳定性具有更高要求的场合，设计了气压紧式阵列超声导波传感器；为实现多层绞线结构内层损伤检测，设计了环孔式阵列超声导波传感器，采用模块化设计，通过螺栓压紧模块可为探头和被测绞线提供更大的压紧力，而通过液压紧模块可在保证较大压紧力的同时实现自动化。

3.1 压电传感器设计基础

3.1.1 敏感元件选择

传统的超声检测压电传感器（又称换能器）由压电晶片、保护膜、阻尼块等组成，是超声检测中最为常用的实现电能与声能间相互转化的一种换能器件，是超声检测系统的重要组成部分。超声检测压电传感器各部分的作用如下所述。

1) 压电晶片

压电传感器是一种基于压电效应的传感器，正压电效应是指由于晶体形变而产生电极化的现象，逆压电效应是指对晶体施加交变电场引起晶体机械变形的现象，它的敏感元件由压电材料制成。制作压电换能器的材料种类繁多且性能各异，其中压电陶瓷材料同时具有弹性介质、电介质及压电体的性质。压电材料的性能主要由力学参数、电学参数和压电耦合参数决定。弹性系数描述其力学性质的参数包括应力和应变，二者的关系由广义胡克定律决定；介电常数则是衡量电极化性质的标准之一，其值大小反映了电介质材料的极化强度对于外加电场的响应强度；压电应变常数反映了压电体的力学性质与介电性质之间的耦合关系，通常压电应变常数越大，发射灵敏度越高，适合制作发射超声换能器；压电电压常数则定义为当压电振子的电位移恒定时，单位应力变化引起的场强变化，或应力恒定时单位电位移变化所引起的应变变化。

压电晶片主要有压电单晶体(压电石英晶体、铌酸锂等)、压电陶瓷(钛酸钡、锆钛酸铅等)、压电高聚物(聚偏氟乙烯 PVDF)和压电复合材料等。经过综合比较各类型压电晶片的性能特点,由于压电陶瓷 PZT-5 具有介电常数高、机电耦合系数高、老化慢、时间常数大等优点,本书选择其作为专用传感器的压电晶片,其部分性能参数见表 3-1。

表 3-1 PZT-5 部分性能参数

相对介电常数 ε_r	压电应变常数 $d_{33}/(10^{-12}\text{C/N})$	机电耦合系数 k_p	机械品质因数 Q_m	密度 $\rho/(10^3\text{kg/m}^3)$	泊松比 σ_E
1600	450	0.65	75	7.5	0.36

2) 保护膜

压电晶片比较脆,为使其在与试件接触移动时不易损坏,需要在晶片前面黏附一层硬质或软质保护膜。实际上保护膜兼有保护晶片、透声、波形转换等作用,因此在不同形态的超声传感器中又被称为楔块、斜楔、前匹配层、前衬等。传统超声检测压电传感器的保护膜常用有机玻璃制作,但用在绞线损伤检测的超声传感器属于异形传感器,其保护膜材料可通过声学匹配确定。

3) 阻尼块

阻尼块又名吸收块。为提高传感器发射超声导波的效率,常使压电晶片在共振状态下使用,然而这会导致振动不易停止,难以形成窄脉冲。因此常在晶片背面装上阻尼块以增大晶片的振动阻尼,并吸收晶片背面发出的超声波,这种情况下的阻尼块也称为背衬。斜探头晶片背面一般不加阻尼块,而会在斜楔的前面浇阻尼物质,用于吸收噪声。

阻尼块一般采用吸收系数较大的材料,用它的内耗来耗损声能,同时加入一些一定大小的颗粒,用于使声波产生散射而使声能耗损。目前阻尼块大多使用环氧树脂与钨粉混合后浇注在晶片背面上。

3.1.2 声学匹配

声波在传播过程中遇到阻抗不同的介质时会发生反射和折射,部分声波返回原来介质传播称为声波的反射,反射波也称为回波,而另一部分声波进入另一种介质传播,称为声波的折射,折射波也称为透射波。声波的反射与透射遵从光的反射和透射定律,当界面两侧介质的声阻抗接近时,反射波非常弱而声波几乎全部透射,而当两侧介质的声阻抗相差较大时,则声波被反射的声能也较多。当超声波在材料中遇到不连续变化,如两种不同材料的界面,通常会有一部分产生反射。如果入射波垂直于材料界面,反射波也将垂直反射回来,反射回来的声能的大小取决于声学特性的差别,即两侧介质的声阻抗。

楔块在保护压电陶瓷的同时还兼具透声、波形转换等作用,此时需要考虑波在传播过程中遇到边界并发生相互作用时涉及的声阻抗。声阻抗 Z 定义为材料声速和密度的乘积,即

$$Z = \rho v \tag{3-1}$$

式中,Z 为材料声阻抗;ρ 为材料密度;v 为材料声速。

当平面声波垂直入射到两种介质的平面分界面上时,其能量反射系数为

$$R = \frac{(Z_2 - Z_1)^2}{(Z_2 + Z_1)^2} \tag{3-2}$$

式中,Z_1、Z_2 分别为第一种和第二种介质中的声阻抗。

则声波的能量透射系数为

$$T = 1 - R \tag{3-3}$$

本书部分材料的纵波声速、横波声速、密度和纵波声阻抗见表 3-2。

表 3-2 部分材料的纵波声速、横波声速、密度和纵波声阻抗

材 料	$v_{BL}/(10^3 \text{ m/s})$	$v_{BS}/(10^3 \text{ m/s})$	$\rho/(10^3 \text{ kg/m}^3)$	Z_{BL}/MRayl
铜镁合金	4.7	2.26	8.90	41.8
PZT-5	4.56	2.38	7.45	34.0
黄铜	4.64	2.05	8.54	39.6
硫化橡胶	2.3	—	1.1	2.5

由式(3-2)和式(3-3)可知,若两种介质的声阻抗差距过大(不匹配),会降低界面能量透射系数,造成声能传播困难,对超声检测造成严重的不利影响,这时可以在两种介质之间插入一种新的材料使声波能在原来的两种介质之间穿透。这种夹在声阻抗不同的两种介质之间,用以实现声阻抗过渡或匹配的材料,称为匹配层材料。将保护膜作为匹配层进行考虑,由于多层匹配层的制作工艺难度高,且效果难以保障,因此常用的匹配层以单层为主。

压电晶片和工作对象介质均按半无穷处理,记压电晶片、被测构件和单层匹配层的声阻抗分别为 Z_1、Z_2 和 Z_0,单层匹配层声阻抗的取值为

$$Z_0 = \sqrt{Z_1 Z_2} \tag{3-4}$$

铜镁合金与 PZT-5 的声阻抗值分别为 41.8 MRayl 和 34.0 MRayl,代入式(3-4)所得结果为 37.7 MRayl。在众多常用材料中,只有黄铜的声阻抗值(39.6 MRayl)最接近,而且由于黄铜具有优良的延展性、切削加工性、耐蚀性等机械性能,因此本书选择将黄铜作为压电超声传感器的保护膜(或前匹配层)的材料。

3.2 针状式阵列超声导波传感器研制

3.2.1 针状式传感器结构设计

金属棒、金属管结构外表面规则且光滑,容易在其外表面圆周布置压电传感器阵列以实现单一纵向模态导波或扭转模态导波的激励[53]。传感器通过压电晶片进行超声导波激励与接收,为保证声电转换的效率,压电晶片面积不宜过小。然而绞线是由多股线芯螺旋捻制而成,难以在其单线外圆周布置多个导波激励接收单元用以实现单一纵向模态导波的激励,同时绞线最外层单线直径较小,需将其有效布置位置增大,方可布置更大的压电晶片,以提高信号信噪比。因此设计利用针状结构来进行压电晶片和绞线间的导波引导,建立了导波引导针模型,如图 3-1 所示。

引导针可与绞线的单线通过压力接触压紧,另一端面用于粘贴压电晶片,并对导波引导针活动范围进行限定,通过弹簧机构提供导波引导针与绞线间的压紧力。引导针处于压电

图 3-1　承力索单线导波引导针

晶片与绞线之间,同时也作为前匹配层,因此材料选为黄铜。为提高传感器的检测效率,每一个导波激励接收单元都须有一定活动能力以适应绞线外形误差引起的导波激励接收单元位置偏差,同时要求能便捷地实现装载与卸载操作,以保证传感器与绞线间的耦合效果与装卸效率,因此设计了以导波引导针为核心部件的弹性导波激励接收单元,如图 3-2(a)所示。一个导波激励接收单元中,导波引导针被金属垫片、弹簧和限位板来共同限定在导向腔内并只有有限行程。同时为了减少传感器夹持部对导波引导针传播超声导波信号的影响,在导波引导针与夹持体之间设置隔声垫片(硫化橡胶垫圈)进行声阻隔,保证导波激励接收单元的独立性。压电晶片用环氧树脂胶黏结于导波引导针的外端面上。传感器未夹紧绞线时,导波引导针由于受到弹簧的预紧力会趋向于传感器的圆心方向;在进行夹紧操作时,由于导波激励接收单元中弹性机构的存在,导波引导针可沿径向向外运动。为能在绞线外层各单线上分别激励和接收超声导波信号,传感器导波检测模块采用环形结构,如图 3-2(b)所示,包含 12 个导波激励接收单元,可分别与 19 芯绞线最外层的 12 股单线一一对应。

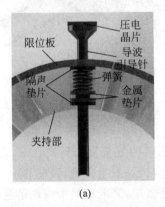 

(a)　　　　　　　　　　　　　　(b)

图 3-2　针状式传感器

(a) 独立弹性导波激励接收单元;(b) 传感器检测模块

为实现对传感器每一个导波激励接收单元的开关通断控制,设计传感器独立晶片控制电路,如图 3-3 所示,同时控制每个 PZT 的两个输出端,地址信息通过处理模块从 $A_0 \sim A_3$ 端输入,可实现任意单路激励或接收状态切换,通过 BNC 接口进行信号传输。

为使传感器在实际结构损伤检测中有更好的操作效率且能更好地保护压电元件,设计带有包覆保护功能的操作手柄,传感器夹紧力由扭转弹簧提供,完整的传感器设计示意图如图 3-4 所示。图 3-4(b)中,在承力索锚结线夹绞线区域结构损伤检测过程中需要信号激励与接收两个传感器同时工作。在一个检测流程中,超声导波从激励传感器 PZT 晶片上激发,通过其导波引导针传入绞线,再通过接收传感器导波引导针传至其 PZT 晶片实现超声导波信号的接收。

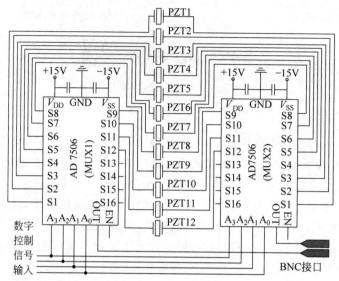

图 3-3　独立晶片控制电路

(a)

(b)

图 3-4　针状式导波传感器设计效果

(a) 设计效果示意；(b) 使用效果示意

3.2.2　针状式传感器仿真分析

由于超声导波的多模态现象及与损伤相互作用时的复杂模态转换状况,在对绞线结构损伤进行检测时,采集信号中超声导波各模态的波包极易发生重叠,致使其中的损伤信号波包难以被提取。为了减少信号中各模态波包的重叠情况,降低信号中损伤信息的提取难度,需要对检测过程中激励和接收传感器的布置位置进行讨论,以规避由于波包重叠导致的检测盲区。假设在绞线各单线独立地进行超声导波信号的激励和采集,由于在某根单线上激励的超声导波仅能影响其相邻的单线且其影响程度极其有限,故对于单根单线而言可视为 1 路激励和 1 路接收状态,图 3-5 所示为检测过程超声导波传播模型图。

设承力索单线中 L(0,1)、T(0,1) 和 F(1,1) 三个模态的群速度分别记为 v_{L1}、v_{T1} 和 v_{F1}。接收传感器接收到从发射传感器直接传播过来的纵波、扭转波和弯曲波(分别对应图 3-5 中 A、B、C)首波所用的时间记为 t_{L1}、t_{T1} 和 t_{F1},则有

$$\begin{cases} t_{L1} = \alpha s_1 / v_{L1} \\ t_{T1} = \alpha s_1 / v_{T1} \\ t_{F1} = \alpha s_1 / v_{F1} \end{cases} \tag{3-5}$$

式中,α 为绞线的绞入系数,即在一个节距中展开的单线长度与节距长度之比。

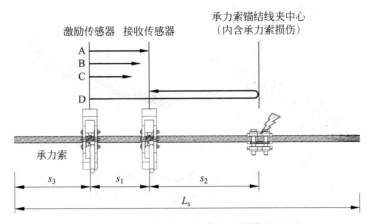

图 3-5 检测过程超声导波传播模型图

由于 $v_{L1}>v_{T1}>v_{F1}$，有 $t_{L1}<t_{T1}<t_{F1}$，而接收传感器接收到的损伤首波（由纵波引起，因其速度在三模态中最快，对应图 3-5 中 D）所用时间 t_D 为

$$t_D = \frac{\alpha(s_1+2s_2)}{v_{L1}} \tag{3-6}$$

由于频散现象的存在，根据前期实验的结果，采集信号中的一个完整波包的长度可记为 t_p。若要令 D 波存在于 A 波与 B 波之间且易于区分，即有

$$t_{T1}-t_{L1}>t_p \tag{3-7}$$

此时要求 $s_1>56$ cm。

若要令 D 波存在于 B 波与 C 波之间且易于区分，即有

$$t_{F1}-t_{T1}>t_p \tag{3-8}$$

此时要求 $s_1>49$ cm。

若按以上结果来进行传感器布置，由于传感器距离太远，超声导波传播过程能量损耗将增多，采集的信号信噪比将降低，不利于损伤信息的识别，故排除该布置方案，考虑 D 波出现在 C 波后，即有

$$t_D-t_{F1}>t_p \tag{3-9}$$

考虑 s_1 较短的情况，不妨取 $s_1=10$ cm，此时要求 $s_2>24$ cm，即当接收传感器与损伤处距离超过 24 cm 即可保证将损伤回波波包与其他波包区分，从而降低损伤识别难度。

综上所述，参数设置 $s_1=10$ cm，s_2 分别取为 30 cm 和 40 cm，$s_3=80$ cm，$L_s=200$ cm，则 A、B、C 和 D 波包在采集信号中的理论出现时刻见表 3-3。

表 3-3 A、B、C 和 D 波包在采集信号中的理论出现时刻

s_1/cm	s_2/cm	t_{L1}/μs	t_{T1}/μs	t_{F1}/μs	t_D/μs
10	30	29	46	67	200
10	40	29	46	67	257

建立的绞线最外层单股线芯模型，长度为 $L_s=200$ cm，其螺旋直径为 $d_1=11.2$ mm，单线直径 $d_s=2.8$ mm，捻距为 20 cm。在绞线单线上设置宽度为 1 mm、深度不等的凹槽来模拟不同程度的损伤，深度分别取为 0.5 mm、1.0 mm、1.5 mm、2.0 mm、2.5 mm 及

2.8 mm(断股)。含损伤的绞线单线模型如图 3-6 所示。

(a)　　　　　　　　　　　　(b)

图 3-6　含损伤绞线单线模型

(a) 深度 1.0 mm 损伤；(b) 深度 2.5 mm 损伤

划分网格之前首先需要确定网格尺寸，根据有限元分析方法的准确性条件，网格尺寸 Δd 与声波波长 λ 应满足关系式：

$$\Delta d \leqslant \frac{\lambda_{\min}}{10} \qquad (3\text{-}10)$$

式中，$\lambda_{\min}$ 为声波的最小波长。波长 λ 与波速 v 及频率 f 的关系为

$$\lambda = \frac{v}{f} \qquad (3\text{-}11)$$

铜镁合金绞线单线和黄铜导波引导针的各模态导波声波波速及对应网格尺寸要求见表 3-4。

表 3-4　各模态导波声波波速及对应网格尺寸条件

材　料	导波模态	频率/kHz	导波波速/(m/s)	波长/mm	网格尺寸/mm
铜镁合金	纵向 L(0,1)	150	3561	23.74	2.37
铜镁合金	扭转 T(0,1)	150	2187	14.58	1.46
铜镁合金	弯曲 F(0,1)	150	1516	10.11	1.01
黄铜	纵向 L(0,1)	150	3541	23.61	2.36
黄铜	扭转 T(0,1)	150	2198	14.65	1.47
黄铜	弯曲 F(1,1)	150	2084	13.89	1.39

只要网格尺寸小于或等于 1.01 mm 即可满足有限元分析的准确性条件，因此，对绞线单线模型划分网格时其单元大小设置为 1 mm，传感器部件压电晶片和导波引导针划分网格时其单元大小设置为 0.5 mm。绞线单线及导波引导针的单元类型设置为"三维应力"，压电晶片的单元类型设置为"压电"。仿真中所使用的材料参数见表 3-5。

表 3-5　针状式传感器检测仿真材料参数

部　件	材　料	密度/(kg/m³)	杨氏模量/GPa	泊松比
承力索	铜镁合金	8904	127	0.34
导波引导针	黄铜	8540	106	0.32
压电晶片	PZT-5H	7450	76.5	0.33

在实际传感器中，压电晶片与导波引导针间通过环氧树脂黏结，因此仿真中将压电晶片与导波引导针间的接触条件设置为"绑定"；导波引导针与绞线只通过压紧接触，因此在仿

真中导波引导针与绞线间采用"接触",其中法向行为设为"硬"接触,切向行为设为"罚",摩擦系数为 0.2。激励信号为 150 kHz 三峰值汉宁窗调制正弦信号,提取接收传感器压电晶片上 Y 方向节点位移作为采集到的超声导波信号。

$s_2=40$ cm、损伤深度 2.5 mm 时的仿真结果如图 3-7 所示。超声导波由右上方的激励单元激发后沿着绞线单线向左下方与右上方传播。在向左下方传播至更靠近损伤的接收单元之后,超声导波沿接收单元的导波引导针传至接收单元的压电晶片上;而在继续向左下方传播的导波中,从前往后依次出现了明显的纵向模态和扭转模态导波,其位置符合圆柱体中这两个模态导波的群速度大小关系。

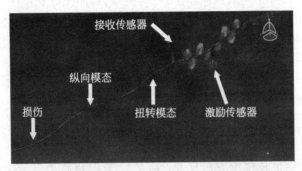

图 3-7　针状式传感器绞线单线损伤检测仿真模拟过程

纵向模态导波传播至损伤处并与损伤相互作用的局部放大结果如图 3-8 所示。纵向模态导波在损伤处出现了明显的反射现象,且发生模态转换现象,纵向模态经损伤后部分转换成了扭转模态和弯曲模态,而分析表明损伤反射回波的主要能量成分为纵向模态。这表明针状式传感器的导波激励接收单元可激励能与绞线单线损伤发生明显作用的纵向模态导波,且由于纵向模态导波具有三种模态导波当中最快的群速度,因此接收传感器中接收到最早的绞线单线损伤回波是由最初的纵向模态导波作用于损伤后反射的纵向模态导波成分组成的。

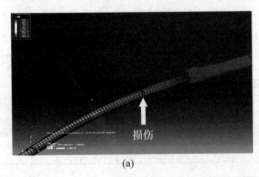 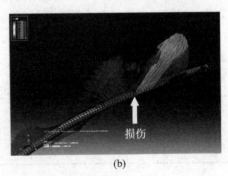

(a)　　　　　　　　　　　　　　　　　　(b)

图 3-8　针状式传感器仿真模拟中超声导波与损伤相互作用

(a) 超声导波与损伤相互作用前;(b) 超声导波与损伤相互作用后

由于在导波激励接收单元,导波引导针和压电晶片是完全规则的中心对称结构,且二者组合后的结构也是完全中心对称的,根据导波理论,在激励传感器的导波激励单元上的超声导波首波几乎均为纵向模态导波。在传播至导波引导针与绞线单线间的界面上时纵向模态导波发生波形转换,导致在绞线单线上同时存在纵向模态、扭转模态和弯曲模态导波,因此绞线单线上三种模态导波均是由激励单元导波引导针上纵向模态导波引起的。因此对

式(3-5)～式(3-6)进行修正有

$$\begin{cases} t'_{L1}=t_{L1}+2t_{L1Film}+2t_{PZT} \\ t'_{T1}=t_{T1}+2t_{L1Film}+2t_{PZT} \\ t'_{F1}=t_{F1}+2t_{L1Film}+2t_{PZT} \\ t'_{D}=t_{D}+2t_{L1Film}+2t_{PZT} \end{cases} \quad (3-12)$$

式中，t_{L1}、t_{T1}、t_{F1} 和 t_D 分别为根据式(3-5)、式(3-6)得到的超声导波脉冲回波检测法中接收到纵向模态、扭转模态、弯曲模态和损伤回波纵向模态的首波的时间；t'_{L1}、t'_{T1}、t'_{F1} 和 t'_D 分别为考虑传感器部件尺寸影响后纵向模态、扭转模态、弯曲模态和损伤回波纵向模态的首波到达接收传感器的时间；t_{L1Film} 为纵向模态导波在超声导波传感器保护膜厚度方向上的传播时间，对于针状式传感器保护膜厚度方向即为导波引导针长度方向；t_{PZT} 为纵向模态导波在压电晶片厚度上的传播时间。t_{L1Film} 和 t_{PZT} 为

$$t_{L1Film}=\frac{h_{Film}}{v_{L1Brass}} \quad (3-13)$$

$$t_{PZT}=\frac{h_{PZT}}{v_{PZT}} \quad (3-14)$$

式中，h_{Film} 为传感器保护膜厚度方向尺寸；$v_{L1Brass}$ 为保护膜中纵波速度。h_{PZT} 为压电晶片厚度方向尺寸，v_{PZT} 为压电晶片中纵波速度，且

$$v_{PZT}=\sqrt{\frac{1}{\rho s^E_{11}}} \quad (3-15)$$

式中，ρ 为压电陶瓷密度；s^E_{11} 为压电陶瓷弹性柔顺常数。

根据表3-1的数据及压电晶片相关理论可得 v_{PZT} 理论大小为2991 m/s，结合表3-3，为了更方便地在超声导波采集信号时域波形中确定损伤回波波包，将确定了的 s_1、s_2 取值代入式(3-5)、式(3-6)中可得在该距离参数设置下图 3-5 中 A、B、C、D 波包在脉冲回波检测法采集信号时域波形中的理论出现时刻，参见表3-3。将针状式传感器的各参数代入式(3-12)～式(3-15)可得在 $s_2=30$ cm 和 $s_2=40$ cm 情况下各模态导波首波到达接收传感器的时刻，见表3-6。

表 3-6 针状式传感器各模态导波首波到达时间

h_{Film} /mm	$v_{L1Brass}$ /(m/s)	h_{PZT} /mm	v_{PZT} /(m/s)	$t'_{L1}/\mu s$	$t'_{T1}/\mu s$	$t'_{F1}/\mu s$	$t'_D/\mu s$ $s_2=30$ cm	$t'_D/\mu s$ $s_2=40$ cm
40	3541	1	2991	51.8	69.7	90.2	222.8	279.8

为分析接收传感器上接收到的超声导波信号，进一步提取不同深度绞线单线损伤检测时各超声导波接收传感器压电晶片上的 Y 方向节点位移，其时域波形如图 3-9 所示，所有节点位移数据均经过归一化处理。

t'_{L1}、t'_{T1}、t'_{F1} 和 t'_D 的对应时刻点在超声导波接收传感器压电晶片提取的信号中分别用红色、黄色、绿色和黑色的竖直虚线表示。图 3-9 中，由于深度变量过多导致信号波形曲线过于密集混乱，本应在图中黑色虚线处出现的损伤回波波包暂未明显发现，对信号在理论回波波包附近的部分进行放大，结果如图 3-10 所示。

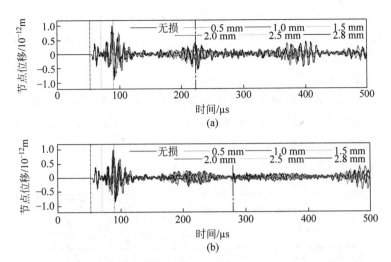

图 3-9 接收传感器所接收的超声导波信号时域波形

(a) $s_2=30$ cm；(b) $s_2=40$ cm

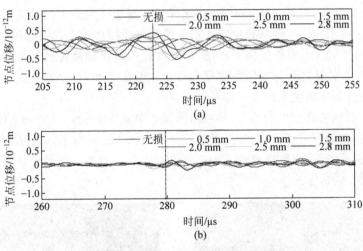

图 3-10 接收信号时域波形放大结果

(a) $s_2=30$ cm；(b) $s_2=40$ cm

当 $s_2=30$ cm 时，损伤回波纵向模态的首波理论到达时刻为 222.8 μs，根据图 3-10(a) 的结果，在时间区间 190～250 μs 内，各个不同损伤深度绞线单线超声导波接收传感器上接收到的信号均存在一个幅值较大、延续时间较长的导波波包。由图 3-10(a) 的波形放大结果中可知，在时间区间 215～235 μs 内，有损伤的绞线单线超声导波信号幅值大于无损伤时的导波信号幅值，而且损伤深度越大，有损伤状态信号与无损伤状态信号的幅值差越大，表明该处存在着损伤回波纵向模态首波波包。在绞线单线损伤深度达到 1.5 mm 后，可直接在接收信号时域波形中损伤回波纵向模态的首波理论到达时刻附近发现相对于无损伤情况下更大的波包幅值，实现损伤信息的识别。

当 $s_2=40$ cm 时,在损伤回波纵向模态的首波理论到达时刻 279.8 μs 在时间区间 275~290 μs 内,存在一个时间短暂、幅值明显的短波包。在绞线单线损伤深度达到 1.0 mm 后,可直接在接收信号时域波形中损伤回波纵向模态的首波理论到达时刻附近发现相对于无损伤情况下更大的波包幅值,实现损伤信息的识别。

为了更好地表示针状式传感器导波激励接收单元对不同深度绞线单线损伤的检测效果,将不同损伤深度下损伤回波纵向模态的首波理论到达时刻附近的幅值绝对值与无损伤时该理论到达时刻附近的幅值绝对值作差比较,若差值小于 0 则将差值取为 0。得到损伤回波信号相对幅值与损伤深度的关系如图 3-11 所示。

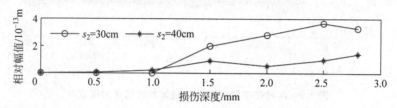

图 3-11 针状式传感器仿真模拟损伤回波信号相对幅值与损伤深度关系

从图 3-11 中可知,当 $s_2=30$ cm 时,针状式传感器用于绞线单线损伤检测的灵敏度为 1.5 mm;当 $s_2=40$ cm 时,针状式传感器用于绞线单线损伤检测的灵敏度为 1.0 mm。在 $s_2=30$ cm 和 $s_2=40$ cm 两种条件下,当损伤深度达到超声导波传感器的损伤检测灵敏度后,损伤回波信号相对幅值与损伤深度呈大体正相关的关系,只是在某些损伤深度处有异常,但这些异常并不影响关系的总体趋势。

综上可知,根据仿真模拟的结果,导波激励接收单元均能在 $s_2=30$ cm 与 $s_2=40$ cm 时实现绞线单线损伤的识别,其识别深度灵敏度分别为 1.5 mm 与 1.0 mm,说明该导波激励接收单元模型理论可行,可继续进行下一步的设计工作。加工装配的针状式阵列超声导波传感器实物如图 3-12 所示。

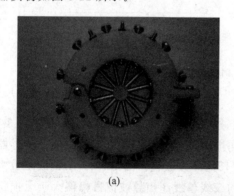
(a)

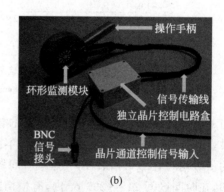
(b)

图 3-12 针状式阵列超声导波传感器实物
(a) 传感器检测模块;(b) 传感器实物

3.2.3 针状式传感器测试

针状式超声导波传感器检测示意图如图 3-13 所示。采用两个传感器分别进行超声导波的激励和接收,每个传感器上有 12 个导波激励接收单元,分别对应绞线最外层的 12 股单线。实验时通过控制电路控制使同一股单线上导波激励单元和导波接收单元共同工作。

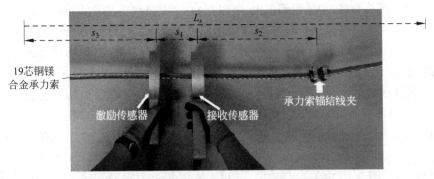

图 3-13 针状式超声导波传感器检测示意图

图 3-14、图 3-15 分别为 $s_2=30$ cm 和 $s_2=40$ cm 的针状式导波传感器应用检测实验接收信号时域波形,每个结果均由 50 组采样数据求均值所得,并经过归一化处理。其中,t'_{L1}、t'_{T1}、t'_{F1} 和 t'_D 的对应时刻点在超声导波接收传感器压电晶片提取的信号中分别用红色、黄色、绿色和黑色的竖直虚线表示。

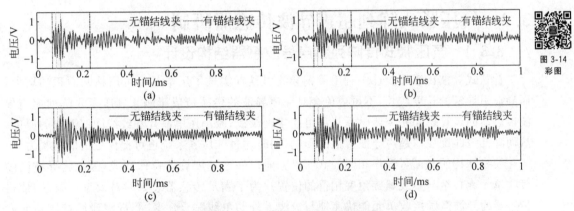

图 3-14 针状式传感器应用检测实验接收信号时域波形($s_2=30$ cm)
(a) 0 mm 深单线结构损伤;(b) 0.5 mm 深单线结构损伤;(c) 1.5 mm 深单线结构损伤;(d) 2.5 mm 深单线结构损伤

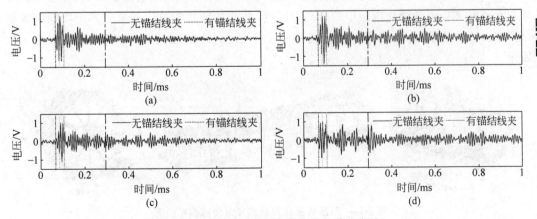

图 3-15 针状式传感器应用检测实验接收信号时域波形($s_2=40$ cm)
(a) 0 mm 深单线结构损伤;(b) 0.5 mm 深单线结构损伤;(c) 1.5 mm 深单线结构损伤;(d) 2.5 mm 深单线结构损伤

图 3-14(a)中,在损伤回波理论出现时刻(黑色虚线)存在着一幅值较大的信号波包,且该波包比同时刻图 3-14(b)中波包幅值大,与图 3-14(c)中波包几乎等大,所以难以在 0.5 mm 和 1.5 mm 损伤深度时域波形中直接识别损伤回波。而在图 3-14(d)中损伤回波理论出现时刻可发现较大的损伤回波信号波包。图 3-15(a)、(b)和(c)中,在损伤回波理论出现时刻(黑色虚线)前后 0.02 ms 时间内均存在着明显的信号波包,因此也难以在 0.5 mm 和 1.5 mm 损伤深度时域波形中直接识别损伤回波。在图 3-15(d)中损伤回波理论出现时刻可发现较大的损伤回波信号波包。为了能进一步识别损伤深度较小时的损伤回波波包,提高检测识别灵敏度,需要对信号进行进一步的处理以提取损伤深度更小的情况下的损伤信息。

比较图 3-14、图 3-15 中各实验结果,可知在未安装承力索锚结线夹和已安装承力索锚结线夹条件下,在利用针状式传感器进行绞线单线损伤超声导波检测应用实验时所采集到的超声导波信号并无显著的差异,说明绞线锚结线夹的装载与否对超声导波信号在绞线上的传播无显著的影响,更进一步显示了超声导波检测法用于承力索锚结区域绞线损伤检测的优势。

3.3 气压紧式阵列超声导波传感器研制

3.3.1 气压紧式传阵列超声导波感器结构设计

针状式导波传感器设计中利用黄铜导波引导针实现了压电晶片可用粘贴面积的增大,而导波引导针的长度较长,不可避免会对超声导波的传播造成影响。气压紧式阵列超声导波传感器的设计思路是令压电晶片尽可能接近绞线,减小压电晶片和绞线间匹配层的厚度,从而降低该匹配层对超声导波传播的影响,同时通过气压紧系统也可提供更大的压紧力。

绞线结构的截面可看作相同的截面沿轴向以一定速度旋转拉伸而成,因此将导波激励接收单元旋转至与单线螺旋角度相符的位置。为了满足传感器装卸时对效率的要求,使得传感器的导波激励接收单元能快速地与绞线最外层单线贴合压紧,将导波激励接收单元嵌于气压紧模块上并使单元可沿绞线径向活动。最终设计的气压紧模块及传感器模型如图 3-16 所示,为提高强度以及避免模块间发生干涉,模块内板采用折曲形形状,导波激励接收单元可在不规则的模块内板中的方孔中穿过,导波激励接收单元与单元固定板通过胶黏结固定。为方便装卸,单元固定板可沿螺杆上下活动,并通过其上的弹簧预紧,如图 3-17 所示。

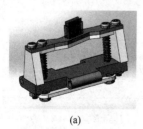
(a)

(b)
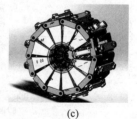
(c)

图 3-16 气压紧式阵列超声导波传感器模型图
(a) 模块立体图;(b) 传感器卸载状态;(c) 传感器装载状态

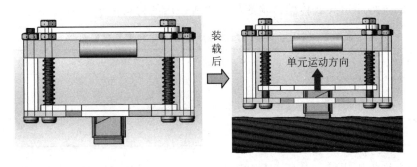

图 3-17 气压紧模块安装运动示意

3.3.2 气压紧式模块仿真分析

由于压电晶片的脆性,需要在压电晶片前粘贴保护膜,以避免压电晶片的损伤。选择黄铜作为保护膜材料。建立基于长度伸缩型压电陶瓷设计导波激励接收模型,厚度为 1 mm。为使传感器在检测安装时各导波激励接收单元更易安装到对应位置且有更好的贴合效果,保护膜上开有直径为 4 mm 的圆弧凹槽。在压电晶片背部设置阻尼块,使电振荡脉冲可迅速停止,减小超声波脉冲宽度。为增强吸声效果,阻尼块背面被设计为倾斜 20°;其材料配方比例为 m(钨粉):m(环氧树脂):m(邻苯二甲酸二丁酯):m(二乙烯三胺)=35 g:10 g:1 g:0.5 g,其中,邻苯二甲酸二丁酯为增塑剂,二乙烯三胺为硬化剂。基于长度伸缩型压电陶瓷设计的导波激励接收单元模型如图 3-18 所示。

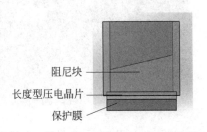

图 3-18 基于长度伸缩型压电陶瓷方案

对绞线单线模型划分网格时可将其单元大小设置为 1 mm,而对传感器部件保护膜、压电晶片和阻尼块划分网格时其单元大小设置为 0.5 mm。绞线单线及导波引导针的单元类型设置为"三维应力",压电晶片的单元类型设置为"压电",网格划分结果如图 3-19 所示。

图 3-19 气压紧式阵列超声导波传感器检测仿真模拟模型网格划分

气压紧式阵列超声导波传感器检测仿真中所使用的材料参数见表 3-7。

表 3-7　气压紧式阵列超声导波传感器检测仿真材料参数

部件	材料	密度/(kg/m³)	杨氏模量/GPa	泊松比
承力索	铜镁合金	8904	127	0.34
保护膜	黄铜	8540	106	0.32
压电晶片	PZT-5H	7450	76.5	0.33
阻尼块	环氧树脂等	1600	3	0.37

分别提取接收传感器压电晶片上与压电晶片振动方向位移即可得到接收传感器上压电陶瓷采集到的超声导波信号。在后处理模块中得到气压紧式阵列超声导波传感器各方案导波激励接收单元的绞线单线损伤检测仿真模拟过程的节点位移结果动画如图 3-20 所示,以 $s_2=40$ cm、绞线单线损伤深度 2.5 mm 为例,蓝色箭头方向指示该节点位移方向,箭头的长短及颜色深浅表示节点位移的大小。

图 3-20
彩图

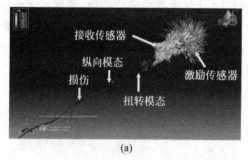
(a)

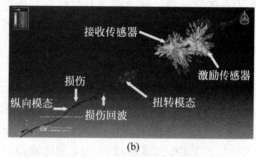
(b)

图 3-20　气压紧式阵列超声导波传感器绞线单线损伤检测仿真模拟过程
(a) 超声导波与损伤相互作用前;(b) 超声导波与损伤相互作用后

超声导波由右上方的激励单元激发后沿着绞线单线向左下方与右上方传播。在向左下方传播至更靠近损伤的接收单元之后,超声导波沿接收单元的匹配层传至接收单元的压电晶片上;在继续向左下方传播的导波中,从前往后依次出现了明显的纵向模态和扭转模态导波,而且纵向模态导波的纯度比在针状式传感器仿真模拟结果中的纯度更高。对其他激励接收单元方案的过程动画进行分析,发现可在绞线单线上激励出能量大、纯度高的纵向模态导波。

在超声导波接收传感器所采集信号中应出现如图 3-5 所示的 A、B、C 和 D 波包,且其准确理论位置也已由表 3-3 给出。由于在气压紧式超声传感器导波激励接收单元的绞线单线损伤检测仿真模拟中,引入了压电晶片和保护膜的影响,可结合表 3-3 数据进行修正,在 $s_2=30$ cm 与 $s_2=40$ cm 情况下各导波激励接收单元设计方案各模态导波首波到达接收传感器的时间 t'_{L1}、t'_{T1}、t'_{F1} 和 t'_{e1},见表 3-8,对应时刻点在超声导波接收传感器压电晶片提取的信号中分别用红色、黄色、绿色和黑色的竖直虚线标识,以便在采集信号中寻找损伤回波(黑色虚线)。

表 3-8　气压紧式阵列超声导波传感器各模态导波首波到达时间

h_{Film}/mm	h_{PZT}/mm	t'_{L1}/μs	t'_{T1}/μs	t'_{F1}/μs	t'_{e1}/μs	
					$s_2=30$ cm	$s_2=40$ cm
1	1	29.7	47.6	68.2	200.8	257.8

为分析接收传感器上接收到的超声导波信号,进一步提取各方案超声导波接收传感器压电晶片上各对应方向节点位移。各导波激励接收单元用于不同深度绞线单线损伤检测的接收信号时域波形如图 3-21 所示。

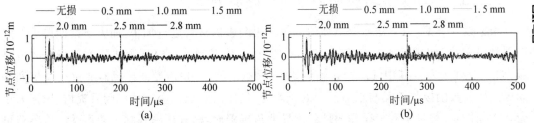

图 3-21 接收单元所接收超声导波信号时域波形

(a) $s_2=30$ cm;(b) $s_2=40$ cm

可发现当 $s_2=30$ cm 与 $s_2=40$ cm 时,在损伤回波波包理论位置(黑色虚线处)附近都存在明显的信号波包。为进一步确定损伤回波波包理论位置附近的信号波包,需要观察信号的细节部分,对导波信号时域波形进行放大处理,如图 3-22 所示,图示结果表明各曲线在损伤回波理论位置附近的信号幅值均有随着损伤深度增大而增大的趋势。

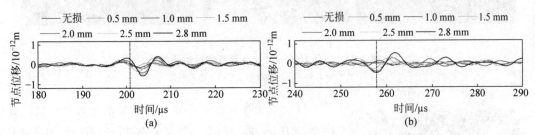

图 3-22 接收单元所接收超声导波信号时域波形放大结果

(a) $s_2=30$ cm;(b) $s_2=40$ cm

将不同损伤深度下损伤回波纵向模态的首波理论到达时刻附近的幅值绝对值与无损伤时该理论到达时刻附近的幅值绝对值作差比较,若差值小于 0 则将差值取为 0。得到的损伤回波信号理论位置波包相对幅值与损伤深度的关系如图 3-23 所示。

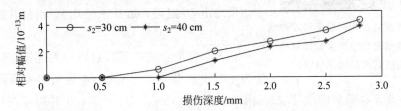

图 3-23 损伤回波信号理论位置波包相对幅值与损伤深度的关系

当 $s_2=30$ cm 时,在绞线单线损伤深度达到 1.0 mm 后,损伤回波信号理论位置波包相对幅值大于零且随着损伤深度的增大而增大;当 $s_2=40$ cm 时,在绞线单线损伤深度达到 1.5 mm 后,损伤回波信号理论位置波包相对幅值大于零且随着损伤深度的增大而增大,呈现明显的正相关关系。在接收信号中,损伤回波信号理论位置处出现的波包即为绞线单线损伤回波,因此能实现承力索单线损伤的检测,当 $s_2=30$ cm 时的检测深度灵敏度为 1.0 mm,而当 $s_2=40$ cm 时的检测深度灵敏度为 1.5 mm。

3.3.3 气压紧式阵列超声导波传感器测试

根据设计方案,力学性能要求高的部件利用金属铝材料进行加工,而力学性能要求低的部件利用 3D 打印进行加工,以降低传感器的重量,最终制造了气压紧式阵列超声导波传感器,如图 3-24 所示。其中气压紧式系统如图 3-24(a)所示,超声导波传感器通过空压机和气囊提供导波激励接收单元与承力索间的压紧力,气压由空压机经过减压阀后提供,压强大小为 0.15 MPa。相对于人工操作的针状式导波传感器而言,气压紧式阵列超声导波传感器可提供更强的压紧力。

 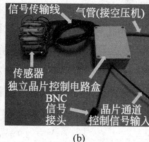 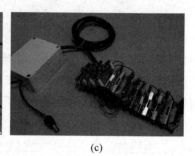

(a) (b) (c)

图 3-24 气压紧式阵列超声导波传感器实物
(a) 气压紧系统;(b) 装载状态;(c) 卸载状态

图 3-25 气压紧式阵列超声导波传感器应用检测实验传感器装载后与绞线接触状况

气压紧式阵列超声导波传感器与承力索接触状况如图 3-25 所示,采用两个传感器分别进行超声导波的激励和接收,每个传感器上有 12 个导波激励接收单元,分别对应绞线最外层的 12 股单线。实验时通过控制电路控制使同一股单线上导波激励单元和导波接收单元共同工作。

图 3-26、图 3-27 分别为 $s_2=30$ cm 和 $s_2=40$ cm 时的气压紧式阵列超声导波传感器接收信号时域波形,每个结果均由 50 组采样数据求平均值所得,并经过归一化处理。

在各个波形首波信号后超声导波逐渐衰减。损伤深度为 1.5 mm 及 2.5 mm 时,在损伤回波理论出现时刻(黑色虚线)处存在明显的信号波包,因此在深度 1.5 mm 及 2.5 mm 时均可直接在时域波形中识别损伤回波。若要提高检测识别灵敏度,需要对信号进行进一步的处理以提取损伤深度更小的情况下的损伤信息。比较图 3-26、图 3-27 中各结果,也可知在未安装承力索锚结线夹和已安装承力索锚结线夹条件下,在利用气压紧式阵列超声导波传感器进行承力索单线损伤超声导波检测应用实验时所采集到的超声导波信号并无显著的差异。

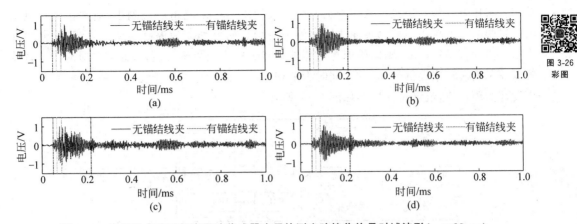

图 3-26 气压紧式阵列超声导波传感器应用检测实验接收信号时域波形($s_2 = 30$ cm)

(a) 0 mm 深单线结构损伤；(b) 0.5 mm 深单线结构损伤；(c) 1.5 mm 深单线结构损伤；(d) 2.5 mm 深单线结构损伤

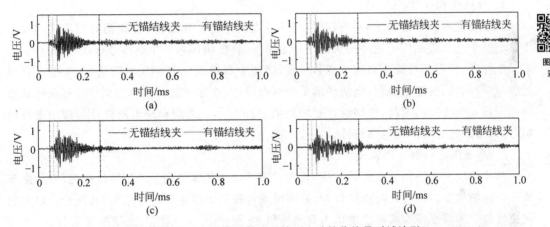

图 3-27 气压紧式阵列超声导波传感器应用检测实验接收信号时域波形($s_2 = 40$ cm)

(a) 0 mm 深单线结构损伤；(b) 0.5 mm 深单线结构损伤；(c) 1.5 mm 深单线结构损伤；(d) 2.5 mm 深单线结构损伤

3.4 环孔式阵列超声导波传感器研制

3.4.1 环孔式传感器结构设计

本书通过全矩阵数据采集实现包覆区承力索最外层损伤检测，同时结合螺旋聚焦检测方法增强内层损伤信号，最终实现包覆区承力索内外层损伤检测。阵列超声导波传感器的研制是实现承力索结构超声导波全矩阵数据采集的基础，为提高传感器的通用性与互换性，设计思路整体上采用模块化设计。

超声导波传感器的核心思想是将导波振动与电信号之间进行转换，且为满足绞线结构超声导波全矩阵数据采集需求，所设计的阵列超声导波传感器的阵元应与绞线最外层单线一一对应。由于压电片具有压电效应，能将机械振动与电信号进行互转，且易于切割，本书选择压电片作为阵列超声导波传感器阵元的敏感元件。而压电片较为脆弱，为使其在使用过程中不被损坏，需增加一个保护结构，该结构同时还兼具透声、波形转换等作用，又被称为楔块。将压电片与楔块进行封装作为一个探头模块。在传统超声检测中，通常在一定范围内信号幅值随着探头与被测表面之间接触力的增加而增加。为提高导波信号幅值，使得损伤信号更加容易被提取，则期望能尽可能地将探头模块压紧于绞线，因此需要对应的压紧装置以及基座模块来提供整体支撑，同时为了获取探头模块与被测绞线之间的接触力，基座模块设计为环孔式，最终设计框架如图 3-28 所示。

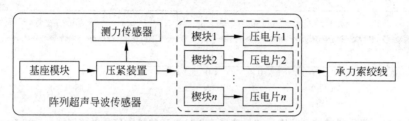

图 3-28　环孔式阵列超声导波传感器设计框架

1) 楔块结构设计

楔块应能承受一定的压力使得楔块与绞线之间保持紧密接触，在检测时楔块之间互不干扰。基于此思想从传统超声探头的结构上出发，将楔块作为一个整体进行加工，在楔块上端开螺纹孔，使得其可灵活装配于压紧装置，楔块中部通孔以容纳压电陶瓷片，为增大楔块与绞线单线表面的接触面积，楔块底部采用弧面设计，并尽可能使压电陶瓷片接近绞线从而降低声波在楔块中的消耗，最终设计楔块如图 3-29 所示。为使得压电陶瓷片与楔块更好地贴合，选用翻边电极的压电陶瓷片。

2) 基座模块与螺栓压紧模块设计

基座模块为传感器整体提供支撑，首先考虑基座的基本结构为能围绕绞线的环形，由于圆环在定制加工定位开孔时难度较大，基座模块可选定为多边形环状结构，且能开合以实现快速装卸。为保证探头模块能与承力索最外层 12 根单线一一对应，此处基座选择为 12 边形环状结构。考虑将螺栓作为导轨，螺母沿螺纹运动的方式来调节探头模块与绞线之间的接触力，探头模块通过螺柱进行转接，在基座的 12 个面上进行开孔以满足探头模块沿绞线的径向运动，同时螺柱连接压力传感器以获取楔块和绞线之间的接触力。最终环孔式基座模块的三维模型如图 3-30 所示，拆分为基座 A 与基座 B。

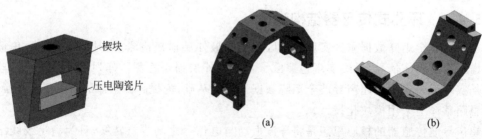

图 3-29　楔块三维设计图　　图 3-30　环孔式基座模块三维模型图
(a) 基座 A；(b) 基座 B

基于以上思想设计的环孔式阵列传感器模型如图 3-31 所示。基座模块上安装螺栓作为导轨，两个导轨之间安装挡板，导轨上的蝶形螺母旋转以改变挡板位置，挡板与基座之间安装弹簧以使挡板回位。探头模块一端连接螺柱,螺柱穿过基座上的孔后可直接安装于挡板,亦可连接压力传感器后再安装于挡板,此时可通过压力传感器测出探头模块与绞线单线之间的接触力。调节挡板上的蝶形螺母松紧后,可调整探头模块的偏转角度以适配绞线旋向。

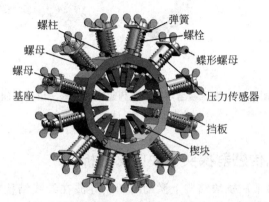

图 3-31　可调节接触力型环孔式阵列超声传感器三维模型图

3）液压紧模块设计

基于螺栓导轨的压紧方式能准确调节并获取探头模块与绞线单线之间的接触力,而为满足未来快速检测需求,设计了液压紧模块,其核心为微型油泵和微型油缸,将阵列超声导波传感器分为了后端液压控制系统和前端传感器,其总体设计思路如图 3-32 所示。将传感器的压紧装置从螺栓导轨替换为微型油缸,操作遥控器 1 可远程控制电调从而控制微型油泵进行液压油输出,操作遥控器 2 控制继电器从而控制电磁阀实现液压系统保压,液压油经过分流板输入至各个微型油缸中,将探头模块安装于微型油缸的活塞杆上,利用油缸的活塞杆的运动来实现探头模块与绞线之间的接触,调整微型油泵的输出油压从而控制探头模块与绞线之间的接触力。

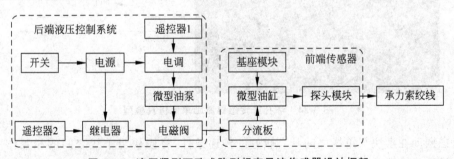

图 3-32　液压紧型环孔式阵列超声导波传感器设计框架

设计采用微型针型油缸,为适配微型针型油缸设计对应的基座模块,核心思想仍为两个半基座组合成 12 边形环状结构,每个面上进行开孔以使油缸活塞杆穿过,锁紧位置进行延长加厚,此处基座采用完全对称设计,最终形成的液压紧型环孔式阵列超声传感器三维模型如图 3-33 所示。

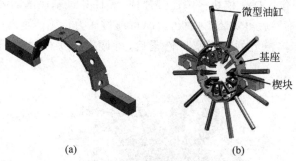

图 3-33 液压紧型环孔式阵列超声传感器三维模型图

(a) 环孔式基座模块；(b) 前端传感器

3.4.2 环孔式传感器探头模块仿真分析

为分析不同压紧力下从楔块结构上激励的超声导波在绞线结构中的传播效果,对环孔式传感器探头模块进行有限元仿真。取绞线最外层长为 2 m 的单线,两端的端面上各取一节点,限制所选节点所有自由度,在其中一端放置楔块,在楔块上表面施加均布压强载荷以提供楔块与被测绞线单线之间的压紧力,在楔块凹槽内贴近被测单线一侧的表面均布压强载荷从而产生超声导波激励信号,并限制楔块上表面四个顶点节点的自由度以防止其发生旋转,所得模型如图 3-34 所示。仿真时长为 1 ms,共分为两个分析步 Step1 和 Step2,其中,Step1 的时间为 0~0.1 ms,Step2 的时间为 0.1~1 ms。在 Step1 中平滑时间压力后保持至仿真截止,而从 Step2 开始施加中心频率为 150 kHz 的汉宁窗调制 5 周期正弦信号作为激励信号,对应的载荷如图 3-35 所示。

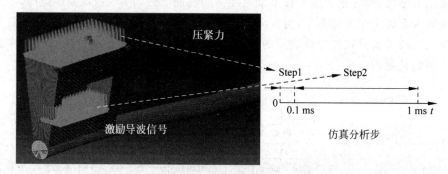

图 3-34 环孔式传感器激励单元仿真模型

考虑振动在楔块与单线之间具有较好的传递条件,将楔块与单线之间的相互作用设为绑定。激励信号载荷大小合力为 100 N,以距激励端 1 m 处的节点轴向位移作为输出特征,对比楔块上施加 50 N 和 100 N 压紧力情况下该节点处采集的信号,所得信号如图 3-36 所示,可以看出,压紧力越大,该节点处的位移也越大。为避免压紧力给模型整体位移带来的干扰,将采集信号进行滤波处理,考虑到激励信号中心频率为 150 kHz,频带为 100 kHz,采用带通滤波,保留频段为 100~200 kHz,所得信号如图 3-36(b)所示。根据前文最外层单线的导波群速度频散曲线,取纵向模态群速度为 3700 m/s,则纵向模态导波传播 1 m 所需时间约为 0.27 ms,加上施加压紧力的时间 0.1 ms,则图 3-36(b)中 0.37 ms 处的波包即为纵向模

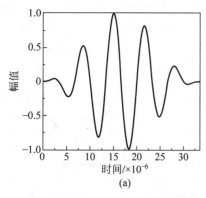
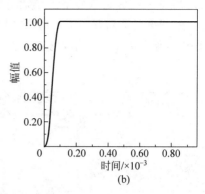

图 3-35　仿真中施加的载荷

(a) 压紧力载荷；(b) 激励载荷

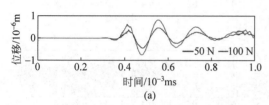
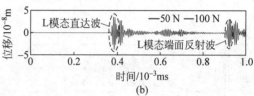

图 3-36　不同压紧力的采集信号（绑定）

(a) 滤波前；(b) 滤波后

态直达波,对应的 0.91 ms 处的波包为纵向模态端面反射波。经过滤波后可得到激励超声导波经过一定距离后的传播信号,在楔块与绞线单线之间的相互作用条件为绑定的情况下,振动能实现良好的传递,不同压紧力下导波传播信号幅值与相位之间的差异几乎可以忽略。

实际检测中,楔块与被测绞线单线之间相互作用更接近接触,因此将模型中的相互作用设置为接触,其中,法向行为设为硬接触,切向行为设为罚,摩擦系数为 0.5,其余参数保持不变,并将接触条件下采集信号与绑定条件下采集信号进行对比,所得结果如图 3-37 所示。可以看出,接触条件下,压紧力对振动在楔块与绞线单线之间的传播具有较大影响,当压紧力为 50 N 时,纵向模态直达波幅值较小,表明楔块与绞线单线之间接触较差,而当压紧力为 100 N 时,楔块与绞线单线之间接触增强,纵向模态直达波幅值提升,但与此同时,采集信号中的弯曲模态直达波幅值较大,容易对损伤检测造成影响。

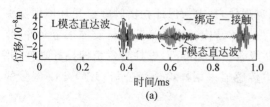
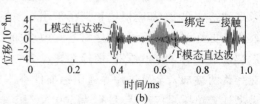

图 3-37　接触条件与绑定条件下的采集信号

(a) 压紧力=50 N；(b) 压紧力=100 N

进一步分析接触条件下压紧力为 200~900 N 时超声导波的传播情况,与绑定条件下所得采集信号对比结果如图 3-38 所示。可以发现,随着压紧力的增加,纵向模态信号幅值逐渐增加,之后基本与绑定条件下采集信号幅值相同,而弯曲模态则随着压紧力的增加而减小,到达一定程度后又随着压紧力的增加而增加。综合考虑,当压紧力为 500～600 N 时,纵向模态直达波幅值较大,弯曲模态直达波幅值较小,利于采用纵向模态超声导波进行损伤检测。

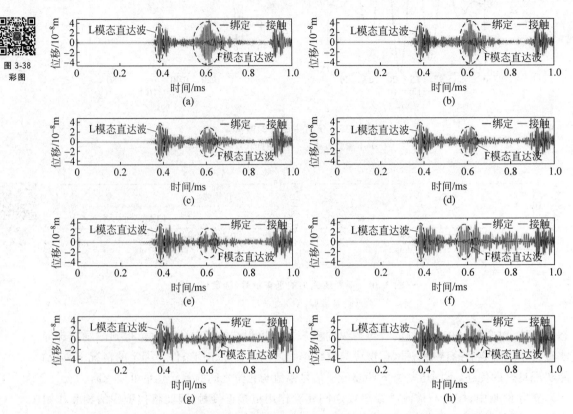

图 3-38　接触条件下压紧力为 200～900 N 时采集信号与绑定条件下的采集信号对比

(a) 压紧力=200 N；(b) 压紧力=300 N；(c) 压紧力=400 N；(d) 压紧力=500 N；(e) 压紧力=600 N；
(f) 压紧力=700 N；(g) 压紧力=800 N；(h) 压紧力=900 N

3.4.3　环孔式传感器测试

经过零件定制加工,所得可调节接触力型环孔式阵列超声传感器实物如图 3-39 所示。考虑到结构强度,基座模块和挡板采用不锈钢定制件,其中为保证在实验室检测环境中探头模块能更好地贴合绞线,此处将基座模块加工为一体结构。楔块为黄铜材质加工定制件,蝶形螺母材质为 316 不锈钢,螺栓和螺母为 12.9 级合金钢标准件,螺柱为六角螺柱标准件,并在弹簧两端加入金属垫片等通用标准件。压力传感器采用蚌埠金诺公司 JLBT-M1 型号的微型柱式拉压力传感器,量程为 500 N。

基座模块材质为不锈钢,经过零件定制加工,并根据后端液压控制系统中各个零件尺寸设计亚克力外壳进行封装,最终所得液压紧型环孔式阵列超声传感器实物如图 3-40 所示。其中,微型油泵为无刷混合泵,调压范围为 0～6 MPa,使用国标 46 号液压油,电磁阀耐压范围为 0～2.9 MPa。

图 3-39 可调节接触力型环孔式阵列超声导波传感器实物

(a) 装配图；(b) 检测示意图

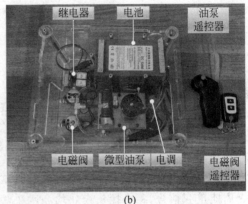

图 3-40 液压紧型环孔式阵列超声传感器实物

(a) 前端传感器；(b) 后端液压控制系统

为保证各个探头之间具有较好的一致性，在相同接触力下探头激励和采集的信号幅值相位接近，设计了探头校准模块，如图 3-41 所示。设计核心思想仍是以螺栓为导轨，螺母在导轨上运动推动挡板调节探头模块与绞线单线之间的接触力。常规螺栓的螺距较大，如 M4 螺栓的螺距为 0.7 mm，M3 螺栓的螺距为 0.5 mm，此处选用螺距更小的精密螺栓作为导轨，其螺距为 0.25 mm，能更为精确地调整探头模块与绞线之间的接触力。在校准模块底部可安装压力传感器和楔块。导轨数量增至 4 根，以增强受力平衡。经过校准模块检测不合格的探头模块，拆除压电陶瓷片后，在新的压电片上重新焊接导线再封装于楔块进行测试即可。

1) 探头模块信号幅值一致性校准

探头模块之间由于压电陶瓷片自身、导线焊接、贴合等多方面的差异，激励和采集的信号幅值会在一定范围内波动。为使得各个探头之间具有较好的一致性，对各个探头模块进行校准。此处选择较为简单的绞线中心直杆结构作为波导，在其一端粘贴压电陶瓷片作导波信号激励，将探头模块安装于校准模块，并放置于距激励 1 m 处采集导波信号，调节精密螺母使得探头模块与直杆间的接触力为 300 N，如图 3-42 所示。

由于本书所提出的方法需在激励端、反射端和透射端布置阵列，每个阵列含 12 个阵元，则

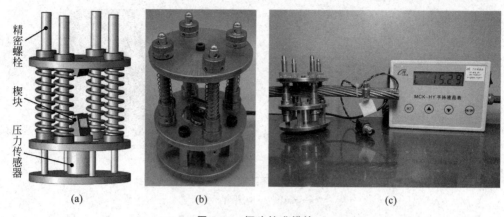

图 3-41 探头校准模块

(a) 三维模型图；(b) 实物；(c) 探头校准示意图

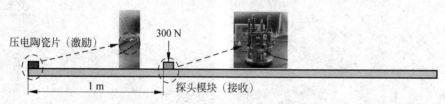

图 3-42 探头模块校准示意图

共需 36 个探头模块，依次放入上图中进行测试。激励信号为汉宁窗调制中心频率为 150 kHz 的 5 周期正弦信号，每个探头模块均激励采集 100 组数据后取平均以降低随机噪声。以采集信号的首波幅值作为特征，获得几组探头模块所采集信号后，将首波幅值处于中位数的探头编为 1 号，其余探头模块依次编号，并以该 1 号探头模块采集信号首波幅值作为基准继续完成测试。保留与基准幅值相差不超过 30% 的探头模块，其余探头模块替换其中的压电陶瓷片后重新测试，直至满足要求。所得 36 个探头模块相对幅值如图 3-43(a) 所示，按相对幅值降序排列后重新编号，如图 3-43(b) 所示，将 1~12 号探头模块装配于激励端阵列导波传感器，13~24 号、25~36 号探头模块分别装配于反射端阵列导波传感器、透射端阵列导波传感器。

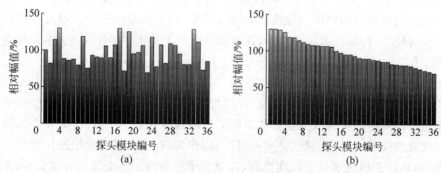

图 3-43 各探头模块之间的首波相对幅值

(a) 初始编号；(b) 降序排列后重新编号

2)探头模块延迟校准

在实际采集信号时,由于导波经过楔块、压电陶瓷片信号转换均需要一定时间,因此采集信号与理论信号相比存在一定延迟。为了校准探头模块延迟,设计如图3-44所示实验,同样以绞线中心直杆结构为波导,在其一端粘贴压电陶瓷片作为导波信号激励,将1号探头模块安装于校准模块,并放置于距激励0.1~1 m处采集导波信号,其中,步进距离为0.1 m,探头模块与直杆间的接触力均设为300 N。

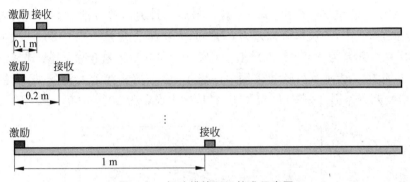

图3-44 探头模块延迟校准示意图

每组信号采集100次后做平均,并采用优化频散字典对采集信号进行稀疏分解重构,提取首波信号所对应的子信号传播距离为计算值,以实际测量激励压电陶瓷片与探头模块之间的距离为约定真值,所得探头模块在检测超声导波不同传播距离时的误差如图3-45所示。当激励与接收距离为0.1 m时,由于导波传播距离较短,各个模态高度混叠,所得结果误差较大;而当激励与接收距离大于或等于0.2 m时,绝对误差随着传播距离的增加而增加,相对误差基本等于5%。因此,在实际采用阵列超声导波传感器进行检测时,可按相对误差为5%对各路信号进行修正。

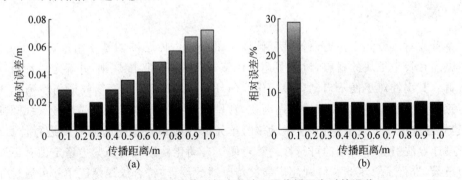

图3-45 探头模块检测超声导波不同传播距离时的误差
(a)绝对误差;(b)相对误差

3)接触力对导波信号的影响

为获取探头模块与被测结构之间的接触力对信号幅值的影响,设计如图3-46所示实验。在端面处用502胶水粘贴尺寸为7 mm×3 mm×1 mm的PZT压电陶瓷作为激励,1 m处使用1号探头作为接收。本书所用测力传感器标称量程为500 N,实际可超量程20%使用,因此通过校准装置依次对1号探头模块施加压力0~600 N,步进20 N。连续采样间隔 500 ms,采集 100 组左右数据做平均。

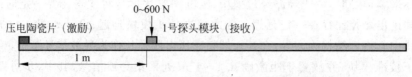

图 3-46 不同接触力对导波传播影响检测示意图

选择首波信号的包络峰值作为特征,获得不同接触力与首波信号幅值的关系。对原始数据做线性拟合,其中,一次拟合残差为 0.2244,二次拟合残差为 0.0780,三次拟合残差为 0.0775,四次拟合残差为 0.0692,五次拟合残差为 0.0657,为避免过拟合,选择三次拟合即可,所得结果如图 3-47 所示。随着接触力的增加,首波信号幅值逐渐增加,当接触力超过 300 N 后,增幅减缓。因此,在实际检测中,将接触力设置为 300~400 N 较为合适。

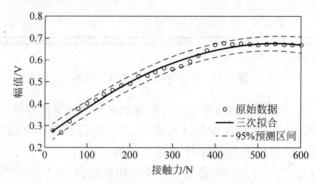

图 3-47 耦合力与首波信号幅值数据拟合

3.5 本章小结

本章首先对压电超声传感器设计基础以及压电超声传感器的基本组成进行了分析,确定了压电晶片及阻尼块的材料,讨论了超声传感器中的声学匹配规则,并确定了传感器保护膜的材料。其次针对不便于自动化检测作业的环境,设计了针状式绞线损伤检测阵列超声导波传感器,为增大压电晶片有效粘贴面积,利用针状结构来进行压电晶片和绞线间的导波引导,建立导波引导针模型,对导波激励接收单元的绞线单线损伤检测效果进行仿真分析,验证所设计导波引导针模型的可行性。针对便于自动化检测或对压紧力稳定性有更高要求的使用场景,进行了气压紧式阵列超声导波传感器的设计,符合绞线螺旋角并可通过弹簧预紧的活动式气压紧模块,同时集成独立晶片控制电路,制造了气压紧式阵列超声导波传感器。为实现多层绞线结构内层损伤检测,设计了环孔式阵列超声导波传感器,传感器设计思路整体上采用模块化设计,以环孔式基座模块为核心,以压电陶瓷片为敏感元件,以黄铜材料制作楔块,基于不同的压紧模块,开发可调节接触力型环孔式阵列超声传感器。最后开发出探头校准模块,对各个探头模块信号幅值一致性进行校准,并分析接触力对导波信号的影响,结果表明随着接触力的增加导波信号幅值逐渐增加,接触力为 300~400 N 时较为适合损伤检测。

第 4 章

阵列超声导波螺旋聚焦增强机制研究

在对绞线进行超声导波损伤检测时,压电传感器只能布置于绞线最外层单线上,激励信号需通过绞线单线间的多次耦合才能从外到内传播至损伤区域,而损伤散射信号也需通过多次耦合从内到外传播至最外层被传感器采集。内层损伤信号经过多次耦合衰减传播,其幅值微弱且易被噪声等干扰淹没,难以进行损伤识别。因此如何根据绞线结构特点研究超声导波新型聚焦机理,探索内层损伤信号聚焦增强方法,是实现绞线内层损伤检测的核心问题。

本章基于绞线螺旋结构几何特征,提出一种基于阵列超声导波的螺旋聚焦增强方法。首先分析耦合杆直径对体波和导波传播方式路程差的影响,以及相邻层螺旋杆目标点之间的超声导波多路径传播特性,基于此通过分析螺旋内层目标点与超声导波阵列之间的路程差,探索绞线结构中的导波阵列信号螺旋聚焦增强机制。其次确立绞线中的阵列超声导波布置方式,提出基于全矩阵捕获的阵列超声导波螺旋聚焦增强方法,并提出反射损伤指数(reflection damage index,RDI)和透射损伤指数(transmission damage index,TDI)对损伤波包进行评估。最后建立绞线有限元模型,分析阵列超声导波信号通过螺旋聚焦在各层单线上的聚焦增强效果,分别建立包覆区承力索次外层、中心层损伤模型,获得反射端与透射端全矩阵捕获数据做后聚焦处理,分析螺旋聚焦对内层损伤散射信号的增强作用。

4.1 螺旋耦合结构中阵列超声导波路程差分析

超声导波聚焦的关键在于分析各个阵元与聚焦点之间的路程差,结合对应的传播速度获得阵元导波信号之间的时间差,通过调整信号相位差实现导波信号的聚焦增强。因此本节首先分析耦合杆直径对波传播路程差的影响,之后结合相邻层螺旋杆目标点之间的超声导波多路径传播特性,获得螺旋内层目标点与超声导波阵列间路程差,为内层损伤信号螺旋聚焦提供前提条件。

4.1.1 耦合杆直径对波传播路程差的影响分析

考虑绞线在轴向上的非均匀性,针对内层损伤信号微弱的问题,探索多层螺旋耦合结构的阵列超声导波螺旋聚焦机理。聚焦的实质在于获取目标位置到各个阵元间的相位差,对信号进行相位调整后实现信号增强。绞线结构是直杆与螺旋曲杆按一定规则耦合而成的多杆结构,本节首先分析包覆区绞线附近波传播距离与耦合杆直径对波相位差的影响,忽略绞线检测段整体上的挠度以及螺旋结构引起的路程差,并假设各单线之间为线接触。不妨首先考虑较为简单的双直杆耦合结构,以超声导波激励点所在直杆为主动杆,目标点所在直杆为从动杆,假设杆间保持线接触状态,波通过耦合点传递到从动杆,且无端面反射回波影响。取距双杆接触线最远的一点为激励点,建立空间直角坐标系,以激励点为原点,激励点所在且垂直于直杆的平面为 x-y 平面,杆直径均为 d,如图 4-1 所示。

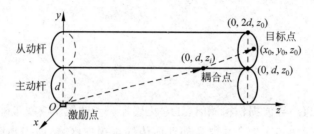

图 4-1 双直杆耦合结构中的体波传播

在较短的传播距离范围内,考虑激励点产生的振动以体波的形式传播,不妨设目标点坐标为 (x_0, y_0, z_0),耦合点坐标为 $(0, d, z_i)$。

激励点到耦合点的距离为 l_1,耦合点到目标点的距离 l_2,则有

$$\begin{cases} l_1 = \sqrt{d^2 + z_i^2} \\ l_2 = \sqrt{x_0^2 + (y_0 - d)^2 + (z_0 - z_i)^2} \end{cases} \quad (4\text{-}1)$$

波从激励点到目标点的路程为

$$l = l_1 + l_2 = \sqrt{d^2 + z_i^2} + \sqrt{x_0^2 + (y_0 - d)^2 + (z_0 - z_i)^2} \quad (4\text{-}2)$$

考虑使得两点间走过的时间最短的路径为波传播路径,考察最短路径中耦合点所在位置,故令 $\dfrac{dl}{dz_i} = 0$,即

$$\frac{dl}{dz_i} = \frac{z_i}{\sqrt{d^2 + z_i^2}} - \frac{z_0 - z_i}{\sqrt{(z_0 - z_i)^2 + x_0^2 + (d - y_0)^2}} = 0 \quad (4\text{-}3)$$

求解得

$$z_i = \frac{dz_0}{d + \sqrt{x_0^2 + (d - y_0)^2}} \quad (4\text{-}4)$$

即耦合点的位置与波速无关,只与目标点的位置及直杆直径相关。考虑从动杆中 $z = z_0$ 平面上距离耦合点最远的点 $(0, 2d, z_0)$ 和最近的点 $(0, d, z_0)$,则波从激励点到达两点的路程差 Δl_1 为

$$\Delta l_1 = \sqrt{4d^2 + z_0^2} - \sqrt{d^2 + z_0^2} \quad (4\text{-}5)$$

式中,d 为常数,对上式求导有

$$\Delta l_1' = z_0 \left(\frac{1}{\sqrt{4d^2 + z_0^2}} - \frac{1}{\sqrt{d^2 + z_0^2}} \right) \quad (4\text{-}6)$$

显然 $\Delta l_1'$ 恒小于 0,证明 Δl_1 是目标点的轴向位置 z_0 的单调递减函数,即随着波传播距离的增加,同一轴向距离截面上的点之间接收到的波路程差越小。

当杆直径远小于波长时,激励点产生的振动应考虑以导波的形式传播,分析主动杆与从动杆中最快产生导波的情况,如图 4-2 所示。蓝色带箭头的线段表示激励点在主动杆中产生的导波,振动通过最短路径也即从点 $(0,0,0)$ 到点 $(0,d,0)$ 传入从动杆,此时点 $(0,d,0)$ 产生振动在从动杆中产生的导波用紫色带箭头的线段表示。

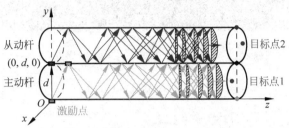

图 4-2 双直杆耦合结构中的导波传播

考察主动杆与从动杆中同一截面上的目标点 1 和目标点 2,其路程差则由激励点从主动杆传播至从动杆造成,激励点产生的振动以纵向模态导波的形式传播到某截面上主动杆与从动杆上的点的路程差 Δl_2 为

$$\Delta l_2 = d \tag{4-7}$$

导波在耦合直杆间的传播延迟恒定,仅与杆直径相关而与传播距离无关,其原因在于在相同的轴向传播距离情况下,导波在主动杆与从动杆中的路程相同。因此,耦合杆直径对耦合杆中体波和导波传播模式的路程差均有影响。而对于绞线结构,绞线单线直径远小于波长也远小于波传播距离,在此条件下主要考虑以导波形式传播,此时路程差仅与杆直径相关,但还应考虑相同的轴向传播距离情况下由螺旋结构引起的路程差。

4.1.2 相邻层螺旋杆目标点之间的超声导波多路径分析

最外层单线上的激励点与内层单线上的聚焦点之间并非均匀介质,而是多股单线之间相互耦合而成的复杂螺旋传播介质,其相邻层单线之间旋向相反,随着传播距离的增加,目标点之间各单线接触点也增多,导波的传播路径数量也随之增加。为分析绞线螺旋结构引起的路程差,首先需对导波在目标点之间的多路径传播进行分析。

对于螺旋曲杆,由于其曲线长度大于节距,导波在螺旋曲杆中的实际传播路径略长于同轴向距离直杆中的传播路径,模型简化如图 4-3 所示。

绞线的绞入系数 α 定义为在一个节距中展开单线长度 l 与节距长度 L 之比:

$$\alpha = \frac{l}{L} \tag{4-8}$$

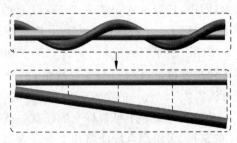

图 4-3 双杆耦合模型简化

式中,单线长度 l 可由式 (2-27) 求出。代入式 (4-8) 可得绞线次外层的绞入系数 α_B 和最外层的绞入系数 α_C。

将三维的三层绞线结构进行平面展开,定义为 y-z 平面,结果如图 4-4 所示。用杆的中心轴线表示杆,中心直杆 A 与 z 轴重合,螺旋曲杆 $B_1 \sim B_6$ 由与 z 轴成 φ_B 夹角的一组平行线表示,记为 $l_{B_1} \sim l_{B_6}$,其中 φ_B 即为螺旋曲杆的螺旋角,可由式(2-28)求出。螺旋曲杆 $C_1 \sim C_{12}$ 则由另一组平行线表示,记为 $l_{C_1} \sim l_{C_{12}}$,将 l_{B_1} 标记为蓝色,$l_{B_2} \sim l_{B_6}$ 标记为绿色,l_{C_1} 标记为红色,$l_{C_2} \sim l_{C_{12}}$ 标记为土黄色。

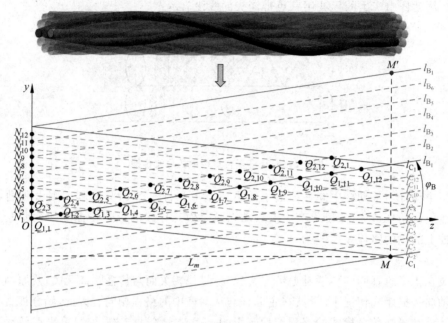

图 4-4 三层绞线结构平面展开图

不妨令 l_{B_1} 与 l_{C_1} 相交于原点 O,由于空间中 B_1 杆与 B_6 杆、C_1 杆与 C_{12} 杆是相邻的,图 4-4 中对 B 层螺旋曲杆进行 2 次循环展开,l_{B_1} 与 l_{C_1} 沿 z 方向延伸再次相交于 M 点,而 M' 点为对应等效点,y 轴到线 MM' 之间的距离为 L_m,且有

$$\frac{L_m}{L_B} + \frac{L_m}{L_C} = 1 \tag{4-9}$$

式中,L_B 与 L_C 分别表示 B 层螺旋曲杆与 C 层螺旋曲杆的节距长度。

由空间关系可知,任意单线长度不小于 $\alpha_B L_m$ 的 B 层螺旋曲杆与螺旋曲杆 $C_1 \sim C_{12}$ 均接触,同理,任意单线长度不小于 $\alpha_C L_m$ 的 C 层螺旋曲杆与螺旋曲杆 $B_1 \sim B_6$ 也均接触,此时平行线组 $l_{C_1} \sim l_{C_{12}}$ 在 y 方向上被压缩因而其斜率不为 $\tan(\varphi_C)$,但其单线长度可以由 $\alpha_C L$ 求出。将平行线组 $l_{C_1} \sim l_{C_{12}}$ 与 y 轴的交点 $N_1 \sim N_{12}$ 作为承力索最外层单线上传感器阵列布置位置,将 l_{B1} 与平行线组 $l_{C_1} \sim l_{C_{12}}$ 的交点分别记为 $Q_{1,1} \sim Q_{1,12}$,同理,l_{B_2} 与平行线组 $l_{C_1} \sim l_{C_{12}}$ 的交点记为 $Q_{2,1} \sim Q_{2,12}$,以此类推。

对于次外层 B 中第 k 杆上的任意一点 P_k,分析其到最外层 C 中第 i 杆上传感器所在点 N_i 的路径,多级耦合传播路径十分复杂且路径较长,同时股间耦合产生的衰减,亦使得通过多级耦合路径传播的导波相位靠后且幅值较低,因此主要考虑一级耦合传播路径,即导波在 B 层杆中传播一定距离后通过接触点进入 C 层杆中继续传播至传感器,如图 4-5 所示。其中,由于在空间中杆是循环排序的,因此在展开图中等效点表示其循环特性,如激励点 N

的等效点记为 $N' \sim N^{(n)}$,交点的对应等效交点记为 $Q' \sim Q^{(n)}$。

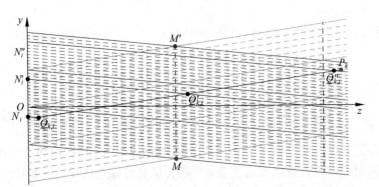

图 4-5 次外层杆中点 P_k 到最外层点 N_i 的多路径示意图

设 l_{Bk} 与 l_{Ci} 距 y 轴最近的交点 $Q_{k,i}$ 的轴向距离为 $L_{k,i}$,点 P_k 轴向距离为 L_P,则有如下情况:

(1) 当 $L_P < L_{k,i}$ 时,点 P_k 不能通过一级耦合传播路径到点 N_i;

(2) 当 $L_{k,i} < L_P < L_m$ 时,点 P_k 到点 N_i 的一级耦合传播路径唯一;

(3) 当 $nL_m < L_P < (n+1)L_m$ 且 $L_P - nL_m < L_{k,i}$ 时,点 P_k 到点 N_i 的一级耦合传播路径有 n 条,其中,n 为正整数;

(4) 当 $nL_m < L_P < (n+1)L_m$ 且 $L_P - nL_m \geqslant L_{k,i}$ 时,点 P_k 到点 N_i 的一级耦合传播路径有 $n+1$ 条,其中,n 为正整数。

由于 $\alpha_B < \alpha_C$,则最长路径 $l_{\max}$ 为 $P_k \to Q_{k,i}^{(n)} \to N_i^{(n)}$ 或 $P_k \to Q_{k,i}^{(n-1)} \to N_i^{(n-1)}$,且有

$$l_{\max} = \begin{cases} \alpha_B(L_P - L_{k,i} - nL_m) + \alpha_C(L_{k,i} + nL_m), & L_P - nL_m \geqslant L_{k,i} \\ \alpha_B(L_P - L_{k,i} - (n-1)L_m) + \alpha_C(L_{k,i} + (n-1)L_m), & L_P - nL_m < L_{k,i} \end{cases} \tag{4-10}$$

最短路径 $l_{\min}$ 为 $P_k \to Q_{k,i} \to N_i$,且有

$$l_{\min} = \begin{cases} \alpha_B(L_P - L_{k,i} - nL_m) + \alpha_B nL_m + \alpha_C L_{k,i}, & L_P - nL_m \geqslant L_{k,i} \\ \alpha_B(L_P - L_{k,i} - (n-1)L_m) + \alpha_B(n-1)L_m + \alpha_C L_{k,i}, & L_P - nL_m < L_{k,i} \end{cases} \tag{4-11}$$

则最长路径 $l_{\max}$ 与最短路径 $l_{\min}$ 间的路程差 $\Delta l_{\max-\min}$ 为

$$\Delta l_{\max-\min} = \begin{cases} n(\alpha_C - \alpha_B)L_m, & L_P - nL_m \geqslant L_{k,i} \\ (n-1)(\alpha_C - \alpha_B)L_m, & L_P - nL_m < L_{k,i} \end{cases} \tag{4-12}$$

α_B、α_C、L_m 均为绞线结构固有参数,而 n 与点 P_k 轴向距离 L_P 相关,因此绞线结构确定时 $\Delta l_{\max-\min}$ 仅与点 P_k 轴向距离 L_P 相关。而点 P_k 到传感器阵列第 i 个阵元产生的导波位移可以表示为以下形式:

$$u_i(l_i, \omega) = \begin{cases} \sum_{i=1}^{n} A_i e^{jkl_i}, & L_P - nL_m \geqslant L_{k,i} \\ \sum_{i=1}^{n-1} A_i e^{jkl_i}, & L_P - nL_m < L_{k,i} \end{cases} \tag{4-13}$$

式中，$l_i(i=1,2,\cdots,n)$ 为点 P_k 到传感器阵列的第 i 个阵元的路程；j 表示虚数单位；ω 为振动的角频率，k 为波数。

第 i 个阵元激励频谱为 $F(\omega)$ 的信号，则其在点 P_k 产生的时域位移表示为

$$u_i(l_i,t)=\begin{cases} \sum_{i=1}^{n}\int_{-\infty}^{+\infty} A_i \mathrm{e}^{jkl_i}F(\omega)\mathrm{e}^{-j\omega t}\mathrm{d}\omega, & L_P-nL_m\geqslant L_{k,i} \\ \sum_{i=1}^{n-1}\int_{-\infty}^{+\infty} A_i \mathrm{e}^{jkl_i}F(\omega)\mathrm{e}^{-j\omega t}\mathrm{d}\omega, & L_P-nL_m< L_{k,i}\end{cases} \quad (4\text{-}14)$$

当激励信号、对应导波频散特性及点 P_k 轴向距离 L_P 已知时，相邻目标点之间的多路径即可求出，从而可以得到激励点通过多条路径传播到目标点的导波叠加信号。

4.1.3 螺旋结构内层目标点与超声导波阵列间路程差分析

在相邻层螺旋杆目标点间的一级耦合传播多路径的基础上，进一步分析次外层 B 中目标点到最外层 C 所有单线对应的传感器阵列各个阵元间的路程差。设点 N_i 与点 N_j 分别为最外层 C 中第 i 杆和第 j 杆上传感器阵元所在位置，且 $i\neq j$，次外层 B 中第 k 杆上的一点 P_k，如图 4-6 所示，当 $L_m<L_P$ 时点 P_k 能通过一级耦合传播路径传递至点 N_i 与点 N_j，由于等效点 $N'\sim N^{(n)}$ 和等效交点 $Q'\sim Q^{(n)}$ 的存在，使得点 P_k 到点 N_i 的一级耦合传播路径分为多条，上标相等时为同阶路径。

图 4-6 彩图

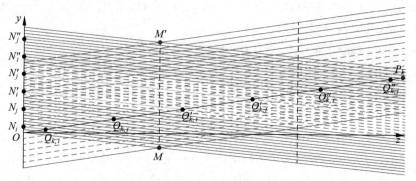

图 4-6 点 P_k 到最外层各阵元同阶路径示意图

考虑点 P_k 到阵元的最短一级耦合传播路径 $P_k \to Q_{k,i} \to N_i$ 和 $P_k \to Q_{k,j} \to N_j$，过 N_i 点做平行于 $P_k \to Q_{k,i}$ 的线段与线 $Q_{k,j} \to N_j$ 交于点 P'_k，则由几何关系可知从点 P_k 通过最短传播路径到点 N_i 与点 N_j 之间的路程差 Δl_{i-j} 为

$$\Delta l_{i-j}=l_{P'_k N_i}-l_{P'_k N_j}=\frac{i-j}{C_{\mathrm{sum}}}(\alpha_{\mathrm{C}}-\alpha_{\mathrm{B}})L_m, i,j\in[1,C_{\mathrm{sum}}] \quad (4\text{-}15)$$

式中，C_{sum} 为最外层杆的总数。由式(4-15)可知，路程差 Δl_{i-j} 与点 P_k 的轴向距离 L_P 无关，而只与点 N_i 和点 N_j 之间的距离相关。

若均为最长一级耦合传播路径，点 N_i 与点 N_j 之间的路程差 Δl_{i-j} 满足式(4-15)。当 $L_P<L_m$ 时，若点 P_k 能通过一级耦合传播路径传递至点 N_i 与点 N_j，则其路程差亦满足式(4-15)，且对于同阶路径，点 P_k 到点 N_i 与点 N_j 之间的路程差 $\Delta l_{i-j}^{(n)}$ 为

$$\Delta l_{i-j}^{(n)}=l_{P_k^{(n)} N_i}-l_{P_k^{(n)} N_j}=\frac{i-j}{C_{\mathrm{sum}}}(\alpha_{\mathrm{C}}-\alpha_{\mathrm{B}})L_m, i,j\in[1,C_{\mathrm{sum}}] \quad (4\text{-}16)$$

考察与点 P_k 具有相同轴向距离 L_P 的另一点 P_{k1},如图 4-7 所示,对应等效交点则为 $Q_{k1,i}$ 和 $Q_{k1,j}$,则点 P_{k1} 到阵元的最短一级耦合传播路径 $P_{k1} \rightarrow Q_{k1,i} \rightarrow N_i$ 和 $P_{k1} \rightarrow Q_{k1,j} \rightarrow N_j$,过 N_i 点作平行于 $P_{k1} \rightarrow Q_{k1,i}$ 的线段与线 $Q_{k1,j} \rightarrow N_j$ 交于点 P'_{k1},则由几何关系可知从点 P_{k1} 通过最短传播路径到点 N_i 与点 N_j 之间的路程差同样满足式(4-16)。

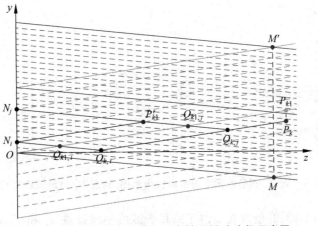

图 4-7　相同轴向点到最外层各阵元同阶路径示意图

当 $nL_m < L_P$ 且 n 为大于 1 的正整数时,点 P_k 到点 N_i 和点 N_j 的一级耦合传播路径存在多条,此时分别考虑传播路径为不同阶路径。如图 4-8 所示,设导波从点 P_k 到点 N_i 的传播路径为最长路径 $P_k \rightarrow Q_{k,i}^{(n)} \rightarrow N_i^{(n)}$,到点 N_j 的传播路径为最短路径 $P_k \rightarrow Q'_{k,j} \rightarrow N'_j$,过 N_j 点作平行于 $P_k \rightarrow Q_{k,j}$ 的线段与 $Q_{k,i}^{(n)} \rightarrow N_i^{(n)}$ 交于点 $P_k^{(n)}$,此时到点 N_i 和点 N_j 的路径不同阶,用 $\Delta n = n_i - n_j$ 表示两路径间的阶数差,n_i 和 n_j 为两路径的阶数,则由几何关系可知点 P_k 通过最长一级耦合传播路径到点 N_i 与通过最短路径到点 N_j 之间的路程差为

$$\Delta l_{i_{\max}-j_{\min}}^{(\Delta n)} = l_{P_k^{(n)} N_i^{(n)}} - l_{P_k^{(n)} N'_j} = \left(\frac{i-j}{C_{\text{sum}}} + \Delta n \right) (\alpha_C - \alpha_B) L_m, i,j \in [1, C_{\text{sum}}]$$

(4-17)

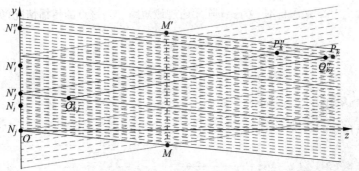

图 4-8　点 P_k 到各阵元不同阶路径示意图(到点 N_i 为最短路径 $l_{\min}$)

当导波从点 P_k 到点 N_i 的传播路径为最短路径 $P_k \rightarrow Q_{k,i} \rightarrow N_i$,到点 N_j 的传播路径为最长路径 $P_k \rightarrow Q_{k,j}^{(n)} \rightarrow N_j^{(n)}$ 时,过 N_i 点作平行于 $P_k \rightarrow Q_{k,i}$ 的线段交 $Q_{k,j}^{(n)} \rightarrow N_j^{(n)}$ 于点 $P_k^{(n)}$,如图 4-9 所示,用 $\Delta n = n_i - n_j$ 表示两路径间的阶数差,n_i 和 n_j 为两路径的阶数,则

由几何关系可知点 P_k 通过最短一级耦合传播路径到点 N_i 与通过最长路径到点 N_j 之间的路程差为

$$\Delta l_{i_{\min}-j_{\max}}^{(\Delta n)} = l_{P_k^{(n)}N_i} - l_{P_k^{(n)}N_j^{(n)}} = \left(\frac{i-j}{C_{\text{sum}}} + \Delta n\right)(\alpha_{\text{C}} - \alpha_{\text{B}})L_m, i,j \in [1, C_{\text{sum}}] \tag{4-18}$$

图 4-9
彩图

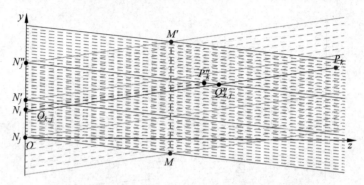

图 4-9 点 P_k 到各阵元不同阶路径示意图(到点 N_i 为最长路径 $l_{\max}$)

式(4-17)与式(4-18)的差异在于由于路径阶数的不同导致 n_i 和 n_j 取值不同,如图 4-8 中 $n_i=2, n_j=1$,路程差大于 0,点 P_k 的导波后到达点 N_i,而图 4-9 中 $n_i=0, n_j=2$,路程差小于 0,点 P_k 的导波先到达点 N_i。导波在绞线中的传播存在多路径,点 N_i 处的阵元 i 与点 N_j 处的阵元 j 接收的信号会由多个导波叠加而成,而由于路径阶数的不同,点 P_k 到两阵元的路程差实际则如图 4-10 所示矩阵,路径阶数差越大则路程差越大。

阵元 j

阵元 i					
	Δl_{i-j}	$\Delta l_{i-j}^{(-1)}$	$\Delta l_{i-j}^{(-2)}$	…	$\Delta l_{i-j}^{(-n)}$
	$\Delta l_{i-j}^{(1)}$	Δl_{i-j}	$\Delta l_{i-j}^{(-1)}$	…	$\Delta l_{i-j}^{(-n+1)}$
	$\Delta l_{i-j}^{(2)}$	$\Delta l_{i-j}^{(1)}$	Δl_{i-j}	…	$\Delta l_{i-j}^{(-n+2)}$
	⋮	⋮	⋮		⋮
	$\Delta l_{i-j}^{(n)}$	$\Delta l_{i-j}^{(n-1)}$	$\Delta l_{i-j}^{(n-2)}$	…	Δl_{i-j}

图 4-10 点 P_k 到阵元 i 与阵元 j 之间的路程差矩阵

当点 P_k 的轴向距离 L_P 越大时,导波传播路径越多,不同路径阶数之差越大,通过不同阶数路径到达阵元的导波路程差也越大。然而,对于不同阵元之间,当导波传播路径阶数相同时,即 $\Delta n = n_i - n_j = 0$ 时,点 P_k 到两阵元的路程差与点 P_k 的轴向距离 L_P 无关。

当点 P_k 处于中心层 A 杆时,考虑各阵元通过最短路径到该点的传播情况,如图 4-11 所示。

图 4-11
彩图

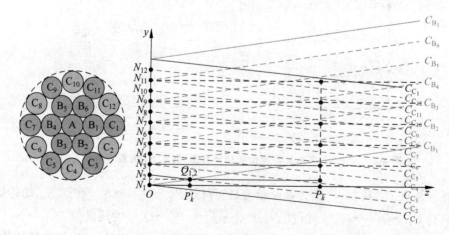

图 4-11 中心层 A 杆中点 P_k 到各阵元的路径示意图

在相同轴向距离的情况下,在中心层 A 直杆中传播的路程小于在螺旋曲杆 B 或 C 中的传播路程,而中心直杆 A 与螺旋曲杆 $B_1 \sim B_6$ 为线接触,由对称性可知此时问题等价于各阵元到达 B 层杆的最短路径之差。在阵列中,设 C_1 与 B_1 相接触,此时 C 层中序数为奇数的杆与 B 层杆均接触,C 层杆到 B 层杆的最短路径轴向距离为 0,而 C 层中序数为偶数的杆到 B 层杆的最短路径等于或等价于 $N_2 - Q_{1,2}$,则偶阵元与奇阵元之间的导波信号路程差满足以下公式:

$$\Delta l_{i-j} = l_{N_{2i}Q_{i,2i}} - l_{N_{2i-1}P_k^{(i)}} = \frac{(1-(-1)^{(i-j)})L_m}{2C_{sum}}(\alpha_C - 1), i,j \in [1, C_{sum}] \quad (4\text{-}19)$$

4.2 基于全矩阵捕获的阵列超声导波螺旋聚焦增强方法

4.2.1 多层绞线阵列超声导波信号全矩阵捕获

在螺旋耦合结构中阵列超声导波路程差分析的基础上,提出基于全矩阵捕获的阵列超声导波螺旋聚焦增强方法。假设在绞线中的一段检测区域内存在损伤,在结构中传播的导波经过损伤时会与损伤发生作用,使得损伤成为二次声源发出损伤信号。在损伤一侧某位置处的最外层所有单线上布置传感器作为激励阵列,与激励阵列同侧的另一位置布置传感器作为反射端接收阵列,而在损伤另一侧布置透射端接收阵列,反射端到透射端的区域即为检测区域。激励阵列激励超声导波信号后,通过对接收阵列采集的反射波和透射波进行处理从而实现损伤检测,其示意图如图 4-12 所示。

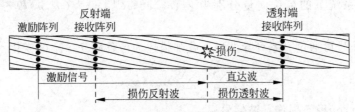

图 4-12 超声导波检测承力索损伤示意图

为获得检测区域内较为完整的导波信息,此处采用全矩阵数据采集方式进行导波信号获取。设绞线最外层单线数量为 n,则激励阵列、反射端接收阵列和透射端接收阵列中的阵元数均为 n,并对每个阵元进行 $1 \sim n$ 编号,处于同一单线上的阵元序数相同。以激励阵列和反射端接收阵列为例,全矩阵捕获步骤如下:

(1) 激励阵列中第 1 个阵元激励导波信号,由反射端接收阵列中所有阵元进行接收,将每个阵元采集到的信号记为 $S_{11} \sim S_{1n}$;

(2) 激励阵列中第 2 个阵元激励导波信号,由反射端接收阵列中所有阵元进行接收,将每个阵元采集到的信号记为 $S_{21} \sim S_{2n}$;

(3) 以此类推,直到激励阵列中第 n 个阵元激励导波信号,由反射端接收阵列中所有阵元进行接收,将每个阵元采集到的信号记为 $S_{n1} \sim S_{nn}$。

所有激励阵元依次激励,将接收阵元中所有导波信号进行采集组装,最终可获得三维全矩阵数据 S,如图 4-13 所示。主对角线上数据即为同一单线上阵元激励并接收的导波信号,通常导波能量未在所有单线之间达到平衡前,激励阵元所在单线上的能量最强,而相邻单线能量次之。激励阵列可分别与反射端接收阵列、透射端接收阵列组合出反射端三维全矩阵数据、透射端三维全矩阵数据。需要说明的是,实际激励接收次数与数据采集卡通道数相关,如硬件为单发单收,则需激励接收 $n\times n\times 2$ 次,若接收通道数大于等于 $2n$,则反射端与透射端所有阵元可同步采集,此时只需激励 n 次并采集即可。

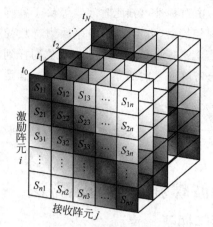

图 4-13 全矩阵捕获数据

对于任意时刻 t,对应的全矩阵形式则有

$$S(t) = \begin{bmatrix} S_{11}(t) & S_{12}(t) & \cdots & S_{1n}(t) \\ S_{21}(t) & S_{22}(t) & \cdots & S_{2n}(t) \\ \vdots & \vdots & & \vdots \\ S_{n1}(t) & S_{n2}(t) & \cdots & S_{nn}(t) \end{bmatrix} \quad (4\text{-}20)$$

式中,$S_{ij}(t)$ 表示在 t 时刻,激励阵列中第 i 个阵元激励导波时,接收阵列中第 j 个阵元所采集的导波信号。

4.2.2 全矩阵捕获数据螺旋聚焦增强实现

杆中的导波模态用二维正交系统 (m,n) 可描述为

$$\boldsymbol{v}_n^m \mathrm{e}^{\mathrm{i}(\omega t - k_n^m z)} = \sum_{\xi=r,\theta,z} R_{n\xi}^m(r) \theta_\xi^m(m\theta) \mathrm{e}^{\mathrm{i}(\omega t - k_n^m z)} \boldsymbol{e}_\xi \quad (4\text{-}21)$$

式中,m 为周向阶数;n 为模态阶数;ω 为振动的角频率;k 为波数;$\boldsymbol{v}_n^m$ 为质点振动分布函数,对应柱坐标系统下的单位向量分别为 $\boldsymbol{e}_r$、$\boldsymbol{e}_\theta$、$\boldsymbol{e}_z$,$R_{n\xi}^m(r)$ 为 (m,n) 模态位移随径向的分布。

杆中损伤信号可通过一系列导波模态叠加描述为位移随 θ、z、t 的变化:

$$u(\theta,z,t) = \sum_{n=1}^{+\infty} \sum_{m=-\infty}^{+\infty} A_{mn}(\omega) \mathrm{e}^{\mathrm{i}(m\theta + k_n^m z + \omega t)} \quad (4\text{-}22)$$

式中,A_{mn} 为 (m,n) 模态损伤导波信号幅度。

通过 4.1.3 节分析的目标点与超声导波阵列之间的路程差,结合对应的波速即可获得相位差,从而获取螺旋聚焦调整矩阵 $\boldsymbol{P}(\Delta t)$,将采集的全矩阵捕获数据通过螺旋聚焦调整矩阵处理,即可获得对应的螺旋聚焦增强信号。其中,$\boldsymbol{P}(\Delta t)$ 写为全矩阵的形式为

$$\boldsymbol{P}(\Delta t) = \begin{bmatrix} \Delta t_{11} & \Delta t_{12} & \cdots & \Delta t_{1n} \\ \Delta t_{21} & \Delta t_{22} & \cdots & \Delta t_{2n} \\ \vdots & \vdots & & \vdots \\ \Delta t_{n1} & \Delta t_{n2} & \cdots & \Delta t_{nn} \end{bmatrix} \quad (4\text{-}23)$$

全矩阵数据经过时间差调整后的矩阵可表示为

$$S_{\mathrm{focus}}(t) = \begin{bmatrix} S_{11}(t+\Delta t_{11}) & S_{12}(t+\Delta t_{12}) & \cdots & S_{1n}(t+\Delta t_{1n}) \\ S_{21}(t+\Delta t_{21}) & S_{22}(t+\Delta t_{22}) & \cdots & S_{2n}(t+\Delta t_{2n}) \\ \vdots & \vdots & & \vdots \\ S_{n1}(t+\Delta t_{n1}) & S_{n2}(t+\Delta t_{n2}) & \cdots & S_{nn}(t+\Delta t_{nn}) \end{bmatrix} = \begin{bmatrix} s_{11} & s_{12} & \cdots & s_{1n} \\ s_{21} & s_{22} & \cdots & s_{2n} \\ \vdots & \vdots & & \vdots \\ s_{n1} & s_{n2} & \cdots & s_{nn} \end{bmatrix}$$

$$(4\text{-}24)$$

根据阵元之间到目标点的时间差求解螺旋聚焦调整矩阵 $P(\Delta t)$，首先考虑杆直径的影响。设波在主动杆中的传播时间为 t_1，传播速度为 v_1，在从动杆中的传播时间为 t_2，传播速度为 v_2，则波从激励点到虚拟聚焦目标点所用的时间 t 为

$$t = t_1 + t_2 = \frac{l_1}{v_1} + \frac{l_2}{v_2} = \frac{\sqrt{d^2 + z_i^2}}{v_1} + \frac{\sqrt{x_0^2 + (y_0 - d)^2 + (z_0 - z_i)^2}}{v_2} \tag{4-25}$$

使得两点间波传播时间最短的路径为波传播路径，即有 $\dfrac{\mathrm{d}t}{\mathrm{d}z_i} = 0$

$$\frac{\mathrm{d}t}{\mathrm{d}z_i} = \frac{z_i}{v_1\sqrt{d^2 + z_i^2}} - \frac{z_0 - z_i}{v_2\sqrt{(z_0 - z_i)^2 + x_0^2 + (d - y_0)^2}} = 0 \tag{4-26}$$

求解得

$$z_i = \sigma_6 - \frac{\sigma_5^2 \operatorname{root}(\sigma_1, z, 1)^6}{\sigma_4} - \frac{\operatorname{root}(\sigma_1, z, 1)^2 \sigma_2}{\sigma_7} + \frac{\sigma_5 \operatorname{root}(\sigma_1, z, 1)^4 \sigma_3}{\sigma_7} \tag{4-27}$$

式中，$\operatorname{root}(\sigma_1, z, 1)$ 表示多项式 σ_1 中关于未知数 z 的第 1 个根。

当主动杆与从动杆材料相同时，波在主动杆与从动杆中的波速相等，即有 $v_1 = v_2 = v$，此时耦合点的位置与波速无关，只与目标点的位置及直杆直径相关。对于从动杆中 $z = z_0$ 平面上的点 $(0, 2d, z_0)$ 和点 $(0, d, z_0)$，波从激励点到达两点的时间差 Δt_1 为

$$\Delta t_1 = \frac{\sqrt{4d^2 + z_0^2} - \sqrt{d^2 + z_0^2}}{v} \tag{4-28}$$

式中，d 与 v 为常数，对上式求导，则有

$$\Delta t_1' = \frac{z_0}{v}\left(\frac{1}{\sqrt{4d^2 + z_0^2}} - \frac{1}{\sqrt{d^2 + z_0^2}}\right) \tag{4-29}$$

$\Delta t_1'$ 恒小于 0，即 Δt_1 是目标点轴向位置 z_0 的单调递减函数，波传播的距离越大，同一轴向距离截面上的点之间接收到波的时间差越小，对应的相位差也越小。因此当检测距离较近时，相位差与传播距离相关，此时即为传统体波的聚焦方式。

当传播距离较远时，波以导波方式传播，设振动在杆中传播速度为 v，并忽略同杆同一截面上各个点之间振动的差异，则导波从激励点到达某截面上主动杆与从动杆上的点的时间差 Δt_2 为

$$\Delta t_2 = \frac{d}{v} \tag{4-30}$$

在做螺旋聚焦处理时根据导波耦合单线数量即可对时间差进行修正。

考虑目标点在次外层的情况，超声导波在 B、C 层杆中的群速度分别用 v_{bg}、v_{cg} 表示，则阵元 i 与阵元 j 采集到点 P_k 传来的导波信号时间差为

$$\Delta t_{i-j}^{(\Delta n)} = \frac{l_{P_k^{(n)} N_i}}{v_{cg}} - \frac{l_{P_k^{(n)} N_j}}{v_{bg}} = \left(\frac{i - j}{C_{\text{sum}}} + \Delta n\right)\left(\frac{\alpha_C}{v_{cg}} - \frac{\alpha_B}{v_{bg}}\right) L_m, \; i, j \in [1, C_{\text{sum}}] \tag{4-31}$$

在相同轴向距离的情况下，在中心层 A 直杆中传播的路程小于在螺旋曲杆 B 或 C 中的传播路程，而中心直杆 A 与螺旋曲杆 $B_1 \sim B_6$ 为线接触，由对称性可知此时问题等价于各阵元到达 B 层杆的最短路径之差。在阵列处，设 C_1 与 B_1 相接触，此时 C 层中序数为奇数的杆与 B 层杆均接触，C 层杆到 B 层杆的最短路径轴向距离为 0，而 C 层中序数为偶数的杆到 B 层杆的

最短路径等于或等价于 $N_2-Q_{1,2}$，则偶阵元与奇阵元之间的导波信号时间差满足以下公式：

$$\Delta t_{i-j} = \frac{l_{N_{2i}Q_{i,2i}}}{v_{bg}} - \frac{l_{N_{2i-1}P_k^{(i)}}}{v_{ag}} = \frac{(1-(-1)^{(i-j)})L_m}{2C_{sum}}\left(\frac{\alpha_C}{v_{cg}} - \frac{1}{v_{ag}}\right), i \in [1, C_{sum}] \quad (4\text{-}32)$$

式中，v_{ag} 表示超声导波在 A 层杆中的群速度。

由于 C 层阵元到 A 层目标点之间的路径具有一定的对称性，仅奇偶阵元之间存在时间差，对于中心层，各阵元信号直接叠加也具有一定的聚焦性。

将阵列中的某阵元作为基准，其余各个阵元接收信号按式(4-31)修正，可获得 B 层杆检测的螺旋聚焦调整矩阵 $\boldsymbol{P}_B(\Delta t)$，而按式(4-32)则可以得到 A 层杆检测的螺旋聚焦调整矩阵 $\boldsymbol{P}_A(\Delta t)$。

考虑损伤的分布情况，当损伤处于绞线最外层时，则反射端、透射端各有一接收阵元与损伤处于同一单线，根据比例系数即可判断损伤处于哪一股单线，且该单线上激励的导波信号能量强于其余单线。当损伤处于绞线内层时，传感器阵列与损伤并非处于同一单线，导波从激励阵列到与损伤发生相互作用再到被采集的整个过程需经单线间多次耦合，因而最终采集到的内层损伤信号微弱而不易被识别。而当激励阵元与接收阵元处于同一单线时，采集到的导波能量较强（对应全矩阵数据主对角线元素），而内层损伤信号传递至最外层上的任意阵元均需通过单线耦合作用，在做后聚焦处理时可去掉主对角线元素从而减少激励信号对内层损伤信号的影响。因此，针对绞线结构内外层损伤检测提出基于全矩阵捕获的螺旋聚焦方法，如图 4-14 所示。

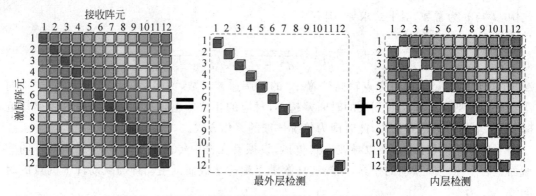

图 4-14　基于全矩阵捕获数据的绞线内外层损伤检测示意图

用每个方块对应一组采集信号，如全矩阵捕获数据中(1,1)元素所示方块表示激励阵元 1 激励导波后由接收阵元 1 采集的一段导波信号。将全矩阵主对角线上的数据用于绞线最外层损伤检测，非对角线数据进行螺旋聚焦处理后用于绞线内层损伤检测。用于绞线最外层单线损伤检测的信号可用集合 f_{outer} 表示为

$$f_{outer} = \{S_{11}(t+\Delta t_{11}), S_{22}(t+\Delta t_{22}), \cdots, S_{nn}(t+\Delta t_{nn})\} \quad (4\text{-}33)$$

用于绞线内层单线损伤检测的螺旋聚焦增强信号 f_{inner} 为

$$f_{inner} = \sum_{j=1}^{n}\sum_{i=1}^{n} s_{ij}, i \neq j \quad (4\text{-}34)$$

式中，s_{ij} 为全矩阵数据经过螺旋聚焦时间差调整后的矩阵元素，其叠加后即为经螺旋聚焦算法处理后的增强信号。即各个接收信号已经进行修正使得相位对齐，叠加后增强了接收

的内层损伤信号,其聚焦的本质如图 4-15 所示。

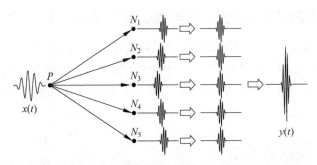

图 4-15　导波信号后聚焦原理图

为表征螺旋聚焦的增强效果,提出对应的 RDI 与 TDI。经过激励后,通过反射端阵列与透射端阵列分别得到反射端全矩阵数据和透射端全矩阵数据,假设损伤只存在于检测区域(反射端阵列至透射端阵列区域),而非检测区域(激励阵列至反射端阵列区域)内无损伤,此时根据导波传播路径可知,反射端阵列会先采集到导波直达波信号,该信号与激励、反射端阵列间间距相关而与损伤无关,可将其作为参考信号。导波继续传播与损伤作用后产生散射信号被采集,将散射信号与参考信号进行对比,以信号包络面积作为特征,信号包络通过希尔伯特幅值解调法提取,进一步提出 RDI 和 TDI:

$$\text{RDI} = \frac{\int_{t_{R1}}^{t_{R2}} \sqrt{y_R^2(t) + \hat{y}_R^2(t)}\, dt}{\int_{t_0}^{t_0+\Delta t} \sqrt{y_0^2(t) + \hat{y}_0^2(t)}\, dt} \times 100\% \tag{4-35}$$

$$\text{TDI} = \left(1 - \frac{\int_{t_{T1}}^{t_{T2}} \sqrt{y_T^2(t) + \hat{y}_T^2(t)}\, dt}{\int_{t_0}^{t_0+\Delta t} \sqrt{y_0^2(t) + \hat{y}_0^2(t)}\, dt}\right) \times 100\% \tag{4-36}$$

式中,$y_0(t)$ 为参考信号;$y_R(t)$ 为损伤反射信号;$y_T(t)$ 为损伤透射信号;t_0 为参考信号波包起始时刻;Δt 为参考信号波包持续时间;t_{R1}、t_{R2} 为损伤反射波包起始和截止时刻,t_{T1}、t_{T2} 为损伤透射波包起始和截止时刻。$\hat{y}(t)$ 表示 $y(t)$ 的希尔伯特变换,有

$$\hat{y}(t) = \frac{1}{\pi}\int_{-\infty}^{+\infty} \frac{y(t-\tau)}{\tau}\, d\tau \tag{4-37}$$

可以通过设置损伤阈值(damage threshold,DT),当 RDI 或 TDI 大于 DT 时,判断该波包代表损伤散射信号;同时 RDI 或 TDI 值越大,则表明绞线结构中损伤特征越明显。

4.3　多层绞线阵列超声导波螺旋聚焦增强仿真分析

螺旋聚焦方法主要目的是增强内层损伤信号,而绞线内层分为次外层和中心层,因此本节首先通过建立承力索结构有限元仿真模型,分析从绞线最外层激励的阵列超声导波信号经过螺旋聚焦传递至内层后的信号增强效果。之后分别建立包覆区承力索次外层损伤模型、包覆区承力索中心层损伤模型,损伤状态设置为断股损伤以获取较强的损伤散射信号,

分析螺旋聚焦对内层损伤散射信号的增强作用。

4.3.1 阵列超声导波激励信号螺旋聚焦增强性能分析

超声导波在绞线结构中的激励与传播属于瞬态动力学问题,且绞线单线间的接触耦合具有高度非线性,采用 Abaqus 软件中的 Explicit 分析模块进行超声导波在绞线结构中传播特性的研究。针对绞线这种较为复杂的结构,通过几种软件联合处理的方式进行有限元分析,其流程如图 4-16 所示。

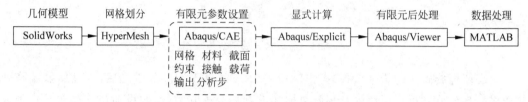

图 4-16 有限元分析流程图

建立长为 2 m 的 JTM120 承力索三维几何模型后进行网格划分。网格尺寸越小,对模型的描述越精确,仿真结果也越接近真实情况,但同时网格数量会显著增加,要求的仿真步长也越小,大幅增加内存硬盘等硬件需求,降低仿真效率。因此,需要在保证仿真结果准确度的情况下,选择适当的网格尺寸。通常,单元网格尺寸 L_e 需满足:

$$L_e \leqslant \frac{\lambda_{\min}}{10} \tag{4-38}$$

式中,$\lambda_{\min}$ 为承力索中传播的导波最小波长。而波长 λ、波速 v 与频率 f 满足如下关系:

$$\lambda = \frac{v}{f} \tag{4-39}$$

选择的激励信号中心频率为 150 kHz,其频率主要集中在 100~200 kHz,在最大截止频率 200 kHz 时波长最短,此时承力索中主要模态导波波速在 2000 m/s 左右,由此可得网格大小 $L_e \leqslant 1$ mm。考虑模型几何上的准确性,设置网格大小为 0.3 mm,对 2 m 长的承力索模型进行网格化,共 11946852 个节点,10396400 个单元,网格化结果如图 4-17(a)所示。实际检测中承力索接近于无限长,为降低仿真模型中两端面回波的影响,将端面设置成无限元网格单元 CIN3D8,其余部分采用八节点线性六面体单元 C3D8R,结果如图 4-17(b)所示。

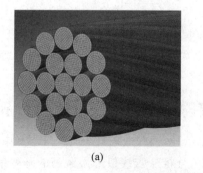
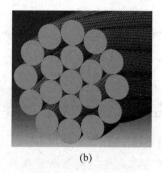

(a)　　　　　　　　　　(b)

图 4-17 承力索有限元仿真模型

(a) HyperMesh 网格模型;(b) Abaqus 端面无限元模型

密度、泊松比、弹性模量等材料参数同表 2-1。设承力索初始状态时各单线之间保持接触且不分离，对各个单线之间建立 Tie 连接，并将模型两侧端面进行固定，即在无限元单元上创建完全固定的边界条件。由于纵向模态导波波速较快易于识别，通过轴向方向上的位移描述导波传播。选择汉宁窗调制正弦信号作为激励信号，其表达式为

$$x(t)=\left(H(t)-H\left(t-\frac{n}{f_c}\right)\right)\left(1-\cos\frac{2\pi f_c t}{n}\right)\sin(2\pi f_c t) \tag{4-40}$$

式中，$H(t)$ 为单位阶跃函数；f_c 为信号中心频率；n 为调制的周期数。

激励信号频率较低时模态较少，但波包在时域上较长；随着频率的增加，信号在时域上收窄，同时也会引入更多的导波模态。周期数的增加能使得信号主要频带收窄，缩减信号中不同频率分量在绞线中的群速度差距，进而降低导波频散特性对信号的影响，但同时会增加信号在时域上的长度，造成信号混叠。因此，结合承力索的导波频散曲线，综合考虑信号的时频特征，取中心频率 $f_c=150\,\text{kHz}$，$n=5$，并将幅值进行归一化，所得激励信号如图 4-18 所示。

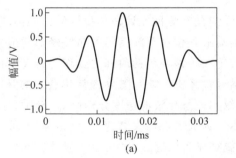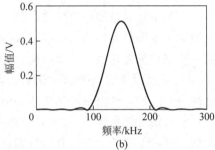

图 4-18　超声导波激励信号
（a）时域图；（b）频域图

根据承力索频散曲线及激励频率，选择纵向模态导波进行检测，紧挨着无限元绞线端面施加轴向集中力载荷作为导波激励，激励位置依次选择 $C_1 \sim C_{12}$ 单线端面，如图 4-19(a) 所示。根据对应导波模态位移矢量，提取内层单线上距激励端面不同距离位置的节点轴向位移，作为该位置处接收到的导波信号，将不同单线激励时该位置处收到的导波信号进行螺旋聚焦处理进而获得螺旋聚焦信号。作为对比，同时在 $C_1 \sim C_{12}$ 端面上进行激励，如图 4-19(b) 所示，则内层单线上接收到的导波信号为叠加信号。

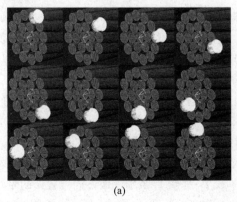

图 4-19　承力索有限元仿真模型中的导波激励
（a）各单线分别激励导波；（b）各单线同时激励导波

采用显式动力分析,仿真时长为 1 ms,仿真步长为自动,场输出的时间增量步为 $0.1\ \mu s$,从仿真结果中对应节点编号位置提取节点轴向位移进行分析。在承力索中,纵向模态导波群速度最快,较容易识别,因此选用该模态来进行绞线检测。首先对该模态群速度进行仿真计算。从激励端面开始,每隔 0.1 m 从各个单线截面上选择一个节点进行位移输出。为避免端面回波的影响,从 0.3 m 开始每隔 0.3 m 分为一段,如图 4-20 所示。

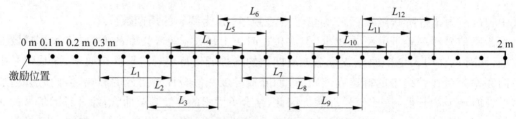

图 4-20 导波群速度分段计算示意图

将每段两端节点对应轴向坐标之差作为纵向模态导波在该段传播的轴向距离,接收信号中的首波即为纵向模态导波,因此将首尾两端节点位移首波信号的包络峰值对应的时间差作为纵向模态导波在该段的传播时间,导波传播距离与传播时间之比作为群速度的计算值。将 A 单线端面激励后 A 单线上接收的信号计算所得结果作为 A 层单线中的纵向模态导波群速度,同理,B 层单线和 C 层单线中的纵向模态导波群速度分别由 B_1 激励 B_1 接收、C_1 激励 C_1 接收信号计算所得,而承力索整体的纵向模态导波群速度,则是由 19 股单线端面同时激励,并将 19 股单线上接收信号进行叠加作为该处的信号后计算所得。最终计算承力索仿真模型中的纵向模态导波群速度见表 4-1。

表 4-1 承力索仿真模型中的纵向模态导波群速度

检测位置	纵向模态导波群速度/(m/s)											
	L_1	L_2	L_3	L_4	L_5	L_6	L_7	L_8	L_9	L_{10}	L_{11}	L_{12}
A 层单线	3803	3769	3775	3778	3803	3799	3801	3802	3816	3796	3796	3788
B 层单线	3704	3658	3700	3699	3727	3710	3698	3614	3614	3604	3675	3699
C 层单线	3704	3685	3705	3685	3709	3673	3671	3663	3676	3711	3675	3690
承力索	3714	3699	3700	3703	3723	3719	3740	3731	3736	3725	3711	3699

中心直杆 A、螺旋曲杆 B、螺旋曲杆 C 和十九芯承力索结构中频率为 150 kHz 时的纵向模态导波群速度理论值分别为 3804 m/s、3768 m/s、3721 m/s、3605 m/s。从表 4-1 可以看出,各单线及绞线整体上的群速度均与理论值非常接近,在进行后聚焦处理时可选择平均值进行计算。此处选择在距激励端面轴向位置 0.5 m 处和 1.7 m 处的 $C_1 \sim C_{12}$ 单线上各选择一个节点输出其轴向位移,每个端面可获得 $12 \times 12 = 144$ 个信号组成的全矩阵数据,并统一幅值显示范围,其结果如图 4-21 所示。当激励与采集处于同一单线时,采集信号能量最大,而采集单线与激励单线相隔越远,采集信号能量越小。

$C_1 \sim C_{12}$ 分别激励后将对应位置节点的位移值进行螺旋聚焦得到螺旋聚焦信号,而同时激励时则得到叠加信号。次外层单线 B_1 上距离激励端面不同位置处的聚焦信号与同时激励时的叠加信号的上包络线对比如图 4-22 所示。激励导波信号后导波传播距离小于 0.2 m 时,信号幅值整体较小,各模态导波在时域上发生混叠,因而信号聚焦处理效果不明显;而传

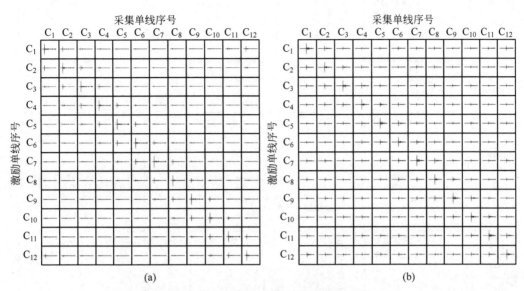

图 4-21　无损伤模型全矩阵捕获数据（统一纵轴显示范围）

(a) 距激励端面 0.5 m；(b) 距激励端面 1.7 m

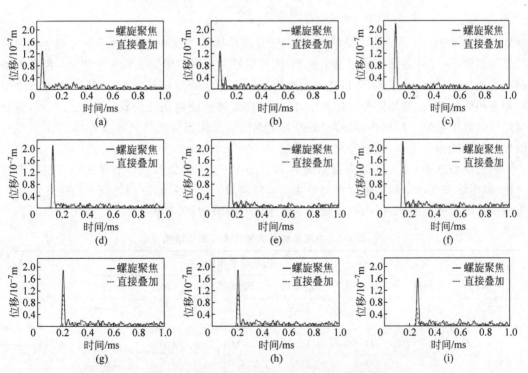

图 4-22　次外层 B_1 单线中各位置处的信号包络

(a) 0.1 m；(b) 0.2 m；(c) 0.3 m；(d) 0.4 m；(e) 0.5 m；(f) 0.6 m；(g) 0.7 m；(h) 0.8 m；(i) 0.9 m；(j) 1.0 m；(k) 1.1 m；(l) 1.2 m；(m) 1.3 m；(n) 1.4 m；(o) 1.5 m；(p) 1.6 m；(q) 1.7 m；(r) 1.8 m

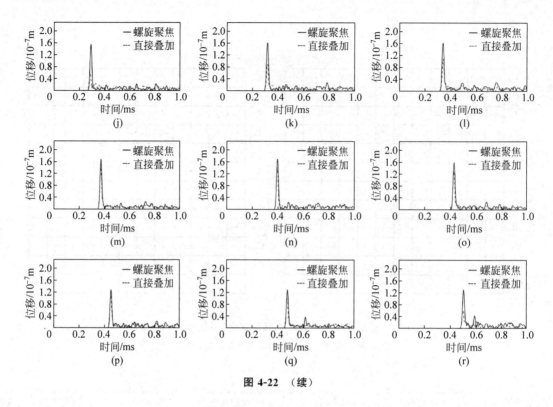

图 4-22 （续）

播到 0.3 m 处时，信号幅值明显增大，但由于导波传播路径较少，各路激励信号到达该处时的路程差较小，直接叠加信号幅值也较大，使得信号螺旋聚焦增强效果并不明显；而随着轴向距离增加，传播路径增多，使得各路激励信号到达该处的路程差增大，各路信号进行叠加时相互间影响较大，叠加信号幅值较小，经过螺旋聚焦处理后能达到较高的幅值水平，螺旋聚焦增强效果明显。随着传播距离增加，螺旋聚焦信号幅值呈缓慢衰减趋势，而叠加信号则由于信号之间相互抵消，幅值变化更加明显。

将距端面 0.1~1.8 m 处内层单线 A 和 B_1~B_6 中的聚焦信号与非聚焦信号包络进行对比，取螺旋聚焦信号包络最大值与叠加信号包络最大值的差除以叠加信号包络最大值作为螺旋聚焦信号增幅，获得内层单线中的聚焦信号幅值增幅，见表 4-2。

表 4-2 内层单线中的聚焦信号幅值增幅

传播距离 /m	信号幅值增幅/%						
	A 单线	B_1 单线	B_2 单线	B_3 单线	B_4 单线	B_5 单线	B_6 单线
0.1	1.6	16.6	14.9	16.2	16.7	14.9	15.1
0.2	1.5	15.3	13.8	14.8	15.2	13.9	14.8
0.3	1.4	11.5	11.1	11.0	11.4	11.0	11.2
0.4	1.2	11.7	11.3	11.3	11.7	11.3	11.3
0.5	1.1	23.0	22.7	22.5	23.0	22.7	22.6
0.6	0.9	40.1	39.6	39.4	40.1	39.6	39.3
0.7	0.4	78.2	77.3	76.9	78.2	77.3	77.0
0.8	0.4	131.8	129.8	130.1	131.8	129.8	130.1

续表

传播距离 /m	信号幅值增幅/%						
	A 单线	B_1 单线	B_2 单线	B_3 单线	B_4 单线	B_5 单线	B_6 单线
0.9	0.3	152.6	150.2	150.8	152.7	150.2	150.8
1.0	0.9	148.2	145.6	146.2	148.2	145.6	146.1
1.1	1.4	88.1	86.9	86.5	88.1	86.9	86.4
1.2	2.1	45.7	45.6	44.6	45.7	45.5	44.6
1.3	3.6	21.9	21.5	21.4	21.5	21.9	20.9
1.4	4.1	24.5	24.6	24.0	24.5	24.8	24.1
1.5	1.3	20.8	20.9	20.5	20.8	20.8	20.5
1.6	1.1	21.5	21.7	22.0	21.6	22.6	22.0
1.7	1.2	31.0	31.4	32.0	31.0	31.3	32.0
1.8	1.1	120.7	121.1	122.2	119.4	121.1	121.2

对于中心直杆 A 中的点，最外层激励阵元中只有奇序数阵元与偶序数阵元之间存在时间差，且该时间差小于阵元到 B 杆中的点的时间差，且 A 中最外层奇序数阵元激励信号的接收信号与另外 6 路偶序数阵元激励信号的接收信号之间相位差较小，因此中心直杆 A 中各个位置处的信号经过聚焦处理后，与直接叠加所得的信号幅值相比几乎相同，同时也说明直接叠加信号在中心层具有一定的聚焦特性。在次外层 $B_1 \sim B_6$ 单线中，导波传播距离较短时，传播路径较少，频散现象亦不明显，因而聚焦信号增幅较低，而随着传播距离的增加，传播路径增多，导波频散的影响增大，使得次外层单线上采集的信号变得复杂，因此通过螺旋聚焦处理后信号增幅明显，在 0.9 m 处增幅最高达到 152.7%，之后随着传播距离的继续增加，尽管螺旋聚焦增幅降低，但整体上仍能维持信号幅值在较高的水平。

4.3.2 内层单线损伤信号螺旋聚焦增强分析

1) 次外层损伤信号螺旋聚集增强分析

考虑包覆区承力索次外层单线中存在断股损伤情况，设螺旋曲杆 B_1 单线上存在一断股损伤，损伤距激励端面 1.35 m。在承力索无损伤模型的基础上，添加中心锚结线夹的网格，与承力索之间采用接触连接，删除 B_1 单线上距激励端面轴向距离为 1.35 m 处的单元，获得包覆区承力索 B_1 单线断股损伤模型。激励阵列与接收阵列位置不变，即在 $C_1 \sim C_{12}$ 单线上各取一个距激励端面 0.5 m 截面上的节点作为反射端接收阵列，而距激励端面 1.7 m 截面上的节点作为透射端接收阵列，最终检测模型如图 4-23 所示。

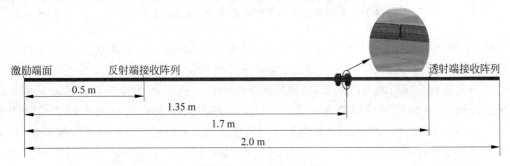

图 4-23 包覆区承力索 B_1 单线断股损伤模型

仿真时长为 1 ms，仿真步长为自动，场输出的时间增量步为 0.1 μs。取反射端接收阵列上的节点进行位移输出，获得反射端全矩阵捕获数据，并与无损伤状态所得全矩阵捕获数据作差，得到 B_1 单线损伤散射全矩阵捕获数据，调整各个数据位移值显示范围，所得结果如图 4-24 所示。

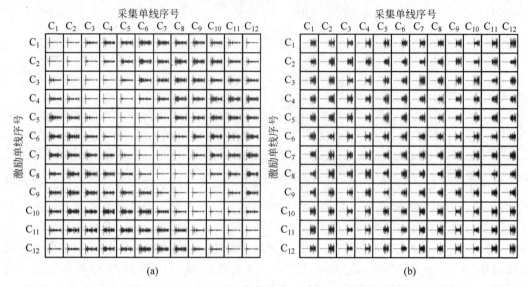

图 4-24 反射端全矩阵捕获数据（B_1 单线断股损伤）

(a) 采集信号；(b) 损伤散射信号

B_1 单线断股损伤反射端接收阵列采集到的超声导波传播路径如图 4-25 所示。激励阵列主要激发出纵向模态与弯曲模态导波信号，在 1 ms 的仿真时间内，反射端接收阵列首先接收到两种模态的直达波，纵向模态导波经过反射端接收阵列后继续传播，其中一部分与损伤发生作用，产生的损伤反射波（或称损伤回波）再次被反射端接收阵列采集。而弯曲模态导波传播速度较慢，在仿真时长内并未包含其对应的损伤反射波。

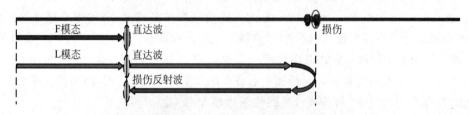

图 4-25 反射端超声导波传播路径（B_1 单线断股损伤）

将 B_1 单线断股损伤全矩阵主对角线上的数据去除后，进行螺旋聚焦处理后获得螺旋聚焦信号，并与无损伤状态时全矩阵数据所得螺旋聚焦信号进行对比，如图 4-26(a) 所示。对信号中的波包出现时间进行估算，接收阵列距激励端面 0.5 m，忽略导波频散造成信号在时域上的拉长，纵向模态导波群速度取 3700 m/s，则纵向模态直达波应出现在信号中的 0.135～0.170 ms 时段，图 4-26(a) 中能观察到明显波包。弯曲模态导波群速度取 2200 m/s，弯曲模态直达波应出现在 0.227～0.262 ms 时段，然而图中却并不明显，原因在于仿真中采用节点轴向位移表征该点振动，而弯曲模态在该方向上的能量相对较小，且针对次外层的螺旋聚焦过程中对各个信号相位调整较大,使得该时段的弯曲模态信号相互抵消。B_1 单线断股损伤距激励端面 1.35 m,则激励信号经过损伤后产生的反射信号被采集时,超声导波的总传播距离为 1.35 m×2－0.5 m＝2.2 m,纵向模态损伤反射波应出现在信号中 0.594～0.629 ms 时段,同样在图 4-26(a)中能观察到明显波包。将图中 B_1 单线损伤散射全矩阵数据去除主对角线上的数据后进行聚焦,并对所得聚焦信号进行连续小波变换处理,所得结果分别如图 4-26(b)和图 4-26(c)所示。可以看出,0.594～0.629 ms 时段出现的波包的频率主要集中在 100～200 kHz,与激励信号频段范围一致,结合该波包的时频信息可确认该波包即为 B_1 单线纵向模态损伤反射波。

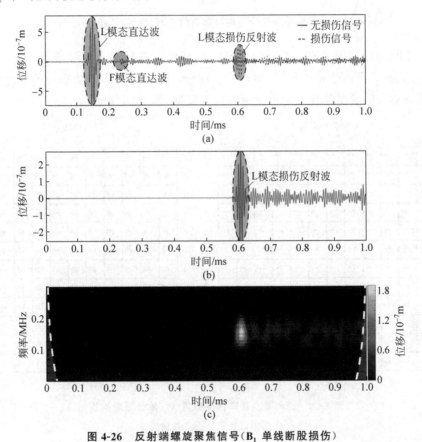

图 4-26　反射端螺旋聚焦信号(B_1 单线断股损伤)
(a)无损伤状态与损伤状态螺旋聚焦信号;(b)损伤散射信号的螺旋聚焦信号;
(c)损伤散射螺旋聚焦信号连续小波变换时频图

若忽略绞线的螺旋结构而不再对信号进行相位调整,直接将图 4-24(a)中全矩阵捕获数据进行叠加,得到叠加信号,与螺旋聚焦信号进行对比,结果如图 4-27 所示。由于激励阵列阵元到接收阵列阵元路程相同,各个信号首波相位一致,所得叠加信号中的首波信号幅值较大,而各个信号中的损伤反射信号之间相位差距相对较大,直接叠加时损伤信号增幅较小。而对于螺旋聚焦,则是对其中的损伤反射信号进行相位对齐,使得聚焦信号中损伤成分得以增强,从而更利于损伤识别,而各阵列采集原本对齐的首波信号则在调整下相位错开,使得螺旋聚焦信号中的首波幅值小于叠加信号中的首波幅值。通过计算可知,无损伤状态时的

$RDI=6.3\%$,而 B_1 单线断股损伤状态时的叠加信号 $RDI_s=13.4\%$,螺旋聚焦 $RDI_{HF}=39.7\%$,次外层损伤特征在螺旋聚焦的处理下明显提升。

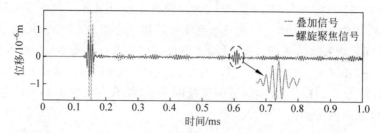

图 4-27 反射端叠加信号与螺旋聚焦信号对比(B_1 单线断股损伤)

同理,将距激励端面 1.7 m 截面上的节点位移组成透射端全矩阵捕获数据,并根据各个信号位移值自适应调整显示范围,如 4-28(a)所示,通过与无损伤状态时的全矩阵捕获数据作差,得到对应的透射端损伤散射全矩阵捕获数据,如 4-28(b)所示。

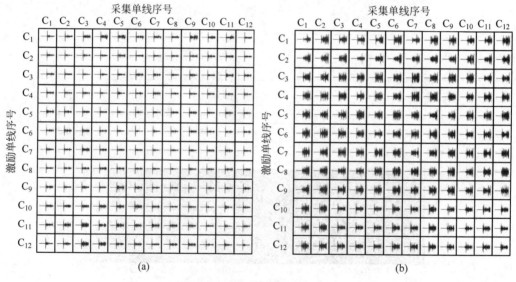

图 4-28 透射端全矩阵捕获数据(B_1 单线断股损伤)

(a) 采集信号;(b) 损伤散射信号

经过螺旋聚焦后得到透射端聚焦信号,与无损伤模型所得的聚焦信号进行对比,如图 4-29(a)所示,对应的透射端损伤散射螺旋聚焦信号及其连续小波变换处理结果分别为图 4-29(b)和图 4-29(c)。激励阵列至透射端接收阵列距离为 1.7 m,估算出纵向模态损伤透射波应出现在 $0.459\sim0.489$ ms 时段,即图 4-29(b)中虚线圈出的位置。由于损伤透射波与直达波之间的路程差极小,相位几乎相同,使得损伤透射波与直达波在时域上重叠,共同组成首波信号。幅值方面,尽管 B_1 单线损伤透射波会对聚焦信号中的首波产生影响,但损伤透射波幅值远小于首波幅值,该影响仅体现在聚焦信号首波幅值上的略微变化。即在聚焦信号中损伤透射波被首波所掩盖,损伤透射波与首波包含的相位信息基本相同,信号处理时可提取首波代替损伤透射波。

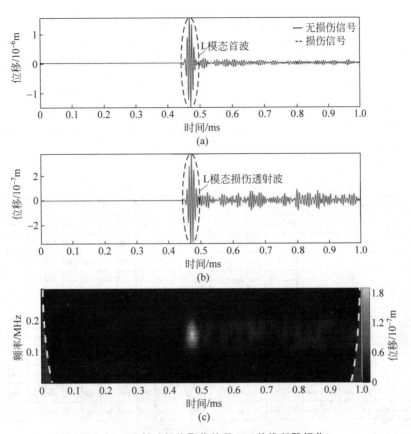

图 4-29　透射端螺旋聚焦信号（B_1 单线断股损伤）

（a）无损伤状态与损伤状态螺旋聚焦信号；（b）损伤散射信号的螺旋聚焦信号；
（c）损伤散射螺旋聚焦信号连续小波变换时频图

2) 中心层损伤信号螺旋聚焦增强分析

考虑损伤出现在中心直杆 A 单线上的情况。设 A 单线上距激励端面 0.95 m 处存在一断股损伤，在建立的承力索无损伤模型的基础上，添加中心锚结线夹的网格，材料为铜镍硅合金，与承力索之间采用接触连接，删除 A 单线上距激励端面轴向距离为 0.95 m 处的网格单元，获得包覆区承力索 A 单线断股损伤模型，如图 4-30 所示，并在 C_1～C_{12} 单线上各取一个距激励端面 0.5 m 截面上的节点作为反射端接收阵列，距激励端面 1.7 m 截面上的节点作为透射端接收阵列。

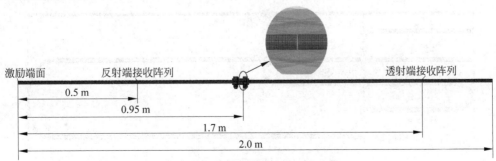

图 4-30　包覆区承力索 A 单线断股损伤模型

仿真中激励导波的方式同图 4-19(a)，仿真时长为 1 ms，仿真步长为自动，场输出的时间增量步为 0.1 μs。通过反射端接收阵列节点位移值构建反射端全矩阵捕获数据，并根据各个数据位移值调整显示范围，如图 4-31(a)所示。主对角线上数据中首波幅值明显高于其余波包，而非主对角线上首波幅值则与其他波包幅值相近。由于 A 单线损伤模型是通过节点删除建立的，而其余仿真参数不变，因此损伤模型中得到的全矩阵数据与无损伤模型中得到的全矩阵数据之间的差异可以认为是由该损伤造成的，此时将两个全数据矩阵之间作差，可以得到反射端损伤散射全矩阵捕获数据，如图 4-31(b)所示。

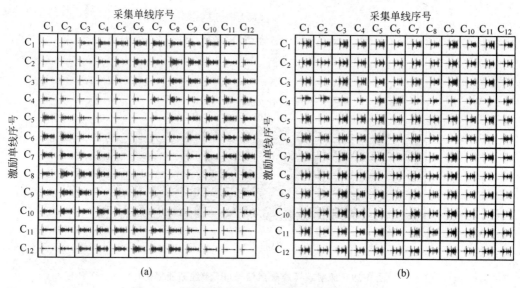

图 4-31　反射端全矩阵捕获数据（A 单线断股损伤）
（a）采集信号；（b）损伤散射信号

反射端接收阵列采集到的超声导波传播路径如图 4-32 所示。激励阵列主要激发出纵向模态与弯曲模态导波信号，两种模态导波信号作为直达波首先被采集。弯曲模态导波频散较严重，且随着传播距离增加幅值逐渐降低而不易识别，因此不作为损伤识别特征模态。纵向模态导波经过反射端接收阵列后继续向右传播，其中一部分与损伤发生作用，产生的损伤反射波再次被反射端接收阵列采集，损伤反射波传递至左端面后形成二次回波又一次被反射端接收阵列采集；另一部分经过损伤后继续向右传播，到达右端面后形成右端面回波，最终被反射端接收阵列采集。因此，反射端接收阵列采集到的信号中将包含多个波包。

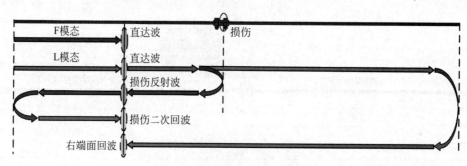

图 4-32　反射端超声导波传播路径

将图 4-31(a)中全矩阵捕获数据中主对角线上的数据去除后,进行螺旋聚焦处理获得反射端螺旋聚焦信号,并与无损伤模型全矩阵数据所得聚焦信号进行对比,如图 4-33(a)所示。对信号中的波包出现时间进行估算,接收阵列距激励端面 0.5 m,纵向模态导波群速度取 3700 m/s,弯曲模态导波群速度取 2200 m/s,激励信号持续时长约 0.035 ms,忽略频散造成信号在时域的拉长,则纵向模态直达波出现在信号中的 0.135～0.170 ms 时段,弯曲模态直达波出现在 0.227～0.262 ms 时段,由于是提取节点轴向位移来表征该位置采集的导波信号,而弯曲模态在轴向上产生的位移较小,进一步使得弯曲模态直达波幅值远低于纵向模态直达波幅值。已知 A 单线损伤距激励端面 0.95 m,激励信号经过损伤后被接收阵列采集时所传播的距离约为 0.95 m+(0.95 m−0.5 m)=1.4 m,因此可以估算出纵向模态损伤反射波出现在信号中 0.378～0.413 ms 时段,与无损伤聚焦信号对比,损伤聚焦信号中在此处出现明显波包。

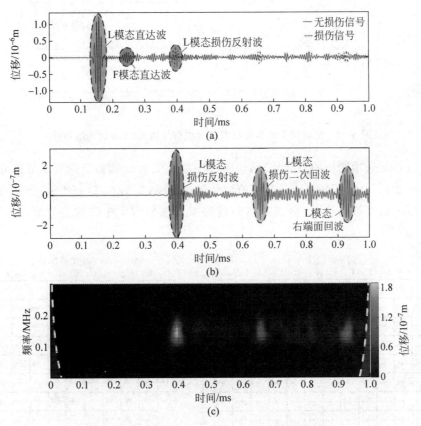

图 4-33 反射端螺旋聚焦信号(A 单线断股损伤)

(a) 无损伤状态与损伤状态螺旋聚焦信号;(b) 损伤散射信号的螺旋聚焦信号;
(c) 损伤散射螺旋聚焦信号连续小波变换时频图

同理,从图 4-31(b)全矩阵捕获数据中去除主对角线上的数据后进行螺旋聚焦处理,获得散射信号的螺旋聚焦信号,如图 4-33(b)所示,同样通过导波传播距离与群速度可确定纵向模态损伤二次回波及右端面回波,并进行连续小波变换处理,所得结果如图 4-33(c)所示。0.378～0.413 ms 时段波包频率主要集中在 100～200 kHz,与激励信号频段范围一致,进一步可确认该波包即为 A 单线纵向模态损伤反射波。

若忽略绞线的螺旋结构而不再对信号进行相位调整,直接将图 4-31(a)全矩阵捕获数据进行叠加,此时得到叠加信号,与螺旋聚焦信号进行对比,结果如图 4-34 所示。由于激励阵列阵元到接收阵列阵元路程相同,各个信号直达波相位一致,使得最终叠加信号中直达波信号幅值略大。而针对中心层进行螺旋聚焦调整信号相位时,各个信号直达波相位出现错位,使得最终螺旋聚焦信号中直达波信号幅值略低。无损伤状态时的反射损伤指数 RDI 为 6.3%,而 A 单线断股损伤状态时的叠加信号 $RDI_s=24.4\%$,螺旋聚焦 $RDI_{HF}=25.7\%$,均能在反射端信号中观测到明显的损伤波包。螺旋聚焦提升不明显的原因在于中心层到最外层各单线阵元路径差较小,仅奇阵元与偶阵元存在略微差异,因此中心层损伤特征螺旋聚焦信号与叠加信号中的损伤反射波幅值差异不明显,与理论分析结果一致。

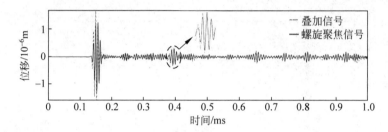

图 4-34 反射端叠加信号与螺旋聚焦信号对比(A 单线断股损伤)

对于透射端采用同样的方式处理,将距激励端面 1.7 m 截面上的节点位移组成透射端全矩阵捕获数据,并根据各个信号位移值调整显示范围,如图 4-35(a)所示,通过与无损伤状态时的全矩阵捕获数据作差,得到对应的透射端损伤散射全矩阵捕获数据,如图 4-35(b)所示。

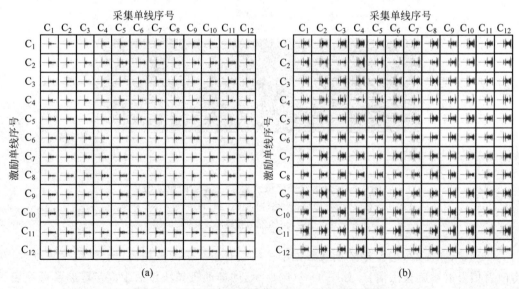

图 4-35 透射端全矩阵捕获数据(A 单线断股损伤)
(a) 采集信号;(b) 损伤散射信号

将图 4-35(a)中全矩阵捕获数据中主对角线上的数据去除后,进行螺旋聚焦处理获得透射端螺旋聚焦信号,并与无损伤模型全矩阵数据所得聚焦信号进行对比,结果如图 4-36(a)所示,透射端损伤散射螺旋聚焦信号及其连续小波变换处理结果分别为图 4-36(b)和图 4-36(c)。激励阵列至透射端接收阵列距离为 1.7 m,可以估算出纵向模态直达波出现在 0.459~0.494 ms 时段,则图 4-36(a)中的首波即为纵向模态直达波,而在图 4-36(b)散射信号中该时段也出现波包,通过图 4-36(c)中波包时频信息进一步可确定该波包为损伤透射波。与次外层中的透射波对比可知,中心层聚焦对阵列导波信号相位调整较小,使得中心层透射波首波幅值略大于次外层中的透射波幅值,且由于损伤是在中心层直杆上,纵向模态传播方向与提取的节点位移分量一致,因此在散射信号中还能观测到纵向模态右端面回波。同样的,损伤透射波与直达波路程差极小,尽管在损伤散射聚焦信号中可以在该时段观测到损伤透射波,但其幅值远小于首波幅值,未对首波产生明显改变,即在聚焦信号中损伤透射波被首波所掩盖,此时也可认为损伤透射波与首波包含的相位信息基本相同。

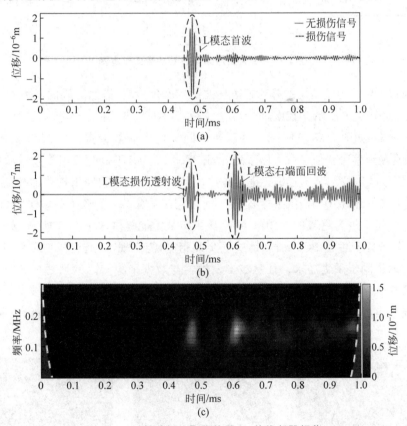

图 4-36 透射端螺旋聚焦信号(A 单线断股损伤)
(a) 无损伤状态与损伤状态螺旋聚焦信号;(b) 损伤散射信号的螺旋聚焦信号;
(c) 损伤散射螺旋聚焦信号连续小波变换时频图

然而在实际承力索检测应用中,采用传感器进行损伤检测而非在结构无损伤初期预埋换能器进行监测时,基准信号难获取或者不可靠,即难以通过作差的方式获得损伤散射信号,因此需要考虑无基准情况下包覆区承力索的损伤检测,引入信号处理算法从接收信号中直接提取损伤信号。

4.4 多层绞线阵列超声导波螺旋聚焦增强实验

4.4.1 绞线检测实验平台

一个完整的检测流程通常为：在高性能电脑中生成激励信号，之后导入任意信号发生器中将数字信号转换为模拟电信号输出，随后将电信号输入电压放大器中对电信号电压进行放大并输出至激励阵列传感器，利用阵列传感器中各个阵元压电片的逆压电效应将电信号转换为振动信号，振动在承力索中以导波的方式传播至接收阵列传感器，利用各个阵元压电片的正压电效应将振动转换为电信号输入数据采集卡，经过数据采集卡模数转换后存入计算机中进行数据分析。整个检测系统示意图如图 4-37 所示。

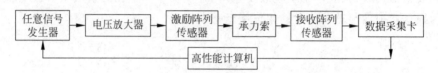

图 4-37 承力索超声导波检测系统示意图

为实现包覆区承力索结构的阵列超声导波螺旋聚焦检测，搭建对应的承力索超声导波检测实验平台，如图 4-38 所示。其中，波形发生器采用 Keysight Technologies 公司的 33520B 型任意波形发生器，如图 4-38(a)所示，可双通道同步输出最大带宽为 30 MHz、最大幅值为 $10V_{pp}$ 的任意波形信号。信号放大器采用 Trek Model 2100HF 高频高速放大器，如图 4-38(b)所示，可将信号电压放大至±150 V 进行输出。数据采集卡采用四川拓普测控的 PCI-20614 型采集卡，如图 4-38(c)所示，单卡能提供 4 通道同步采集，每通道最高采样率为 20 Msps。高性能电脑所用主板为超微的 X10SLA-F，该主板最大能提供 5 个 PCI 插槽，实验平台中将 4 张数据采集卡插于主板 PCI 插槽，通过同步线相连，能实现 16 通道同步采集，以满足承力索结构的多通道同步采集需求。任意波形发生器与数据采集卡之间通过同步线相连，保证同步激励采集。设计机柜将以上设备进行封装，并设计加工对应的承力索支架，与 4.3 节中研制的阵列超声导波传感器组成检测实验平台，如图 4-38(d)所示，后续实物实验均基于该平台进行。

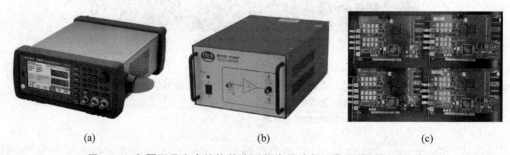

图 4-38 包覆区承力索结构的阵列超声导波螺旋聚焦检测实验平台
(a) 任意波形发生器；(b) 信号放大器；(c) 数据采集卡；(d) 检测平台整体图

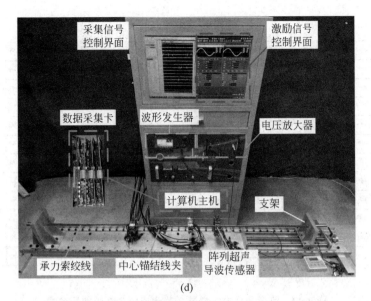

(d)

图 4-38 （续）

4.4.2 面内层全损伤信号增强

根据承力索检修标准,超过 4 根单线出现断股时则应将承力索截断并重新接续,此时断股数量较多,反射截面面积也较大,损伤反射波特征也较为明显。4.4.1 节已讨论当多损伤出现于最外层单线时的情况,因此本节考虑断股损伤均出现在内层的情况。假设内层 7 芯单线均出现断股,依次旋开承力索最外层单线,在距激励端面 0.95 m 处的次外层 $B_1 \sim B_6$ 单线上制作断股损伤。旋合最外层单线,安装中心锚结线夹覆盖损伤区域,并粘贴振动马达作为振动干扰源,反射端接收阵列安装于距激励端面 0.5 m 处,透射端接收阵列安装于距激励端面 1.7 m 处,将承力索放置于绞线架上,如图 4-39 所示。

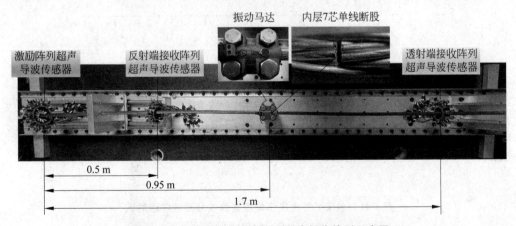

图 4-39 包覆区承力索内层 7 芯全损伤检测示意图

超声导波信号的激励与采集过程同上一个实验,采样时长为 1 ms,采样率为 10 MHz。振动马达接 3.3 V 直流电源产生持续振动,激励采集得到反射端与透射端全矩阵捕获数据,按行分别进行归一化,根据各个信号幅值自适应调整纵轴显示范围后的结果如图 4-40 所示。

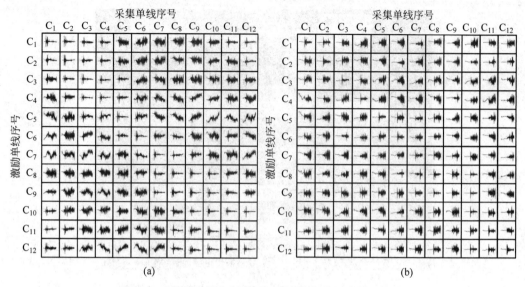

图 4-40 包覆区承力索内层 7 芯全损伤全矩阵捕获数据
(a) 反射端；(b) 透射端

通过图 4-40 数据获得螺旋聚焦信号，由于激励信号中心频率为 150 kHz，频段为 100～200 kHz，此时对聚焦信号进行带通滤波处理，带通频率范围为 50～250 kHz，所得结果如图 4-41 所示。对应的螺旋聚焦 $RDI_{HF} = 93.7\%$，在螺旋聚焦信号中发现明显的损伤反射波。

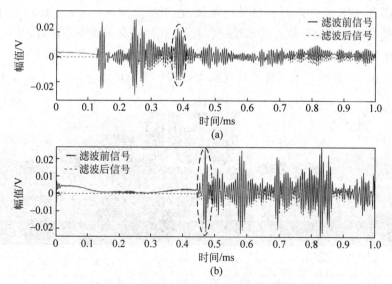

图 4-41 内层 7 芯全损伤螺旋聚焦信号滤波前后对比
(a) 反射端；(b) 透射端

4.4.3 内层单线损伤信号增强

1) 次外层单损伤

考虑包覆区承力索次外层单线出现断股损伤的情况，同样为降低端面回波的影响，将激励阵列传感器布置于端面,旋开承力索最外层单线,在距激励 1.1 m 处的次外层 B_1 单线上制作断股损伤后重新旋合最外层单线,中心锚结线夹安装于距激励端面 1.1 m 处以覆盖损伤,反射端接收阵列安装于距激励端面 0.5 m 处,透射端接收阵列安装于距激励端面 1.7 m 处,将承力索放置于绞线架,如图 4-42 所示。

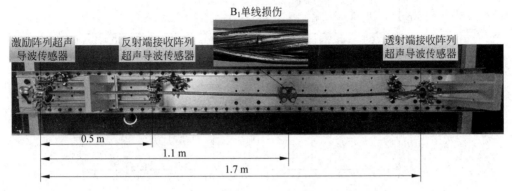

图 4-42 包覆区承力索次外层单线损伤检测示意图

超声导波信号的激励与接收过程同上一个实验,采样时长为 1 ms,采样率为 10 MHz。每次激励时产生 100 组信号后再做平均,分别得到反射端与透射端全矩阵捕获数据,并按行分别进行归一化,即将每次激励导波后被接收阵列采集的 12 个信号进行统一归一化,所得结果如图 4-43 所示,其中,纵轴显示范围根据各个信号幅值自适应显示。

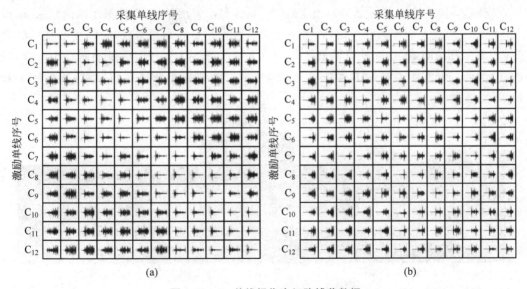

图 4-43 B_1 单线损伤全矩阵捕获数据

(a) 反射端;(b) 透射端

将图 4-43(a)中 B_1 单线损伤全矩阵捕获数据去除主对角线上的数据后,进行螺旋聚焦处理获得螺旋聚焦信号,而所有信号不做相位调整直接叠加得到叠加信号,结果如图 4-44 所示。通过式(4-35)计算 RDI,参考信号波包持续时间 Δt 取 0.035 ms,则叠加信号 $RDI_S =$ 51.4%,螺旋聚焦信号 $RDI_{HF} = 83.6\%$,与叠加信号相比,包覆区承力索次外层损伤信号经过螺旋聚焦后得到增强,损伤指数提升了 32.2%。

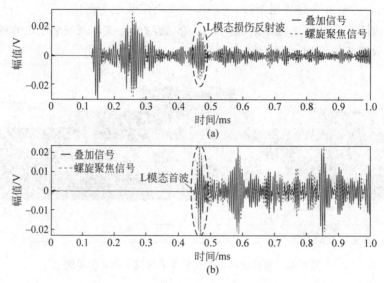

图 4-44 次外层 B_1 单线断股损伤螺旋聚焦信号与叠加信号对比
(a) 反射端;(b) 透射端

2) 中心层单损伤

考虑包覆区承力索中心层单线出现断股损伤的情况,同样为降低端面回波的影响,将激励阵列传感器布置于端面,依次旋开承力索最外层单线与次外层单线,在距激励端面 0.95 m 处的中心层 A 单线上制作断股损伤,之后依次旋合次外层单线与最外层单线,中心锚结线夹安装于距激励端面 0.95 m 处以覆盖损伤,反射端接收阵列安装于距激励端面 0.5 m 处,透射端接收阵列安装于距激励端面 1.7 m 处,将承力索放置于绞线架,最终布置如图 4-45 所示。

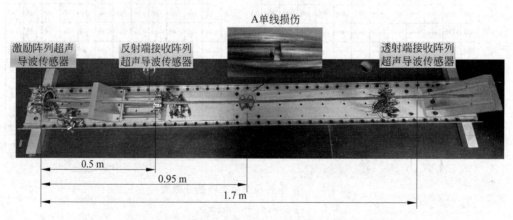

图 4-45 包覆区承力索中心层单线损伤检测示意图

超声导波信号的激励与接收过程同上一个实验,采样时长为 1 ms,采样率为 10 MHz。每组激励 100 次后做平均,平均后分别得到反射端与透射端全矩阵捕获数据,按行分别进行归一化,并根据各个信号幅值自适应调整纵轴显示范围,最终所得结果如图 4-46 所示。

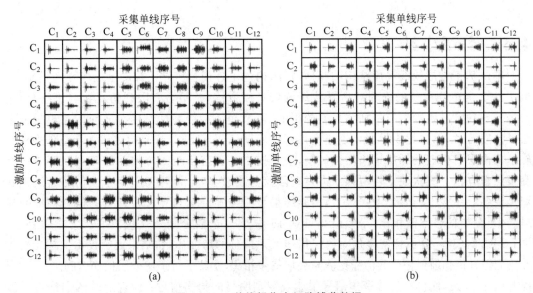

图 4-46　A 单线损伤全矩阵捕获数据

(a) 反射端；(b) 透射端

将图 4-46(a)中 A 单线损伤全矩阵捕获数据去除主对角线上的数据后，按式(4-19)进行处理后获得螺旋聚焦信号，并与直接叠加信号所得的叠加信号进行对比，结果如图 4-47 所示。通过式(4-35)计算 RDI，参考信号波包持续时间 Δt 取 0.035 ms，则叠加信号 $RDI_s = 43.3\%$，螺旋聚焦信号 $RDI_{HF}=84.1\%$，损伤指数提升的原因在于，与仿真结果相比实物实验中首波信号更为复杂，经过螺旋聚焦处理后首波信号幅值降低更为明显，根据式(4-35)计算反射端损伤指数时所得的值更高。

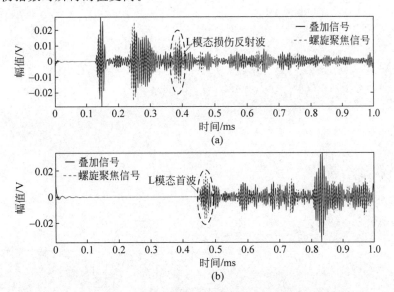

图 4-47　中心层 A 单线断股损伤螺旋聚焦信号与叠加信号对比

(a) 反射端；(b) 透射端

4.5 本章小结

本章基于多层绞线螺旋结构的几何特征，构建了阵列超声导波螺旋聚焦增强新机制，提出了基于全矩阵捕获的阵列超声导波螺旋聚焦新方法，并结合有限元仿真实验进行分析。首先分析耦合杆直径对波传播路程差的影响，以及相邻层螺旋杆目标点之间的超声导波多路径传播特性，结合超声导波传播速度得到螺旋聚焦调整矩阵，从而构建超声导波阵列到螺旋结构内层目标点的螺旋聚焦增强机制，进而提出一种基于全矩阵捕获的阵列超声导波螺旋聚焦新方法。其次建立包覆区承力索有限元仿真模型，分析阵列超声导波信号通过螺旋聚焦在各层单线上的聚焦增强效果，实验结果表明经螺旋聚焦算法处理后的信号幅值明显提升，与叠加信号幅值相比，增幅最高可达 152.7%。最后分别建立包覆区承力索次外层、中心层损伤模型，分析螺旋聚焦对内层损伤散射信号的增强作用，结果表明提出的螺旋聚焦方法能提升损伤散射信号的信噪比。与叠加信号相比，尤其是对于次外层损伤 RDI 从 13.4% 提升至 39.7%，使得反射端聚焦信号中能观测到明显的损伤信号；而透射端的损伤透射波则会被首波信号掩盖，但由于首波与透射波相位信息几乎相同，信号处理时可提取首波代替损伤透射波。然而在实际检测中损伤的位置未知，难以通过作差的方式获得损伤散射信号，因此需引入信号处理算法，对聚焦信号中的损伤散射信号进行识别与提取。

第 5 章

多层绞线结构超声导波损伤识别方法

在实际检测中难以保证传感器布置得完全对称,单一模态的导波不易被激发,而激励信号频段内多种模态导波同时存在,且超声导波在承力索中的多路径传播特性,以及经过损伤时发生的模态转换,均进一步加剧了信号的复杂性。外层损伤散射信号及螺旋聚焦所增强的内层损伤信号,与各个模态的直达波、旁瓣信号及噪声信号等在时域上混杂,而各模态信号在频域上也难以区分。因此,本章提出了一种基于频散字典的损伤导波信号交叉稀疏表示识别方法。

首先,分析超声导波作为非平稳信号的稀疏表示方法,根据激励信号特征和超声导波在多层绞线结构中的传播特性,结合稳态相位法建立能表征超声导波信号模态和传播距离的过完备原子库,即频散字典。在此基础上,提出损伤信号的交叉稀疏表示方法,通过激励与接收阵元间的距离去除原始信号中各模态首波从而得到去首波信号,原始信号与去首波信号分别进行稀疏表示,将对应稀疏表示向量中非零元素序数组成所对应序数集合,再取序数集合的交集得到稀疏表示结果,并对信号模态进行筛选,从而大幅降低损伤信号稀疏表示结果稀疏度,提升损伤信号识别率。建立多层绞线结构最外层单线上不同程度损伤的有限元仿真模型,基于频散字典结合交叉稀疏表示方法提取损伤信号,分析超声导波对最外层单线损伤程度的敏感性。对内层损伤模型中所得螺旋聚焦信号进行交叉稀疏表示,分析频散字典及交叉稀疏表示方法对内层损伤检测的可行性,并分析损伤定位相对误差。

5.1 基于交叉稀疏表示的超声导波损伤信号识别方法

5.1.1 绞线结构中超声导波信号稀疏性分析

绞线结构中激励并采集到的超声导波为典型的非平稳信号,对应的分析方法主要包含线性时频分析、非线性时频分布和信号的稀疏表示等[140]。传统的时频分析如傅里叶变换适用于分析频率成分不随时间变化的平稳信号;非线性时频分布则有维格纳-维尔分布和Cohen类时频分布等,尽管具有良好的时频聚集性,但均存在交叉项,不利于信号的解读及特征提取;稀疏表示则是用少量信号的线性组合来表征原始信号。

根据稀疏分解理论,分解结果越稀疏越能反映信号的本征,且若所用的基函数能使得分解结果更稀疏,则该基函数也更优[141],使用字典获得信号稀疏表示的过程即为信号的稀疏分解。

对于集合 $\Phi = \{\boldsymbol{\phi}_k \mid k=1,2,\cdots,K\}$，其 K 个元素是张成整个希尔伯特空间的单位向量 $H = \boldsymbol{R}^N$，即集合中的元素分别对应一个线性无关的向量，若 $K > N$ 则集合 Φ 为过完备字典，或称为原子库，其中元素称为原子。设检测时在承力索中采集到的导波信号 $y(t)$ 可表示为

$$y(t) = f(t) + n(t) \tag{5-1}$$

式中，$f(t)$ 为实际导波信号；$n(t)$ 为噪声信号。

将过完备字典 Φ 用对应的矩阵 $\boldsymbol{D}$（以下简称"过完备字典 $\boldsymbol{D}$"）表示（$\boldsymbol{\phi}_k$ 作为矩阵列），则实际导波信号 $f(t)$ 可以用字典中的某些原子的线性组合表示为

$$\boldsymbol{f} = \boldsymbol{D}\boldsymbol{c} \tag{5-2}$$

式中，$\boldsymbol{f}$ 为信号 $f(t)$ 的向量形式，$\boldsymbol{c}$ 为稀疏表示向量。

设实际导波信号 $\boldsymbol{f}$ 的估计值为 $\hat{\boldsymbol{f}}$，其误差定义为

$$\varepsilon = \|\boldsymbol{f} - \hat{\boldsymbol{f}}\|_2^2 \tag{5-3}$$

通过稀疏表示进行导波信号分析处理时，将导波信号 $\boldsymbol{f}$ 表示为 K 个子信号 $\boldsymbol{\phi}_i$ 的线性叠加：

$$\boldsymbol{f} = \sum_{i=1}^{K} c_i \boldsymbol{\phi}_i + \varepsilon \tag{5-4}$$

式中，c_i 为子信号 $\boldsymbol{\phi}_i$ 的权重系数；ε 为误差项。

当 $\varepsilon < \sigma$（σ 取一极小的正数）时，信号的稀疏表示可以利用过完备字典 $\boldsymbol{D}$ 中的原子最优线性组合来逼近或重构采集信号中的实际导波信号，从而获得导波信号的一种最稀疏表示方式，在忽略噪声信号的同时使得重构信号更利于损伤导波信号的特征提取。稀疏表示原理如图 5-1 所示，空白方块表示零系数，稀疏向量 $\boldsymbol{c}$ 中只有少量彩色方块表示的非零系数与被分析信号 $\boldsymbol{f}$ 相关。对于稀疏表示来说，稀疏向量中的非零元素的数量即为稀疏度，是用来表征稀疏程度的指标，如一个稀疏向量中包含 k 个非零系数，则该向量的稀疏度为 k[142]。

图 5-1
彩图

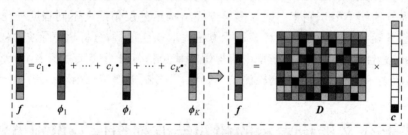

图 5-1 稀疏表示原理图

稀疏表示十分依赖于过完备字典，若字典中的原子特征与待分析导波信号的特征相似，则可以用少量原子的线性组合精确表示或重构导波信号，此时分解的结果可认为是稀疏的。而若原子的特征与待分析导波信号特征差异较大时，则表示导波信号时所需要的原子数量将增加，甚至需无穷多个原子才能准确表示导波信号，不利于损伤信号特征识别与提取。

采用超声导波检测绞线结构时，分别在激励端、反射端和透射端布置了三组阵列，则当绞线中无损伤时，反射端与透射端采集的信号为直达波信号和噪声信号。通常噪声信号主要分为高斯白噪声和结构噪声[143]，而当存在损伤时，反射端与透射端采集的信号为直达波信号、损伤散射信号和噪声信号。直达波信号与损伤散射信号可以认为是激励信号经过延

迟、缩放和失真后的一系列导波信号的叠加[144]，其中，缩放是导波传播时材料的吸收、散射和衍射的结果，而失真主要是导波频散特性导致的结果。绞线结构超声导波检测方法示意图如图 5-2 所示，设绞线中存在损伤，激励信号为 $u(t)$，激励阵列与反射端阵列之间的轴向距离为 x_i，反射端阵列与损伤之间的轴向距离 x_j，损伤与透射端阵列之间的轴向距离 x_k，损伤散射信号为 $s(t)$，反射端采集信号为 $y_R(t)$，透射端采集信号为 $y_T(t)$。

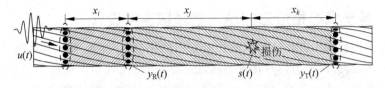

图 5-2　承力索超声导波检测方法示意图

实际检测中激励导波信号时通常难以激励出单一模态导波，此处考虑激励信号会以该频段内存在的各个模态进行传播。任意位置处的入射导波信号可以视为激励导波信号与导波频散函数的卷积，激励导波信号经过一定距离传播到达损伤处的信号记为 $w(t)$，且有

$$w(t) = \sum_{m=1}^{M} u(t) * d(x_i + x_j, \lambda, m) \tag{5-5}$$

式中，$*$ 表示卷积；$d(x, \lambda, m)$ 为导波频散函数，该函数与导波传播距离 x 及信号频率相关；λ 为导波波长；M 为导波模态数量。

根据导波的频率，考虑损伤处的导波模态转换情况，如纵向模态导波生成纵向模态、弯曲模态、扭转模态导波，弯曲模态导波生成纵向模态、弯曲模态、扭转模态导波，并将损伤散射视为线性响应，用系数 β 表示，则损伤处的散射信号为

$$s(t) = \sum_{m=1}^{M} \beta_m w(t) \tag{5-6}$$

若绞线检测区域内存在 r 个损伤，损伤到反射端阵元的距离记为集合 $X_j = \{x_j(1), x_j(2), \cdots, x_j(r)\}$，设每种模态在损伤处均会发生模态转换现象产生 M 种其他模态导波，则传感器采集到的导波信号为所有损伤散射信号的叠加。损伤信号经过传播被反射端阵列采集，则反射端阵列接收信号 $y_R(t)$ 可由直达波信号、损伤散射信号与噪声信号 $n(t)$ 表示为

$$y_R(t) = \sum_{m=1}^{M} u(t) * d(x_i, \lambda, m) + \sum_{n=1}^{r} \sum_{m=1}^{M} s(t) * d(x_j(n), \lambda, m) + n(t) \tag{5-7}$$

同理，损伤到透射端阵元的距离记为集合 $X_k = \{x_k(1), x_k(2), \cdots, x_k(r)\}$，则透射端阵列接收信号 $y_T(t)$ 可由直达波信号、损伤散射信号与噪声信号表示为

$$y_T(t) = \sum_{m=1}^{M} u(t) * d(x_i + x_j + x_k, \lambda, m) + \sum_{n=1}^{r} \sum_{m=1}^{M} s(t) * d(x_k(n), \lambda, m) + n(t) \tag{5-8}$$

通过反射端、透射端传感器阵列采集到的导波信号实际上是一系列子信号的线性组合。当承力索结构中存在损伤时，采集到的导波信号中会出现损伤反射波及损伤透射波，如果损伤散射信号较为微弱，就易被噪声信号淹没，这大大增加了获取损伤信号及其特征提取的难度。损伤散射信号是激励导波经过损伤时才会产生的瞬态成分，具有瞬态性，而各个导波信

号波包之间存在时间间隔,具有稀疏性,且一定承力索检测范围内的损伤个数是有限的,且在几何空间上的分布也是稀疏的,即承力索损伤的导波信号特征提取与导波信号进行稀疏表示实质上是相同的。超声导波信号稀疏表示的优势在于利用过完备字典中少量原子来表示超声导波信号,从而得到简洁的信号表示,更利于承力索损伤的识别。因此,通过合理构建过完备原子库,对承力索中导波信号进行稀疏表示即能实现损伤信号的特征提取。

5.1.2 基于稳态相位法的承力索频散字典设计

导波信号的稀疏表示方法非常依赖于所采用的字典,因此必须根据被测承力索结构中的导波信号特征,选择构建与信号特征相匹配的字典,以实现用少量原子来表示导波信号。传统的常用字典如 Gabor 字典、Chirp 字典等只能对信号的时频信息进行线性分割,而当信号的频率成分随时间呈非线性变化时,分解过程中会出现过多截断,且信号分量之间易出现混合畸变。导波的频散特性使得承力索结构中采集的导波信号与激励信号相比发生畸变,即导波传播一定距离后由于频散特性发生形变,从而影响了损伤的识别与定位。

为消除导波频散特性产生的影响,需要知道导波在传播过程中发生的改变,以提取信号中原本包含的信息。首先要求能精确地描述频散信号,承力索结构中的导波信号作为一种典型的非平稳信号,具有非平稳和时变特性,传统的时频分析方法并不能准确反映频散信号特征。然而,频散信号瞬时频率的非线性变化是遵循一定规律的,而该规律可以用频散曲线来进行描述。本书在第2章已经充分地分析了导波在承力索中的传播特性,并准确获取了承力索结构对应的导波频散曲线,因此可根据该频散曲线设计出能够描述承力索结构中导波频散特性的原子,建立频散原子过完备字典来分析承力索中的导波频散信号,以更好地描述信号的时变特性,实现对导波频散信号的精确处理分析。

通过研究承力索结构中导波与损伤的相互作用机理,构建波形字典。设激励信号为 $u(t)$,传感器为理想传感器,即传感器在承力索中产生的导波波形与 $u(t)$ 只是在幅值上成正比,相位上并无区别,导波传播距离用 x 表示,传播 x 后的导波信号用 $w(x,t)$ 表示。则 $x=0$ 处的导波信号为

$$w(x,t)\Big|_{x=0} = A \cdot u(t) \tag{5-9}$$

式中,A 为常数;此处不妨取 A 的值为1。

在频域上将 $x=0$ 处的导波信号表示为

$$W(\omega) = \int_{-\infty}^{+\infty} w(t) e^{-i\omega t} dt \tag{5-10}$$

根据稳态相位法,$x=x_p$ 处的信号傅里叶变换可以表示为

$$W(x_p, \omega) = W(\omega) e^{-ik(\omega)x_p} \tag{5-11}$$

式中,$k(\omega)$ 表示波数,为频率 ω 的函数。

对式(5-11)做傅里叶逆变换即可得到 $x=x_p$ 处的信号时域表达形式:

$$w(x_p,t) = \frac{1}{2\pi} \int_{-\infty}^{+\infty} W(\omega) e^{i(\omega t - k(\omega)x_p)} d\omega \tag{5-12}$$

通过稳态相位法,给定初始导波信号及导波在结构中的频散关系,即可得到初始信号传播任意距离后的导波波形,将该波形用传播距离与模态对应波数表示为 $\phi(x_p, k(\omega))$,即有

$$\phi(x_p, k(\omega)) = w(x_p, t) \tag{5-13}$$

已知导波在绞线单线及整体结构中的频散曲线,即 $k(\omega)$ 为已知量,而传播距离可根据检测距离及精度进行逐一设置,从而获得一系列导波频散信号作为原子。给定等间距的传播距离集合 X_d,有

$$X_d = \{x_n \mid x_n = x_0 + n\Delta x, n \in \mathbf{N}, \Delta x = x_1 - x_0\} \tag{5-14}$$

则由激励信号以模态 m 方式传播距离 $x_i(i=0,1,\cdots,n)$ 所得的一系列信号组成的频散子字典 $\bm{D}_m$ 可表示为

$$\bm{D}_m = [\phi(x_0, k_m(\omega)), \phi(x_1, k_m(\omega)), \cdots, \phi(x_n, k_m(\omega))] \tag{5-15}$$

给定 M 个模态的波数函数集合 $\{k_1(\omega), k_2(\omega), \cdots, k_M(\omega)\}$,则所得的频散总字典 $\bm{D}_{\mathrm{sum}}$ 可表示为

$$\bm{D}_{\mathrm{sum}} = [\bm{D}_1, \bm{D}_2, \cdots, \bm{D}_M] \tag{5-16}$$

对应的原理如图 5-3 所示,由于原子的构建规则和子字典的组合方式是已知的,即原子的序数能反映出该原子对应的导波模态和导波传播距离。每个子字典由 $n+1$ 个原子信号组成,共有 M 个子字典,则字典 $\bm{D}_{\mathrm{sum}}$ 中共有 $(n+1)M$ 个原子信号,则利用字典 $\bm{D}_{\mathrm{sum}}$ 进行稀疏分解所得的稀疏表示向量 c 长度为 $(n+1)M$。设稀疏表示向量中某个非零元素序数为 q,则该序数所指代的原子信号传播距离 x_q 和对应超声导波模态 m 满足以下关系:

$$x_q = q \bmod (n+1) \tag{5-17}$$

$$m = \lfloor q/(n+1) \rfloor \tag{5-18}$$

式中,mod 为取余运算,$\lfloor \ \rfloor$ 表示向下取整。根据序号即可获知对应原子信号所表示的导波传播距离及对应的模态。

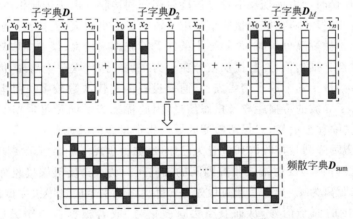

图 5-3 基于稳态相位法的频散字典

在理论推导及仿真实验中,是取某个节点的特征值作为该处的信号,而在实际检测中,则必须通过传感器将导波的振动转换为电信号。传感器是具有一定尺寸的,因此实际检测信号是一个区域内所有点的叠加信号。考虑传感器在导波传播方向上的长度为 L,且近似为相邻原子信号代表的导波传播路程差的 a 倍(a 为整数),即传感器长度约为 $a\Delta x$,此时该传感器所处位置采集信号应为子字典中相邻 $a+1$ 个原子的叠加。如对子字典 $\bm{D}_m$ 进行优化,优化后子字典记为 $\bm{D}_{(m,L)}$,其中的子信号 $\phi(x'_i, k_m(\omega))$ 为子字典 $\bm{D}_m$ 中 $\phi(x_i, k_m(\omega))$ 信号与之后连续 a 个原子的叠加,即有

$$\phi(x'_i, k_m(\omega)) = \varphi(x_i, k_m(\omega)) + \sum_{j=i+1}^{i+a} \phi(x_j, k_m(\omega)) \tag{5-19}$$

因此，可根据检测所用传感器对各个模态子字典进行优化，其原理如图 5-4 所示，之后再按需将子字典合并得到过完备优化频散字典库。

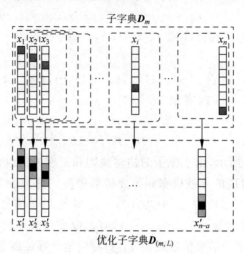

图 5-4　基于传感器尺寸的子字典优化

5.1.3　损伤信号交叉稀疏分解算法

对于反射端阵列，首先必会接收到激励阵列传来的直达波，即首波信号，之后首波信号继续传播，经过损伤时产生损伤反射信号被反射端阵列接收。由于传播距离较短，首波信号衰减及频散现象相对较小，在整个接收信号中所占能量比重较大，而损伤反射信号能量占比较小。将接收信号做稀疏分解时，设置终止条件受首波影响较大，误差需取较小值才能保证稀疏表示结果中包含损伤信号，且损伤信号在较为靠后的迭代次序中出现，由于实际检测时并不知损伤信号会被第几个原子信号表示，通常设置的迭代次数较多。而构建的字典库中的原子信号包含了导波的传播距离及模态信息，因此稀疏表示向量可根据实际物理意义做进一步优化，即去除首波信号，只保留检测区域内指定模态的导波信号。

在检测时，激励阵列与接收阵列位置为已知量，如根据图 5-2 中所示实际检测时的传感器阵列布置，激励阵列与反射端接收阵列间的轴向距离为 x_i、反射端接收阵列与透射端接收阵列间的轴向距离为 $x_j + x_k$。通过设置 Δx 可从稀疏表示向量中去掉传播距离为($x_i - \Delta x, x_i + \Delta x$)范围的原子信号，从而获得去首波信号，或者根据传播距离($x_i - \Delta x, x_i + \Delta x$)建立首波子字典，对原始信号进行稀疏表示，则残余信号为去首波信号。

在去首波信号中损伤信号能量占比增大，做稀疏分解时误差取较大值也能保证稀疏表示结果中包含损伤信号，损伤信号在较为靠前的迭代次序中出现，但其余杂波信号能量占比也同样增大，在采用相同的迭代次数时稀疏表示向量中会包含大量非损伤信号。因此，针对承力索超声导波检测方式，提出信号交叉稀疏表示方法，其原理如图 5-5 所示。

将反射端阵列至透射端阵列区域作为检测区域，反射端接收的损伤信号原子对应的传播距离 x_R 应满足：

$$x_i \leqslant x_R \leqslant x_i + 2(x_j + x_k) \tag{5-20}$$

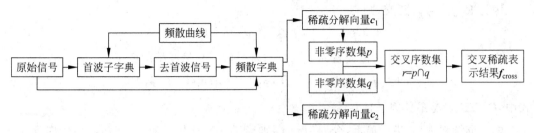

图 5-5 反射端导波信号交叉稀疏表示原理

进一步从反射端稀疏表示向量中去掉传播距离在区间 $(x_i, x_i+2x_j+2x_k)$ 外的原子信号。而透射端接收的损伤信号原子对应的传播距离 x_T 则在 $x_i+x_j+x_k$ 的 Δx 邻域范围内，满足：

$$x_i+x_j+x_k-\Delta x \leqslant x_T \leqslant x_i+x_j+x_k+\Delta x \tag{5-21}$$

透射端阵列中接收到的损伤透射信号与直达波信号重叠，激励阵列与透射端阵列间的轴向距离 $x_i+x_j+x_k$ 已知，通过设置 Δx 提取损伤透射信号与直达波信号。

将原始信号与去除首波后的信号均做稀疏分解得到稀疏表示向量，取交集以降低稀疏表示结果的稀疏度。通过优化频散字典库对待分解导波信号进行稀疏分解，并对获得的稀疏分解向量进行优化，通过该优化后的稀疏分解向量获得重构信号，最终实现信号的交叉稀疏表示，从而实现损伤信号的提取。

从函数逼近的角度来看，稀疏表示是高度的非线性逼近，求解稀疏表示问题可转化为优化问题：

$$\min \|c\|_0, \text{s.t.} \quad f=Dc \tag{5-22}$$

式中，$\|c\|_0$ 为稀疏表示向量 c 的 l_0 范数，代表向量 c 中非零系数的个数。

由于 l_0 范数是非凸的，式(5-22)的求解是一个非确定性多项式问题，并无准确求解此最优化问题的算法，通常采用其他替代方法。目前关于方程 $f=Dc$ 的求解算法有很多，匹配追踪算法是其中的一种代表性算法[145]，通过在局部寻找次最优稀疏分解，用字典库中与信号最匹配的原子对信号进行稀疏逼近并获得残余信号，进行多次迭代，每次选择和残余信号最匹配的原子，并减去最优原子表示的分量来更新残余信号，不断重复至满足预定义的终止条件。正交匹配追踪进一步对已经匹配的原子进行正交化从而形成一组正交基，使得新选择的原子属于该正交基的补集，进而提高迭代效率使得结果快速收敛，最终提升计算效率。从分解效果上看，正交匹配追踪更容易收敛，在稀疏表示精度相同的情况下，所选原子数量也更少，信号的表示也更稀疏。本书在此基础上，提出承力索超声导波损伤信号交叉稀疏分解算法，并对导波模态进行筛选从而进一步降低稀疏表示结果的稀疏度。

基本过程如下，令 H 为希尔伯特空间，D 是用于导波信号稀疏分解的字典库，D 中的元素满足以下关系：

$$D=[\boldsymbol{\phi}_\gamma(t), \gamma \in \Gamma], \|\boldsymbol{\phi}_\gamma\|=1 \tag{5-23}$$

式中，$\boldsymbol{\phi}_\gamma$ 是由参数组 γ 定义的原子；Γ 是参数组 γ 的集合。

设待分解的实际导波信号为 $f, f \in H$，通过在 D 中进行正交投影，则 f 可分解为

$$f=(R^0 f, \boldsymbol{\phi}_{\gamma_0}) \boldsymbol{\phi}_{\gamma_0} + R^1 f \tag{5-24}$$

式中，$\boldsymbol{\phi}_{\gamma_0} \in D$，$R^1 f$ 表示 f 在 $\boldsymbol{\phi}_{\gamma_0}$ 方向上进行逼近后的残余信号。

因为 R^1f 与 $\boldsymbol{\phi}_{\gamma_0}$ 正交,则有

$$\|f\|^2 = |(f,\boldsymbol{\phi}_{\gamma_0})|^2 + \|R^1f\|^2 \tag{5-25}$$

为使 R^1f 尽可能小,从过完备库中选择与待分解信号最匹配的原子 $\boldsymbol{\phi}_{\gamma_0}$ 应满足

$$|(f,\boldsymbol{\phi}_{\gamma_0})| = \max_{\gamma \in \Gamma_a}|(f,\boldsymbol{\phi}_{\gamma})| \geqslant \alpha\sup_{\gamma \in \Gamma}|(f,\boldsymbol{\phi}_{\gamma})| \tag{5-26}$$

式中,$\Gamma_a \subset \Gamma$,α 是最佳因子且 $0 < \alpha \leqslant 1$。

之后继续对 R^1f 进行逼近,令 $R^0f = f$,则经过 n 次迭代后的残余信号为 R^nf,下一次迭代选择最匹配原子 $\boldsymbol{\phi}_{\gamma_n}$,满足

$$|(R^nf,\boldsymbol{\phi}_{\gamma_n})| \geqslant \alpha\sup_{\gamma \in \Gamma}|(R^nf,\boldsymbol{\phi}_{\gamma_n})| \tag{5-27}$$

将 R^nf 投影到 $\boldsymbol{\phi}_{\gamma_n}$ 方向进行分解,此时有

$$R^nf = (R^nf,\boldsymbol{\phi}_{\gamma_n})\boldsymbol{\phi}_{\gamma_n} + R^{n+1}f \tag{5-28}$$

由于 $R^{n+1}f$ 与 $\boldsymbol{\phi}_{\gamma_n}$ 正交,因此有

$$\|R^nf\|^2 = |(R^nf,\boldsymbol{\phi}_{\gamma_n})|^2 + \|R^{n+1}f\|^2 \tag{5-29}$$

经过 m 次分解后,最终实际导波信号 f 被分解为

$$f = \sum_{n=0}^{m-1}(R^nf,\boldsymbol{\phi}_{\gamma_n})\boldsymbol{\phi}_{\gamma_n} + R^mf \tag{5-30}$$

且逼近误差满足以下关系:

$$\|R^mf\|^2 = |(R^mf,\boldsymbol{\phi}_{\gamma_m})|^2 + \|R^{m+1}f\|^2 \tag{5-31}$$

$$\|f\|^2 = \sum_{n=0}^{m-1}|(R^nf,\boldsymbol{\phi}_{\gamma_n})|^2 + \|R^mf\|^2 \tag{5-32}$$

经过 m 次迭代分解计算,可以通过 m 个原子来近似重构原始信号。正交匹配追踪采用 Gram-Schmidt 正交化,首次提取原子为 $\boldsymbol{\phi}_{\gamma_0}$,将该原子作为首个正交基 u_0,则有

$$u_0 = \boldsymbol{\phi}_{\gamma_0} \tag{5-33}$$

之后通过式(5-28)进行迭代获得最佳匹配原子 $\boldsymbol{\phi}_{\gamma_n}$,并通过已获得的原子对 $\boldsymbol{\phi}_{\gamma_n}$ 进行正交化,则有

$$u_n = \boldsymbol{\phi}_{\gamma_n} - \sum_{k=0}^{n-1}\frac{(\boldsymbol{\phi}_{\gamma_n},u_k)}{\|u_k\|^2}u_k \tag{5-34}$$

此时的逼近误差为

$$R^{n+1}f = R^nf - \frac{(R^nf,u_n)}{\|u_n\|^2}u_n \tag{5-35}$$

残余信号 R^nf 为信号在已获得的原子张成空间的补空间上的正交投影,则有

$$(R^nf,u_n) = (R^nf,\boldsymbol{\phi}_{\gamma_n}) \tag{5-36}$$

$$R^{n+1}f = R^nf - \frac{(R^nf,\boldsymbol{\phi}_{\gamma_n})}{\|u_n\|^2}u_n \tag{5-37}$$

由于 u_k 与 $R^{n+1}f$ 正交,则有

$$\|R^{n+1}f\|^2 = \|R^nf\|^2 - \frac{|(R^nf,\boldsymbol{\phi}_{\gamma_n})|^2}{\|u_n\|^2} \tag{5-38}$$

经过 m 次分解后,最终实际导波信号 f 通过正交匹配追踪算法被分解为

$$f = \sum_{n=0}^{m-1} \frac{(R^n f, \boldsymbol{\phi}_{\gamma_n})}{\|\boldsymbol{u}_n\|^2} \boldsymbol{u}_n + R^m f \tag{5-39}$$

$$\|f\|^2 = \sum_{n=0}^{m-1} \frac{|(R^n f, \boldsymbol{\phi}_{\gamma_n})|^2}{\|\boldsymbol{u}_n\|^2} + \|R^m f\|^2 \tag{5-40}$$

通过最大相对误差 $\delta_{\max}$ 和最大分解次数 $m_{\max}$ 定义正交匹配追踪终止条件,当分解次数 m 或残余信号 $R^m f$ 满足以下条件之一时停止匹配追踪分解:

$$\begin{cases} \dfrac{\|R^m f\|_2}{\|f\|_2} \leqslant \delta_{\max} \\ m = m_{\max} \end{cases} \tag{5-41}$$

针对激励阵列与反射端接收阵列间的轴向距离为 x_i,构建传播距离为 $(x_i - \Delta x, x_i + \Delta x)$ 的频散子字典 $\boldsymbol{D}_{\mathrm{fw}}$,设定最大相对误差 δ_{fw} 和最大分解次数 m_{fw} 作为匹配追踪分解终止阈值,将原始信号记为 f_{original},则通过频散子字典 $\boldsymbol{D}_{\mathrm{fw}}$ 对原始信号 f_{original} 进行 k 次分解后,f_{original} 可表示为

$$f_{\mathrm{original}} = \sum_{n=0}^{k-1} \frac{(R^n f_{\mathrm{original}}, \boldsymbol{\phi}_{\gamma_n})}{\|\boldsymbol{u}_n\|^2} \boldsymbol{u}_n + f_{\mathrm{rfw}} \tag{5-42}$$

式中,f_{rfw} 为残余信号,且有 $k \leqslant m_{\mathrm{fw}}$。由于子字典 $\boldsymbol{D}_{\mathrm{fw}}$ 中仅包含传播距离为 $(x_i - \Delta x, x_i + \Delta x)$ 的各模态信号,即对应反射端接收阵列中各个模态首波信号,因此,f_{rfw} 即为原始信号的去首波信号。

再用频散字典 $\boldsymbol{D}_{\mathrm{sum}}$ 分别对原始信号 f_{original} 和去首波信号 f_{rfw} 进行正交匹配追踪分解,终止阈值分别设置为 δ_1 和 δ_2,最大分解次数均设为 $m_{\max}$,并用子信号 $\boldsymbol{\phi}$ 的线性叠加表示稀疏分解结果,有

$$f_{\mathrm{original}} = \sum_{i=1}^{a} c_{p_i} \boldsymbol{\phi}_{p_i} + \boldsymbol{\varepsilon}_1 \tag{5-43}$$

$$f_{\mathrm{rfw}} = \sum_{j=1}^{b} c_{q_j} \boldsymbol{\phi}_{q_j} + \boldsymbol{\varepsilon}_2 \tag{5-44}$$

式中,c_{p_i}、c_{q_j} 为子信号 $\boldsymbol{\phi}_{p_i}$、$\boldsymbol{\phi}_{q_j}$ 的非零权重系数;p_i 和 q_j 的值表示子信号在频散字典 $\boldsymbol{D}_{\mathrm{sum}}$ 中的序数,$\boldsymbol{\varepsilon}_1$、$\boldsymbol{\varepsilon}_2$ 为误差项。

即原始信号 f_{original} 被分解为 a 个子信号与误差项的叠加,去首波信号 f_{rfw} 被分解为 b 个子信号与误差项的叠加,且 $a \leqslant m_{\max}$ 且 $b \leqslant m_{\max}$。原始信号 f_{original} 的子信号序数集记为 P,去首波信号 f_{rfw} 的子信号序数集记为 Q,稀疏分解结果用集合形式表示为

$$f_{\mathrm{original}} = \{c_{p_1}\boldsymbol{\phi}_{p_1}, c_{p_2}\boldsymbol{\phi}_{p_2}, \cdots, c_{p_a}\boldsymbol{\phi}_{p_a}, \boldsymbol{\varepsilon}_1\} \tag{5-45}$$

$$f_{\mathrm{rfw}} = \{c_{q_1}\boldsymbol{\phi}_{q_1}, c_{q_2}\boldsymbol{\phi}_{q_2}, \cdots, c_{q_b}\boldsymbol{\phi}_{q_b}, \boldsymbol{\varepsilon}_2\} \tag{5-46}$$

不考虑权重系数,取子信号序数集合的交集 r,则有

$$R = \{p_1, p_2, \cdots, p_a\} \cap \{q_1, q_2, \cdots, q_b\} = \{r_1, r_2, \cdots, r_c\} \tag{5-47}$$

取原信号中 $\boldsymbol{\phi}$ 对应权重,最终交叉稀疏表示结果 f_{cross} 为

$$f_{\mathrm{cross}} = \{c_{r_1}\boldsymbol{\phi}_{r_1}, c_{r_2}\boldsymbol{\phi}_{r_2}, \cdots, c_{r_c}\boldsymbol{\phi}_{r_c}\} \tag{5-48}$$

式中，c_{r_c} 为子信号 ϕ_{r_c} 的权重系数，r_c 的值表示子信号在频散字典 D_{sum} 中的序数，交叉稀疏表示结果 f_{cross} 中包含 c 个子信号。

由于首波信号能量较大，集合 P 中通常包含表征首波信号的子信号序数，而集合 Q 中为未包含表征首波信号的子信号序数，因此集合 R 中的元素数量少于集合 P 和集合 Q，通过式(5-48)所得交叉稀疏表示结果的稀疏度降低，损伤信号占比上升从而进一步提升损伤识别率。

5.2 多层绞线结构损伤信号识别仿真分析

根据《接触网运行检修规程》和《高速铁路接触网维护与检修》等承力索检修标准，当承力索中 1 根单线出现断股时，需要用同材质绑线扎紧或接续条接续，而有 4～5 根以上单线出现断股时则应将承力索截断重新接续[146]。因此，本节针对断股损伤分别出现在各层的情况进行有限元仿真分析，识别损伤信号。首先考虑损伤在最外层的情况，建立最外层损伤模型，激励并采集信号后进行信号分析；其次考虑内层断股数较多的损伤，即内层 7 芯（次外层 6 芯、中心层 1 芯）均断股的情况，建立对应的仿真模型进行分析；最后对于内层单线断股损伤，即损伤分别在次外层、中心层的情况，第 4 章已经分别建立了对应的损伤模型，并已获得螺旋聚焦信号，本节则直接对螺旋聚焦信号进行处理分析。

5.2.1 最外层损伤仿真分析

1）单线损伤程度仿真分析

在含中心锚结线夹包覆结构的承力索无损伤模型基础上，通过逐步删除 C_1 单线上距离激励端面 1.2 m 处的网格单元，依次获得不同损伤状态的承力索模型，所得模型如图 5-6 所示。总共建立 11 个损伤状态模型，其中，状态 1 为一个单元损伤，状态 2～状态 10 为删除单元数逐渐增加的损伤，状态 11 为断股损伤，对应的损伤深度表示从侧面观测到删除单元所产生的缺口深度。该单线一个截面上具有 94 个单元，忽略损伤截面上各个单元之间的表面积之差，将删除单元数与截面总单元数之比作为单线上的截面损失率，损伤状态与删除单元数、损伤深度、截面损失率的对应关系见表 5-1。

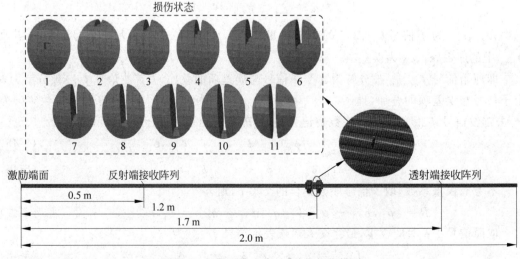

图 5-6 包覆区承力索 C_1 单线损伤模型

表 5-1　损伤状态与删除单元数、损伤深度、截面损失率的对应关系

评价指标	损伤状态										
	1	2	3	4	5	6	7	8	9	10	11
删除单元数	1	5	12	20	35	43	60	75	87	91	94
损伤深度/mm		0.283	0.542	0.795	1.06	1.30	1.55	2.02	2.29	2.55	2.80
截面损失率/%	1.1	5.3	12.8	21.3	37.2	45.7	63.8	79.8	92.6	96.8	100

在模型中激励信号为汉宁窗调制 5 周期正弦信号,中心频率为 150 kHz,仿真时长为 1 ms,仿真步长为自动,场输出的时间增量步长为 0.1 μs,并从接收阵列上的节点提取对应位移值,获得全矩阵捕获数据,取主对角线数据用作最外层单线检测。由于损伤处于最外层单线,因此提取 C_1 单线激励 C_1 单线接收的信号做分析,各个损伤状态下反射端与透射端所得信号如图 5-7 所示,纵轴为节点位移值,红色虚线框内信号即为损伤信号。随着损伤程度的增加,反射端接收信号中的损伤信号成分逐渐增加,而透射端接收信号中首波及损伤散射波混合的波包幅值则逐渐下降。

图 5-7
彩图

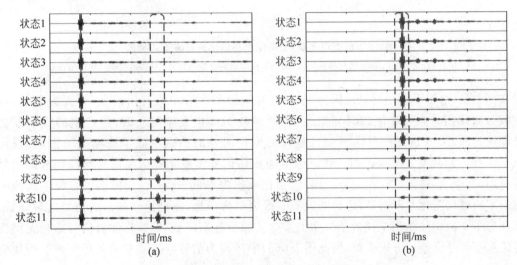

图 5-7　C_1 单线各个损伤状态下的采集信号
(a) 反射端信号；(b) 透射端信号

将图 5-7 与无损伤时的信号作差可获得损伤散射信号,求出损伤信号及对应散射信号的上包络线,以红色虚线框内包络线的峰值作为信号位移峰值,可获得截面损失率、损伤深度与损伤信号峰值之间的关系,所得结果如图 5-8 所示。通常在无损检测中,用损伤深度来描述损伤程度是可行的,原因在于一般损伤深度与实际的截面损失率呈线性关系。然而对于圆柱状结构,损伤深度与截面损失率呈非线性关系,且在仿真中损伤深度是以单元节点间的距离进行计算,该距离与真实损伤深度之间误差相对较大,而各单元截面积差异较小且删除的单元数确定,因此从整体上看通过截面损失率所描述的曲线更为光滑,即直接用截面损失率描述损伤状态更为合适。

从图 5-8(a)可以看出,反射端损伤信号幅值并非从 0 起始,且当截面损失率低于 40% 时,损伤信号幅值随截面损失率的增加变化并不明显,这是因为首波经过之后节点的振动并

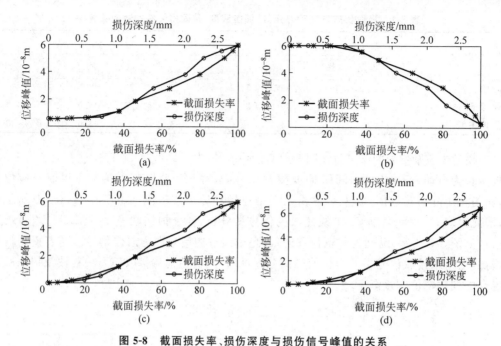

图 5-8 截面损失率、损伤深度与损伤信号峰值的关系
(a) 反射端损伤信号；(b) 透射端损伤信号；(c) 反射端损伤散射信号；(d) 透射端损伤散射信号

非立刻消失,会留下较小幅值的振动,该振动并非检测分析中的有用信息,可视为杂波,该杂波与激励信号具有相似的时频信息,而当单线截面损失率较小时,所产生的反射波信号能量也较小,易被淹没在噪声中且难以提取。图5-8(c)则消除了该噪声的影响,损伤散射信号与截面损失率呈正相关性。透射端损伤信号实质是直达波信号与损伤散射信号的叠加,其中,直达波信号占主导。同样,当截面损失率低于40%时,损伤信号幅值随截面损失率的增加变化并不明显,之后随着截面损失率的增加,通过损伤截面的信号能量降低,体现为图5-8(b)中透射端接收信号中的直达波幅值逐渐降低,而损伤散射信号是与无损伤时的基准信号作差的方式获得,因此图5-8(d)中体现为信号幅值随着截面损失率的增加而逐渐增加。

实际检测时损伤已经存在,未预先获取基准信号则难以得到损伤散射信号,因此考虑无基准识别,即直接从采集信号中识别损伤信号成分。根据式(4-35)和式(4-36)可得损伤指数随截面损失率的变化关系如图5-9所示。总体上 RDI 与 TDI 均与截面损失率呈正相关性。截面损失率低于40%时,RDI值较低,即损伤较小时采集信号中包含的损伤反射波能量较小,而透射端采用直达波进行计算,直达波传播距离相对较长,能量由于股间耦合和材料阻尼的因素产生衰减,因此截面损失率较低时 TDI 对应值也相对较高。截面损失率高于60%时,RDI值与TDI值变化规律几乎相同,其中,断股损伤状态下 RDI 值能达60%,说明损伤反射波信号能量约为反射端直达波能量的60%,而 TDI 值则接近100%,表明断股时透射端直达波信号主要是由相邻单线耦合传播所得,远小于反射端直达波能量。事实上,由于计算 TDI 时涉及反射端和透射端两个阵列阵元采集的信号,实际检测中传感器之间的差异以及贴合程度均会对该值产生较大影响,而 RDI 则仅与反射端阵元相关,其值更加稳定可靠。

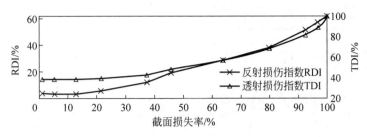

图 5-9 截面损失率与损伤指数的关系

在频散字典构建方面,将激励信号作为初始信号。承力索模型长度为 2 m,则导波反射波最大传播距离不超过 4 m,即式(5-14)中 $x_n=4$,子字典中传播距离步长取 1 mm,即 $\Delta x=0.001$ m,每隔 1 mm 构建一个信号作为原子,由于中心频率为 150 kHz 的纵向模态导波在承力索中的传播速度约 3700 m/s,设计字典中原子信号长度为 1 ms 即可满足检测需求,信号采样率为 10 MHz,则每个模态生成一个 10001×4001 的信号矩阵作为子字典。中心频率 150 kHz 的五周期正弦信号的频带为 100~200 kHz,则应选择群速度曲线出现在该频段的模态对应的波数曲线代入式(5-12)获得原子。考虑单一直杆、曲杆以及十九芯绞线结构中出现的主要导波模态,即通过图 2-5 中直杆 A 的 L(0,1)、T(0,1)、F(1,1)模态,图 2-8 中螺旋曲杆 B 和 C 的 L(0,1)、T(0,1)、F(1,1)$^+$、F(1,1)$^-$ 模态,图 2-31 中十九芯绞线的模态 1~4、模态 6 构建子字典,之后再按需将子字典合并得到过完备频散字典。

在对信号进行稀疏表示时,分解次数或残余信号满足式(5-41)条件之一则停止分解,即最大相对误差 δ_{max} 和最大分解次数 m_{max} 均会影响稀疏表示结果。其中,当最大分解次数 m_{max} 较小时,若损伤信号较弱则可能未分解至损伤信号即停止分解,从而造成漏检,而当最大分解次数 m_{max} 较大时,则带来较大的计算量,此时可能会由最大相对误差 δ_{max} 控制分解终止;当最大相对误差 δ_{max} 较小时,所得结果中子信号较多,损伤信号不易识别,而当最大相对误差 δ_{max} 较大时,同样可能未分解至损伤信号即停止分解。因此,应使得最大分解次数 m_{max} 足够大以保证能分解出损伤信号。综合考虑,将式(5-41)中的最大分解次数 m_{max} 设为 30,最大相对误差 δ_{max} 设置为 20% 作为稀疏分解终止阈值。

通过频散字典对损伤状态 11(断股)下的反射端采集信号做稀疏分解,传感阵列布置情况已知,即激励阵列与反射端阵列之间的轴向距离 $x_i=0.5$ m,反射端阵列与透射端阵列之间的轴向距离 $x_j+x_k=1.2$ m,按式(5-20)进行优化。对于反射端,假设损伤处于反射端阵列与透射端阵列之间任意位置,并考虑一定容差,则反射端优化条件设置为 $0.45\text{ m}\leqslant x_R\leqslant 3\text{ m}$。最终所得稀疏表示结果如图 5-10 所示,并分别用二维图和三维图的方式进行表示,不同原子信号采用不同颜色的线型进行区分:第一个红色实线表示原始信号,之后为原子信号,其中,纵向模态原子信号用实线表示,非纵向模态原子信号用虚线表示。由于三维图更加立体简洁,之后的稀疏表示结果均用三维图表示。

其余各个损伤状态下的稀疏表示结果如图 5-11 所示。对于反射端,当损伤状态小于状态 6 即截面损失率小于 45.7% 时,所产生的损伤反射波会被杂波所掩盖,会被误识为其他模态而被剔除,或者在该处未能匹配到原子信号。截面损失率大于或等于 45.7% 时,在稀疏表示结果中包含损伤信号,但同时也包含大量非损伤信号,对损伤信号的提取造成干扰。

图 5-10
彩图

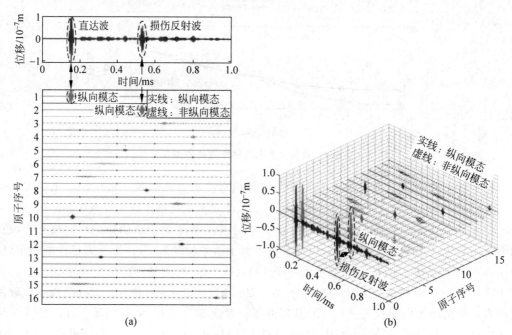

图 5-10　损伤状态 11（断股）稀疏表示结果
(a) 二维图；(b) 三维图

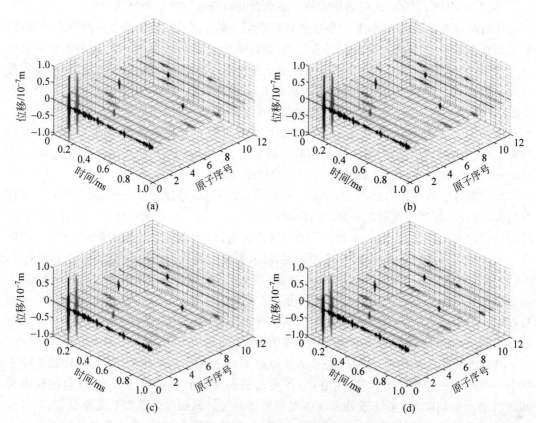

图 5-11　损伤状态 1～10 的反射端信号稀疏表示
(a) 损伤状态 1；(b) 损伤状态 2；(c) 损伤状态 3；(d) 损伤状态 4；(e) 损伤状态 5；(f) 损伤状态 6；
(g) 损伤状态 7；(h) 损伤状态 8；(i) 损伤状态 9；(j) 损伤状态 10

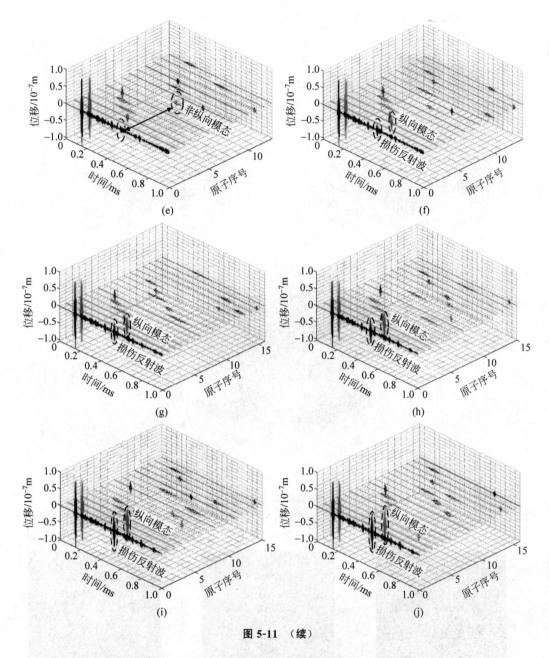

图 5-11 （续）

考虑对各个损伤状态下所得的反射端信号进行交叉稀疏表示。首先需要对原始信号进行处理获得去首波信号，根据激励阵列到反射端接收阵列的距离，采用传播距离为 0.45～0.55 m 的频散子字典对原始信号进行处理。由于接收信号中的首波信号受到的干扰较小，与首波子字典匹配度较高，最大分解次数 m_{fw} 与稀疏分解终止阈值 δ_{fw} 对结果的影响较小，通常取适中的值即可，不妨将最大相对误差 δ_{fw} 设为 50%，最大分解次数 m_{fw} 设为 20，所得残余信号即为去首波信号。而在交叉稀疏处理时，最大分解次数 m_{max} 均设为 30，分析不同的稀疏分解终止阈值 δ_1 和 δ_2 对结果的影响。图 5-12 所示为各个损伤状态下的损伤信号识别率，即将信号做稀疏分解后所得结果剔除非纵向模态导波后，损伤子信号数量与所有子信号数量的比值,其中,损伤状态 5~7 对应的损伤信号识别率如图 5-13 所示。

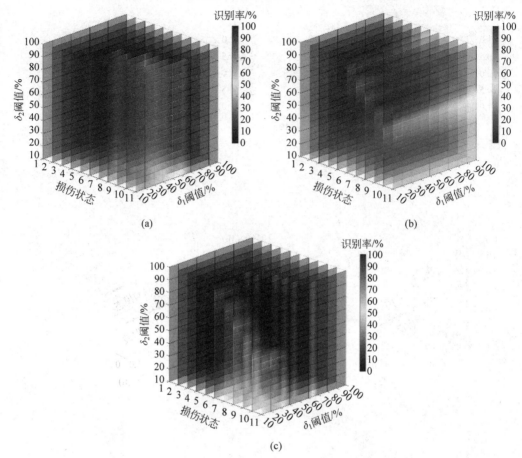

图 5-12　各个损伤状态下的损伤信号识别率

(a) 原始信号；(b) 去首波信号；(c) 交叉稀疏表示信号

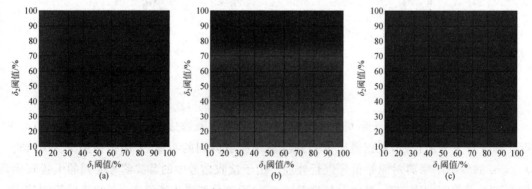

图 5-13　损伤状态 5~7 时对应的损伤信号识别率

(a) 原始信号-损伤状态 5；(b) 去首波信号-损伤状态 5；(c) 交叉稀疏表示信号-损伤状态 5；
(d) 原始信号-损伤状态 6；(e) 去首波信号-损伤状态 6；(f) 交叉稀疏表示信号-损伤状态 6；
(g) 原始信号-损伤状态 7；(h) 去首波信号-损伤状态 7；(i) 交叉稀疏表示信号-损伤状态 7

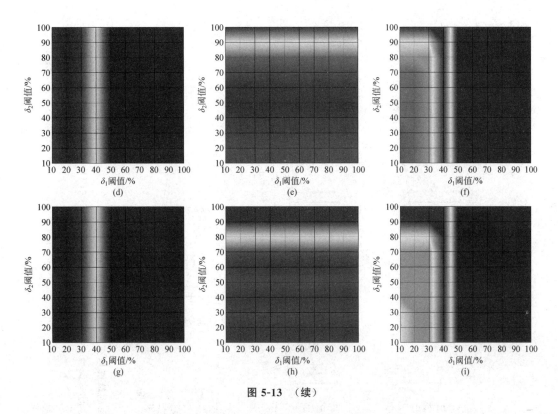

图 5-13 （续）

可以看出，当损伤状态未超过状态 5 时，均未能准确检测出损伤信号，即识别率极低，而损伤状态达到状态 6 后，损伤程度越大，越能在更宽的阈值 δ_1 和 δ_2 范围内识别出损伤。其中，原始信号稀疏表示结果受 δ_1 影响，在 $\delta_1 = 40\%$ 时损伤识别率相对较高，但由于直达波的影响，使得损伤识别率整体较低；去首波信号稀疏表示结果受 δ_2 影响，在 δ_2 较大时识别率较高，而 δ_2 低于一定值时识别率骤降，且随着损伤程度的增加，δ_2 对结果的影响变小。而对于交叉稀疏表示，可将阈值 δ_1 设置较低，以保证能匹配到相对较微弱的损伤反射波，将阈值 δ_2 设置较高，以保证除损伤反射波外尽量减少其他杂波，综合考虑，将 δ_1 设为 40%，δ_2 设为 90%。

$\delta_1 = 40\%$，$\delta_2 = 90\%$ 时对应的交叉稀疏表示结果如图 5-14 所示。当最外层单线上损伤状态不超过状态 4 时，结果中未包含信号，表示未能检测出损伤；而损伤状态到达状态 5 时，交叉稀疏表示结果中匹配出了非损伤信号，原因在于仿真信号中除直达波信号外其余波包幅值均较小，在匹配追踪算法下微弱的振动干扰信号被识别为纵向模态，对应 RDI=12.2%；当损伤状态达到状态 6 时，损伤程度增加，接收信号中的损伤波包能量占比增大，进行交叉稀疏表示时匹配优先级高于其余微弱干扰信号，使得最终结果中仅包含损伤反射波。因此，可以认为当单线截面损失率达到或超过 45.7% 时损伤能被准确识别，而低于 45.7% 时损伤信号易被干扰。

由于频散字典中信号的序数能表示导波信号的传播距离，而状态 11（断股）下反射端信号交叉稀疏表示结果中，所匹配出信号的传播距离为 1.912 m，通过该信号判断损伤位置距激励 $(1.912 \text{ m} - 0.5 \text{ m})/2 + 0.5 \text{ m} = 1.206 \text{ m}$，定位相对误差为 $(1.206 - 1.2)/1.2 \times 100\% = 0.5\%$。

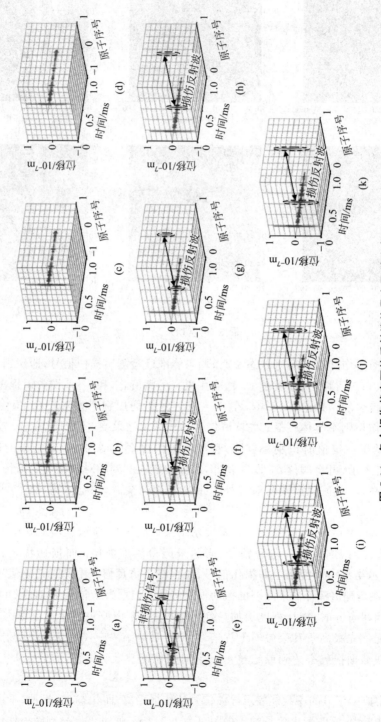

图 5-14 各个损伤状态下的反射端信号交叉稀疏表示

(a) 状态 1; (b) 状态 2; (c) 状态 3; (d) 状态 4; (e) 状态 5; (f) 状态 6; (g) 状态 7; (h) 状态 8; (i) 状态 9; (j) 状态 10; (k) 状态 11(断股)

对于透射端,则可提取首波代替损伤透射波,通过其相位信息做进一步虚拟双向时间反演成像处理。设置稀疏分解终止条件,最大分解次数 m_{max} 设为 30,最大相对误差 δ_{max} 为 50%,并根据导波信号传播距离进行优化,已知激励端到透射端接收阵列轴向距离为 1.7 m,保留稀疏表示结果中传播距离为 1.65~1.75 m 范围内的纵向模态原子信号,最终稀疏表示结果即为透射端纵向模态首波信号。所得稀疏表示结果如图 5-15 所示,所有状态下的首波均能被准确提取,其中,状态 11(断股)时损伤透射波主要是通过其他单线耦合传播。

2)多根单线损伤仿真分析

考虑最外层多根单线上存在轴向位置接近损伤的情况,在 5.2.1 节建立的模型基础上建立最外层多损伤模型。在距激励位置 1.2 m 的 C_1、C_2 和 C_3 单线以及距激励位置 1.25 m 的 C_6 和 C_7 单线上造成断股损伤,如图 5-16 所示。仿真时间为 1 ms,时间增量步长为 0.1 μs。在最外层的每根单线上采集反射信号。

最外层单线上接收信号的稀疏表示结果如图 5-17 所示。原始信号用红色实线表示,而纵向模态子信号用其他颜色的实线表示。非纵向模态原子信号用虚线表示。在 C_1、C_2、C_3、C_6 和 C_7 单线上采集的信号都包含纵向模态损伤回波信号,并且在稀疏表示结果中存在与它们对应的纵向模态子信号。

为了获得更稀疏的结果,对图 5-17 中的信号采用交叉稀疏表示处理。同时,为了减少交叉稀疏表示结果中出现非破坏性信号的可能性,设计一个阈值来消除微弱信号。通过图 5-9~图 5-11 可知,当损伤程度达到损伤状态 5 时能观察到损伤信号,通过交叉稀疏表示可以准确识别损伤信号。从图 5-9 可以看出,损伤状态 5 的 RDI 值低于 20%,因此可将阈值设置为 20%,这意味着将消除交叉稀疏表示结果中振幅小于直达波信号振幅 20% 的子信号。最终,最外层单线接收信号的交叉稀疏表示结果如图 5-18 所示,能够准确检测到有损坏的单线,没有损坏的单线不会被错误识别。损伤识别结果见表 5-2,损伤位置的相对误差小于或等于 0.88%,不同单线上位置相近的多个断股损伤可以被准确识别和定位。

为了分析不同接收位置对损伤检测结果的影响,距激励点每隔 0.1 m 采集对应的接收信号。接收位置如图 5-19 所示,其余仿真参数保持不变。

图 5-20 显示了 C_1 单线上不同位置采集信号的交叉稀疏表示处理结果。当采集点距离激励点 0.1~0.8 m 时,可以准确识别损伤信号。然而,当距离为 0.9 m 时,无法识别损坏信号。由图 2-8(f)可知,频率为 150 kHz 的纵向模态的导波群速度约为 3700 m/s,弯曲模态和扭转模式的导波群速度约为 2200 m/s。在距离为 0.9 m 处收集的信号中,波速较慢的模态的直达波包与波速较快的模态的损伤回波重叠,在交叉稀疏表示处理过程中,损伤回波和直达波均被去除,因而在图 5-20(i)中未能识别出损伤信号。而当接收位置大于 1.2 m 时,采集的信号为透射信号,可看出当单线中存在断裂损伤时,透射信号的幅值远小于反射信号的幅值。通常,在进行超声导波无损检测时,损伤位置是未知的,为了避免具有快速波速模态的损伤回波和具有慢速波速模态的直达波在时域中的重叠,激励阵列和接收阵列相隔不宜太远。如果在检测条件允许的情况下,可以在不同的轴向位置布置多组传感器阵列,以减少检测盲区。

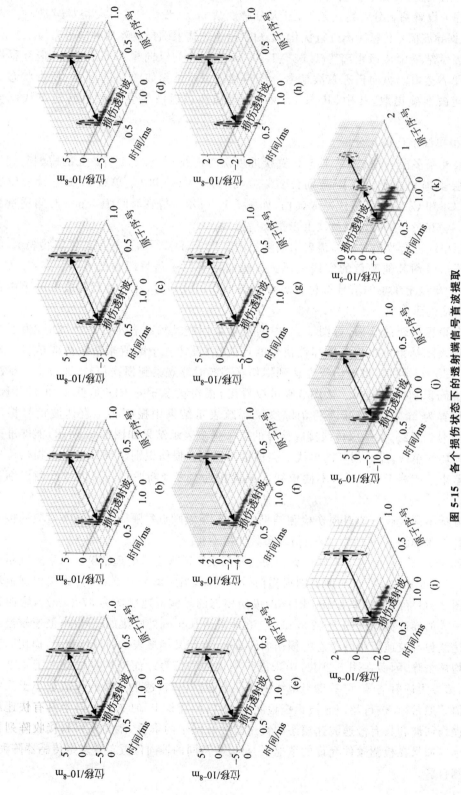

图 5-15 各个损伤状态下的透射端信号首波提取

(a) 状态 1; (b) 状态 2; (c) 状态 3; (d) 状态 4; (e) 状态 5; (f) 状态 6; (g) 状态 7; (h) 状态 8; (i) 状态 9; (j) 状态 10; (k) 状态 11(断股)

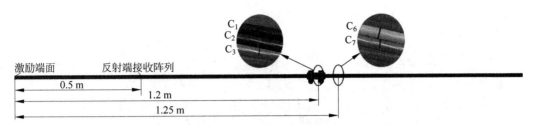

图 5-16 包覆区承力索最外层多损伤模型

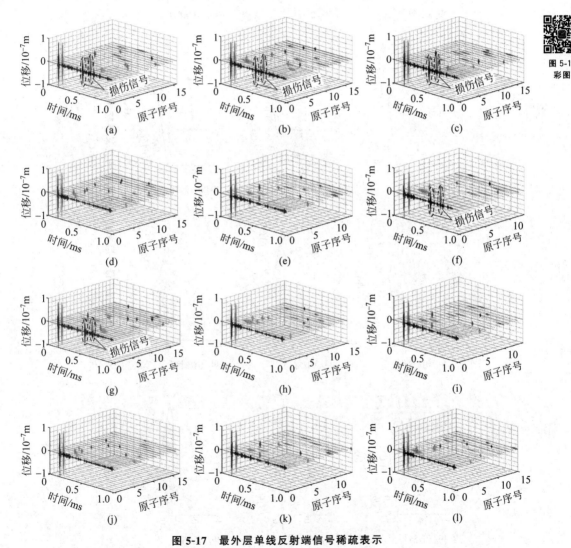

图 5-17 最外层单线反射端信号稀疏表示

(a) C_1；(b) C_2；(c) C_3；(d) C_4；(e) C_5；(f) C_6；(g) C_7；(h) C_8；(i) C_9；(j) C_{10}；(k) C_{11}；(l) C_{12}

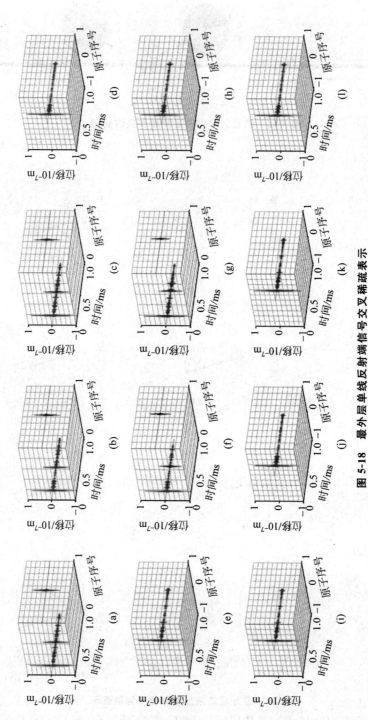

图 5-18 最外层单线反射端信号交叉稀疏表示

(a) C_1; (b) C_2; (c) C_3; (d) C_4; (e) C_5; (f) C_6; (g) C_7; (h) C_8; (i) C_9; (j) C_{10}; (k) C_{11}; (l) C_{12}

表 5-2　最外层单线损伤识别结果

	C_1	C_2	C_3	C_4	C_5	C_6	C_7	C_8	C_9	C_{10}	C_{11}	C_{12}
损伤信号传播距离/m	1.910	1.911	1.910			2.009	2.022					
定位损伤位置/m	1.205	1.206	1.205			1.254	1.261					
相对定位误差/%	0.42	0.50	0.42			0.32	0.88					

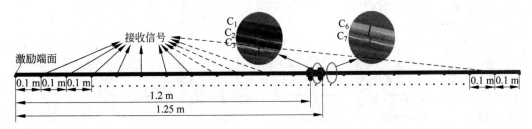

图 5-19　不同位置采集信号示意图

5.2.2　内层全损伤仿真分析

最外层单线损伤相对容易检测，本节进一步分析内层损伤情况。通常断股数量越多，损伤反射波特征也越明显，考虑内层单线均出现断股损伤，即中心层 1 根单线和次外层 6 根单线全部断股。通过删除无损伤包覆区承力索模型中距激励端面 0.95 m 处内层单线上的单元，获得包覆区承力索内层 7 芯全损伤模型，如图 5-21 所示。

在模型中激励信号后，仿真时长为 1 ms，仿真步长为自动，场输出的时间增量步为 0.1 μs，并从接收阵列上的节点提取对应位移值，获得全矩阵捕获数据。对全矩阵捕获数据进行螺旋聚焦处理获得螺旋聚焦信号，同时直接将全矩阵捕获数据进行叠加获得叠加信号，对比结果如图 5-22 所示。由于内层单线上均出现断股，即对于反射端接收阵列而言内层损伤对称，因此叠加信号与螺旋聚焦信号几乎重合，均能发现明显的损伤反射波，叠加信号 $RDI_s = 40.8\%$，螺旋聚焦 $RDI_{HF} = 41.1\%$。

将透射端螺旋聚焦信号与无损伤模型所得螺旋聚焦信号进行对比，结果如图 5-23 所示，内层 7 芯断股损伤对首波相位影响较低，但对首波之后较低幅值的波包具有一定影响。

分别对反射端螺旋聚焦信号与透射端螺旋聚焦信号进行稀疏表示，所得结果如图 5-24 所示，其中，第一个红色实线表示原信号，其余颜色实线表示纵向模态子信号，虚线表示非纵向模态子信号。同样的，稀疏表示结果中均包含对应的纵向模态损伤反射波与透射波。

为提取损伤反射信号与损伤透射信号，采用交叉稀疏表示方法进行处理。对于反射端，采用传播距离为 0.45～0.55 m 的频散子字典对原始信号进行处理，获得残余信号作为去首波信号，所得交叉稀疏表示结果如图 5-25(a)所示，所匹配出信号的传播距离为 1.409 m，通过该信号判断损伤位置距激励(1.409 m−0.5 m)/2+0.5 m=0.955 m，定位相对误差为 (0.955−0.95)/0.95×100%=0.5%。对于透射端，同样根据激励端到透射端接收阵列轴向距离为 1.7 m，保留稀疏表示结果中传播距离为 1.65～1.75 m 范围内的纵向模态原子信号，稀疏表示结果如图 5-25(b)所示。

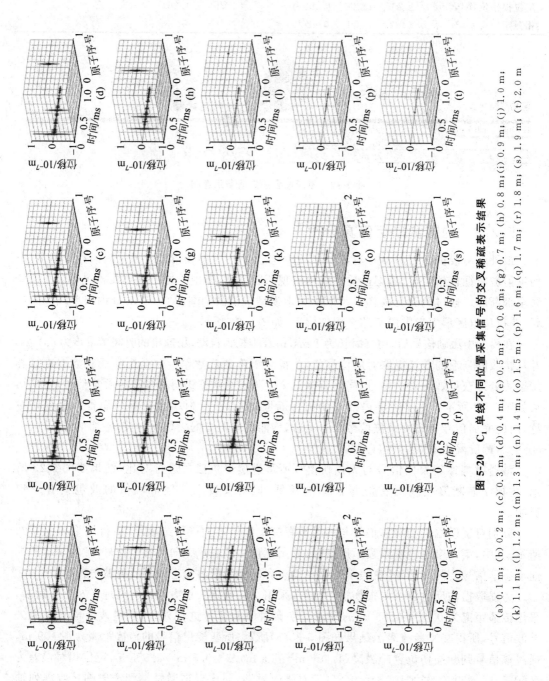

图 5-20 C_1 单线不同位置采集信号的交叉稀疏表示结果

(a) 0.1 m; (b) 0.2 m; (c) 0.3 m; (d) 0.4 m; (e) 0.5 m; (f) 0.6 m; (g) 0.7 m; (h) 0.8 m; (i) 0.9 m; (j) 1.0 m; (k) 1.1 m; (l) 1.2 m; (m) 1.3 m; (n) 1.4 m; (o) 1.5 m; (p) 1.6 m; (q) 1.7 m; (r) 1.8 m; (s) 1.9 m; (t) 2.0 m

第5章 多层绞线结构超声导波损伤识别方法 | 149

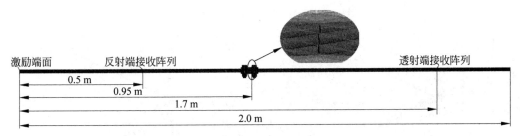

图 5-21 包覆区承力索内层 7 芯全损伤模型

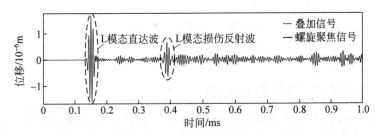

图 5-22 反射端螺旋聚焦信号与叠加信号（包覆区承力索内层 7 芯全损伤）

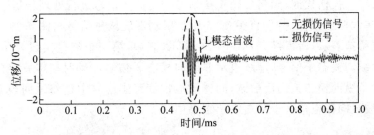

图 5-23 透射端损伤信号与无损伤信号对比（包覆区承力索内层 7 芯全损伤）

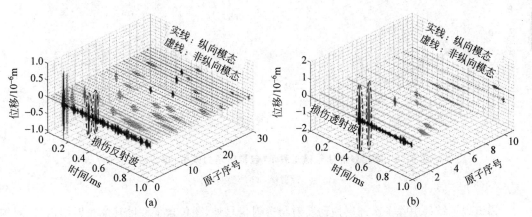

图 5-24 螺旋聚焦信号稀疏表示（包覆区承力索内层 7 芯全损伤）

(a) 反射端；(b) 透射端

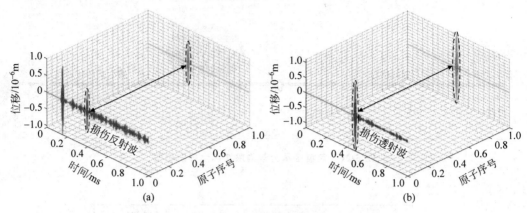

图 5-25　损伤信号提取（包覆区承力索内层 7 芯全损伤）

(a) 反射端；(b) 透射端

5.2.3　内层单线损伤仿真分析

进一步考虑内层仅有一单线断股的情况，即断股损伤分别出现在次外层或中心层。第 3 章中建立了距激励端面 1.35 m 包覆区承力索 B_1 单线断股损伤模型、距激励端面 0.95 m 包覆区承力索 A 单线断股损伤模型，并获得了对应的损伤螺旋聚焦信号。因此，对于包覆区承力索内层单一损伤检测，则将损伤聚焦信号作为原始信号进行处理分析。

对于 B_1 单线断股损伤，分别将图 4-26 中反射端螺旋聚焦信号与图 4-29 中透射端螺旋聚焦信号进行稀疏表示，所得结果如图 5-26 所示，其中，第一个红色实线表示原信号，其余颜色实线表示纵向模态子信号，虚线表示非纵向模态子信号。反射端螺旋聚焦信号稀疏表示结果中包含了纵向模态损伤反射波，而透射端螺旋聚焦信号中是将纵向模态首波替代损伤透射波，该波包同样也包含于稀疏表示结果中。

图 5-26 彩图

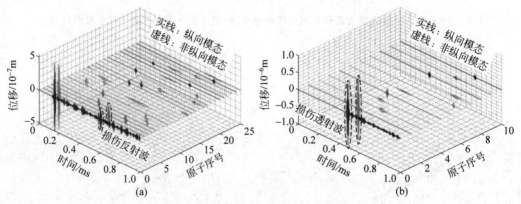

图 5-26　螺旋聚焦信号稀疏表示（包覆区承力索 B_1 单线断股损伤）

(a) 反射端；(b) 透射端

稀疏表示结果中除了次外层损伤反射与透射信号外，还包含了大量其余非损伤信号，对损伤识别造成干扰，因此采用交叉稀疏表示进行损伤信号提取，所得结果如图 5-27(a) 所示，所匹配出信号的传播距离为 2.196 m，通过该信号判断损伤位置距激励 (2.196 m－0.5 m)/2＋

0.5 m=1.348 m,定位相对误差为(1.348－1.35)/1.35×100%＝－0.1%。对于透射端，根据激励端到透射端接收阵列轴向距离为 1.7 m,保留稀疏表示结果中传播距离为 1.65～1.75 m 范围内的纵向模态原子信号,稀疏表示结果如图 5-27(b)所示,所得信号即为首波信号,可作为损伤透射波进行后续虚拟双向时间反演成像处理。

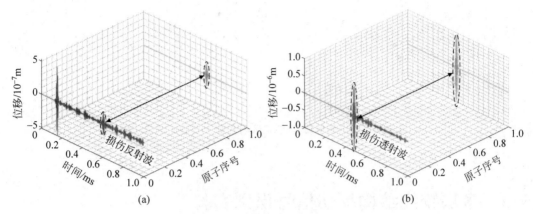

图 5-27　损伤信号提取(包覆区承力索 B_1 单线断股损伤)

(a) 反射端；(b) 透射端

对于 A 单线断股损伤,分别将图 4-33 中反射端螺旋聚焦信号与图 4-36 中透射端螺旋聚焦信号进行稀疏表示,所得结果如图 5-28 所示,其中第一个红色实线表示原信号,其余颜色实线表示纵向模态子信号,虚线表示非纵向模态子信号。同样的,纵向模态损伤反射波与透射波均包含于对应的稀疏表示结果中。

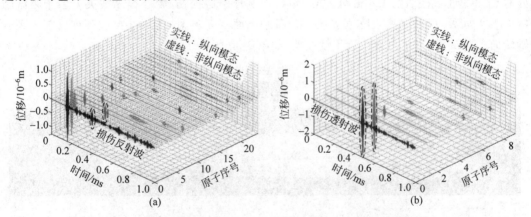

图 5-28
彩图

图 5-28　螺旋聚焦信号稀疏表示(包覆区承力索 A 单线断股损伤)

(a) 反射端；(b) 透射端

采用交叉稀疏表示对损伤信号进行提取。对于反射端,所得交叉稀疏表示结果如图 5-29(a)所示,所匹配出信号的传播距离为 1.412 m,通过该信号判断损伤位置距激励(1.412 m－0.5 m)/2＋0.5 m＝0.956 m,定位相对误差为(0.956－0.95)/0.95×100%＝0.6%。对于透射端,根据激励端到透射端接收阵列轴向距离为 1.7 m,保留稀疏表示结果中传播距离为 1.65～1.75 m 范围内的纵向模态原子信号,稀疏表示结果如图 5-29(b)所示。

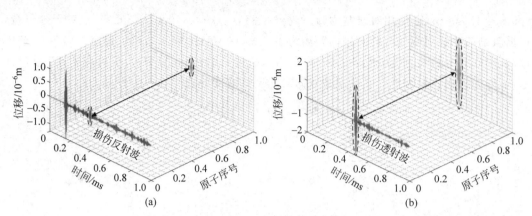

图 5-29 损伤信号提取（包覆区承力索 A 单线断股损伤）
(a) 反射端；(b) 透射端

5.3 多层绞线结构损伤信号识别实验

5.3.1 最外层损伤信号识别

对于最外层单线损伤，由于采用全矩阵捕获数据中的主对角线数据进行检测分析，即使用反射端和透射端的一对阵元各检测一股单线，本节通过制作最外层双单线损伤样本进行检测分析。取一根长 2.2 m 的承力索，采用可测力型阵列超声导波传感器进行检测，接触力设置为 300 N。为降低端面回波的影响，将激励阵列传感器布置于端面，并在距激励 1.2 m 处的 C_1 单线上和距激励 1.6 m 处的 C_8 单线上制作断股损伤，中心锚结线夹安装于距激励端面 1.2 m 处，反射端接收阵列安装于距激励端面 0.5 m 处，透射端接收阵列安装于激励端面 1.7 m 处，将承力索放置于绞线架上，如图 5-30 所示。

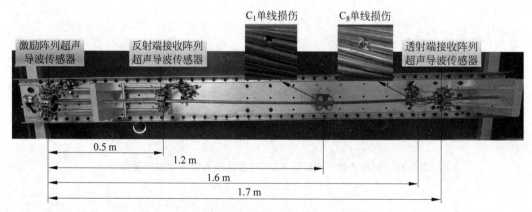

图 5-30 包覆区承力索最外层单线多损伤检测

激励信号为中心频率 150 kHz 的汉宁窗调制 5 周期正弦信号，任意波形发生器输出幅值为 6Vpp，经过电压放大器后输出至激励阵列传感器阵元，采样时长为 1 ms，采样率为 10 MHz。实验平台采集卡最多能实现 16 通道信号同步采集，而承力索最外层单线数量为 12，因此一次激励能同步采集一侧阵列上所有信号。激励端阵列传感器 $C_1 \sim C_{12}$ 单线上对应的阵元依次输出后采集信号,每次采集反射端阵列传感器上的信号,再将透射端阵列传感器接入采集卡。为消除随机噪声的影响,每次激励时产生 100 组信号后再做平均。将每次激励导波后被接收阵列采集的 12 个信号进行统一归一化,其中,反射端全矩阵捕获数据主对角线信号如图 5-31 所示。与仿真信号不同的是,由于仿真中是提取节点轴向位移特征表示信号,弯曲模态在轴向上的位移分量较小,显示出的弯曲直达波幅值较小,而实际检测中通过压电陶瓷进行信号采集,实际上包含各个方向上的位移,因此弯曲模态直达波幅值相对仿真中较大。

同理,透射端全矩阵捕获数据主对角线信号如图 5-32 所示。由于 C_1 和 C_8 单线上出现断股损伤,透射端 C_1 和 C_8 单线采集信号幅值明显弱于其他单线采集信号。

对反射端采集信号进行损伤信号分析,超声导波传播路径如图 5-33 所示,在 1 ms 的采集时间内,C_1 单线激励 C_1 单线采集信号中主要包含纵向模态与弯曲模态直达波,以及纵向模态的损伤反射回波和损伤反射波到达左端面后再次反射回波,而弯曲模态回波及其余模态由于频散和衰减而难以被检测。C_8 单线损伤位置距离激励阵列较远,1 ms 采集信号中无损伤二次回波。

考虑传感器中 PZT 长度为 7 mm,对频散字典进行优化,通过建立的频散字典结合正交匹配追踪算法对反射端采集信号进行稀疏表示,此外,本节还分别选择导波检测常用的 Gabor 字典[147]、Chirp 字典[148]以及 Morlet 字典[149]对信号进行稀疏表示作为对比。为保证损伤信号能被原子信号所表示,迭代次数通常较大,而过多的迭代次数则增加计算量,综合考虑取最大分解次数 $m_{max}=30$、最大相对误差 $\delta_1=50\%$ 作为稀疏分解终止阈值。C_1 单线反射端信号通过不同字典所得稀疏表示结果如图 5-34 所示,排最前的紫色线性信号表示原信号,后面的为对应原子信号。

可以看出,采集信号中的 4 个主要波包信号均被字典中的原子信号所表示。通过 Gabor 字典稀疏表示结果的稀疏度为 30,此时终止条件受最大分解次数 m_{max} 控制,收敛较慢,该字典未能很好地表示原信号中的主要成分。而 Morlet 字典、Chirp 字典与频散字典的稀疏表示结果稀疏度为 10,收敛较快,能较好地表示原信号中字典主要成分。由于频散字典中的原子信号包含导波模态信息,图 5-34(d)中将非纵向模态导波信号以虚线表示,但弯曲模态直达波被纵向模态原子信号所匹配,即被误识别为纵向模态,而通过剔除非纵向模态能将稀疏度从 10 降至 7,即频散字典可通过模态筛选进一步降低稀疏度。

C_8 断股单线反射端信号通过不同字典所得稀疏表示结果如图 5-35 所示。由于 C_8 单线损伤反射波传播距离较远,信号幅值弱于 C_1 单线损伤反射波幅值,尽管 Chirp 字典与 Morlet 字典稀疏表示结果稀疏度较小,但未匹配到损伤反射波信号。Gabor 字典稀疏表示结果中包含损伤信号,但稀疏度为 30,不利于损伤信号识别。频散字典稀疏表示结果中,同样以虚线表示非纵向模态导波信号,此时损伤反射波模态被准确识别为纵向模态,稀疏表示结果明显优于其他字典稀疏表示结果。值得注意的是,弯曲模态直达波未被识别为纵向模态,但纵向模态直达波被误识别为其他模态,原因在于激励阵列与反射端接收阵列轴向距离较短,导波传播距离较近,频散现象相对不明显,不同模态之间差异相对较小,且信号旁瓣能量较大易产生干扰。

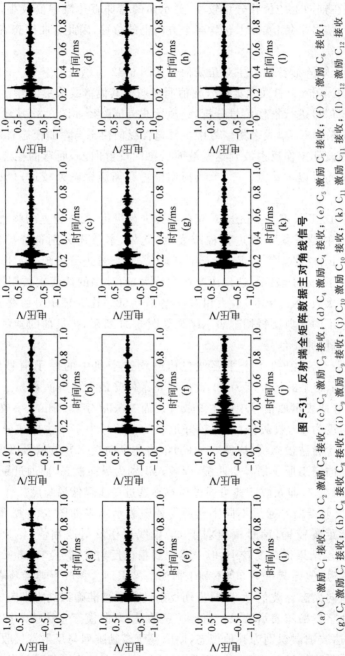

图 5-31 反射端全矩阵数据主对角线信号

(a) C_1 激励 C_1 接收；(b) C_2 激励 C_2 接收；(c) C_3 激励 C_3 接收；(d) C_4 激励 C_4 接收；(e) C_5 激励 C_5 接收；(f) C_6 激励 C_6 接收；
(g) C_7 激励 C_7 接收；(h) C_8 激励 C_8 接收；(i) C_9 激励 C_9 接收；(j) C_{10} 激励 C_{10} 接收；(k) C_{11} 激励 C_{11} 接收；(l) C_{12} 激励 C_{12} 接收

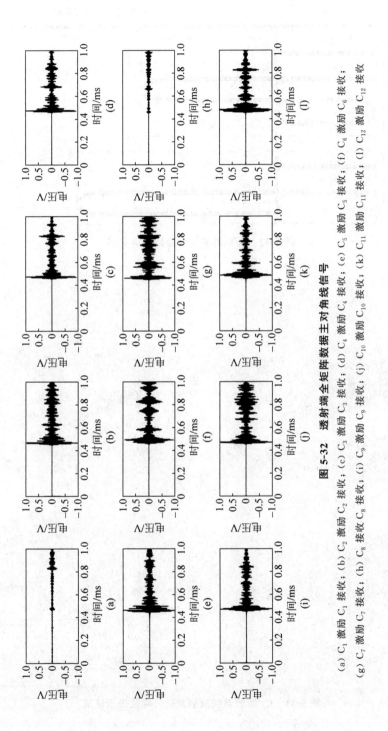

图 5-32 透射端全矩阵数据主对角线信号

(a) C_1 激励 C_1 接收；(b) C_2 激励 C_2 接收；(c) C_3 激励 C_3 接收；(d) C_4 激励 C_4 接收；(e) C_5 激励 C_5 接收；(f) C_6 激励 C_6 接收；(g) C_7 激励 C_7 接收；(h) C_8 激励 C_8 接收；(i) C_9 激励 C_9 接收；(j) C_{10} 激励 C_{10} 接收；(k) C_{11} 激励 C_{11} 接收；(l) C_{12} 激励 C_{12} 接收

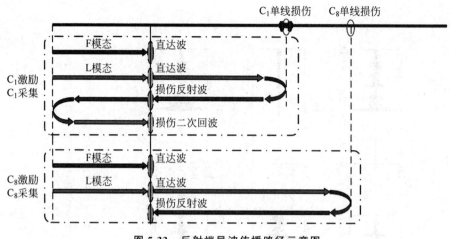

图 5-33 反射端导波传播路径示意图

图 5-34 彩图

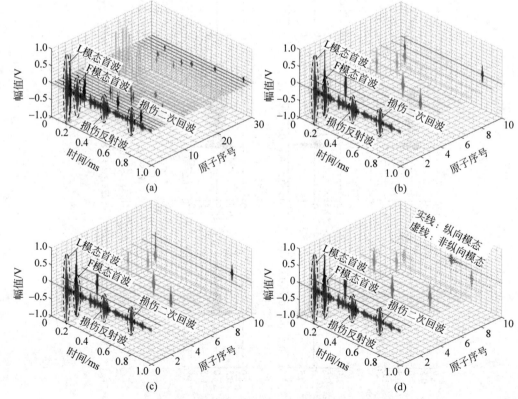

图 5-34 C_1 断股单线反射端信号稀疏表示结果

(a) Gabor 字典；(b) Chirp 字典；(c) Morlet 字典；(d) 频散字典

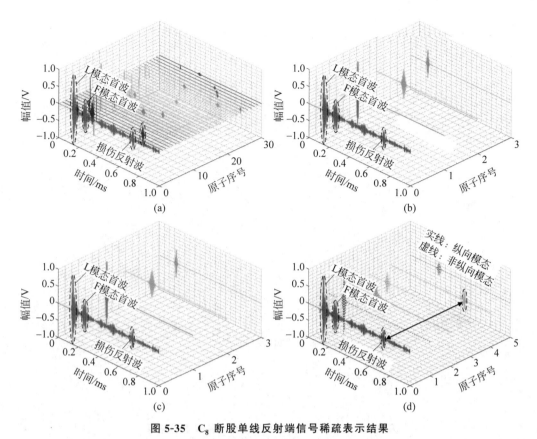

图 5-35 C_8 断股单线反射端信号稀疏表示结果

(a) Gabor 字典；(b) Chirp 字典；(c) Morlet 字典；(d) 频散字典

对于无损伤单线上的信号，同样进行对比分析，图 5-36 所示为 C_5 单线反射端采集信号稀疏表示结果。整体上看，各个字典稀疏表示结果中多数原子信号主要集中表示首波信号。其中，Gabor 字典稀疏表示结果稀疏度为 30，在首波信号范围外还匹配出多个信号，无法判断检测单线损伤状态，而 Chirp 字典、Morlet 字典和频散字典对应稀疏表示结果中，在首波信号范围外匹配出 1 个信号，对损伤的判别造成干扰，但频散字典中对应该原子信号并非纵向模态导波信号，进一步剔除后可消除非纵向模态导波信号的干扰。

当稀疏分解终止阈值中最大分解次数 $m_{\max}$ 较大时，稀疏表示结果稀疏度受最大相对误差 $\delta_{\max}$ 的影响，本节将最大分解次数 $m_{\max}$ 设为 30，通过设置不同的阈值范围，分析阈值对各字典损伤信号识别率、误识率以及准确率的影响。首先分析最大相对误差 δ_1 对原始信号所得稀疏表示结果的影响。包覆区承力索最外层单线共分为断股状态（C_1、C_8 单线）和无损伤状态（$C_2 \sim C_7$、$C_9 \sim C_{12}$ 单线），损伤信号识别率为稀疏表示结果中损伤信号数量与原子信号数量之比，稀疏表示结果中未包含损伤信号时识别率为 0，而仅包含损伤信号时识别率为 100%。将断股状态与非断股状态单线上的采集信号分为两组，分别采用不同字典及阈值对信号进行稀疏表示，计算损伤信号识别率、误识率以及准确率，其中，频散字典稀疏表示结果中还进一步剔除非纵向模态信号后计算对应值，最终计算结果如图 5-37 所示。

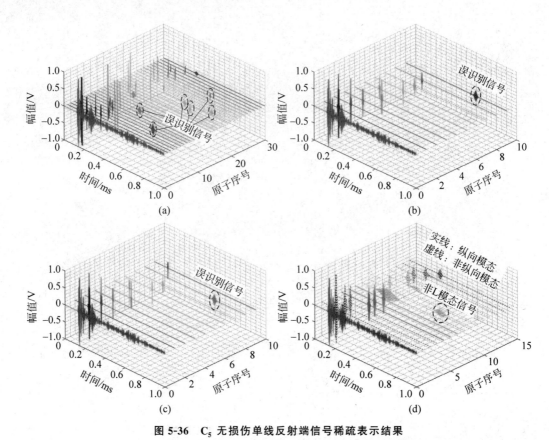

图 5-36 C₅ 无损伤单线反射端信号稀疏表示结果
(a) Gabor 字典;(b) Chirp 字典;(c) Morlet 字典;(d) 频散字典

其中,C_1 单线中损伤反射波及损伤二次回波均为损伤散射信号,纵向模态损伤反射波传播距离为 1.9 m,二次回波传播距离为 2.9 m,导波速度取 3700 m/s,则纵向模态损伤导波信号理论中心时间分别为 0.514 ms 和 0.783 ms,考虑一定误差范围,此处将 Gabor 字典、Chirp 字典和 Morlet 字典对应稀疏表示结果中原子信号中心时间处于 0.494~0.534 ms、0.763~0.803 ms 范围内的原子均记为损伤信号。频散字典稀疏表示结果中由于原子信号包含导波传播距离信息,同样考虑一定误差范围,则直接将传播距离为 1.85~1.95 m、2.85~2.95 m 的原子信号记为损伤信号。误识率则是无状态单线采集信号稀疏表示结果中原子信号数量与总迭代次数之比,即稀疏表示原子信号数量越多,越容易产生误识别。综合识别准确率则是综合考虑识别率与误识率,其值为(识别率+1-误识率)/2。由于首波信号能量较大而损伤信号能量较小,使得 4 种字典所得结果稀疏度较大从而导致损伤信号识别率均偏低,且识别率随 δ_1 阈值变化不明显。当 δ_1 阈值升高时,稀疏表示结果中未能匹配到损伤信号,使得识别率降为 0,但稀疏分解也更易到达终止条件,稀疏度降低,从而使得误识率降低,进而使得准确率提高。频散字典稀疏表示结果中,通过剔除非纵向模态信号,部分干扰信号被去除,使得识别率从最高 25% 提升至 69.2%,而误识率从 100% 下降至 30.3%,最终准确率从 48% 提高至 76.8%。

由于首波信号对结果影响较大,因此将首波信号去除后再进行稀疏表示。对于 Gabor 字典、Chirp 字典和 Morlet 字典,代入传感阵列间距 0.5 m、纵向模态和弯曲模态导波群速

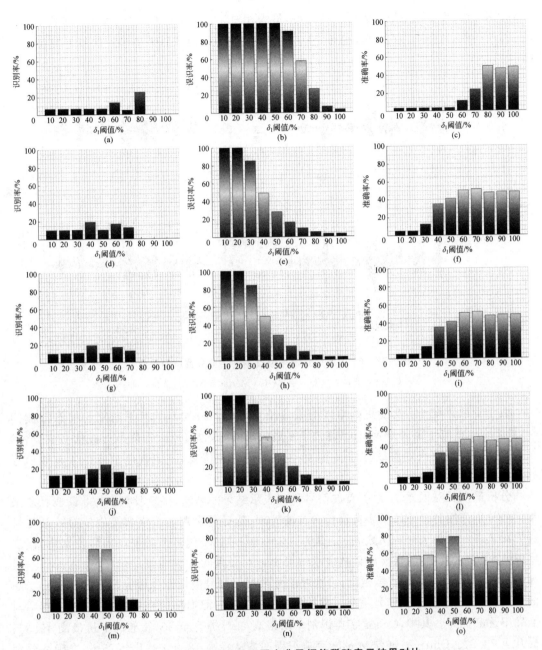

图 5-37　原始信号采用不同字典及阈值稀疏表示结果对比

(a) Gabor 字典识别率；(b) Gabor 字典误识率；(c) Gabor 字典准确率；(d) Chirp 字典识别率；
(e) Chirp 字典误识率；(f) Chirp 字典准确率；(g) Morlet 字典识别率；(h) Morlet 字典误识率；
(i) Morlet 字典准确率；(j) 频散字典识别率；(k) 频散字典误识率；(l) 频散字典准确率；
(m) 频散字典识别率（剔除非纵向模态）；(n) 频散字典误识率（剔除非纵向模态）；
(o) 频散字典准确率（剔除非纵向模态）

度 3700 m/s 和 2200 m/s，计算得出首波理论出现时间分别为 0.135 ms、0.227 ms，考虑一定误差范围，将字典中原子信号中心时间为 0.115～0.155 ms、0.207～0.247 ms 的原子信号分别组成子字典，对于频散字典则取传播距离为 0.45～0.55 m 的原子信号组成子字典。

分别利用子字典对原始信号进行稀疏分解,最大相对误差 δ_{fw} 设为 50%,最大分解次数 m_{fw} 取 20,所得残余信号即为去首波信号。C_1 单线原始信号通过去首波处理后的信号如图 5-38 所示。

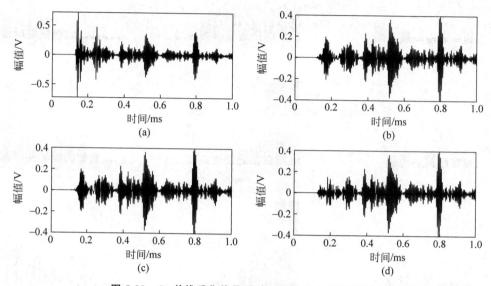

图 5-38 C_1 单线采集信号通过不同字典去首波信号图
(a) Gabor 字典;(b) Chirp 字典;(c) Morlet 字典;(d) 频散字典

由于频散首波子字典能更好地匹配采集信号,通过 20 次迭代几乎消除各模态首波信号,而 Chirp 首波子字典与 Morlet 首波子字典效果次之,也可以大幅降低首波信号成分,尽管 Gabor 首波子字典效果最弱,但首波信号成分仍得到降低,一定程度上降低了首波信号的影响。

分析最大相对误差 δ_2 对去首波信号稀疏表示结果的影响,将断股状态与非断股状态采集信号分别采用各个首波子字典进行去首波处理,然后再采用各个字典及阈值对残余信号进行稀疏表示。最大分解次数 m_{max} 设为 30,计算不同 δ_2 阈值下的损伤信号识别率、误识率以及准确率,其中,频散字典稀疏表示结果中进一步剔除非纵向模态信号,最终计算结果如图 5-39 所示。与原始信号相比,去首波信号中损伤信号能量占比增大,整体上随着 δ_2 阈值增大,稀疏分解时干扰信号更加不易被原子信号匹配,即损伤信号误识率下降,识别率与准确率逐渐提高。其中,Gabor 字典识别率从最高 25% 提升至 50%,准确率从最高 49.3% 提升至 73.3%,Chirp 字典与 Morlet 字典识别率均从最高 18.9% 提升至 75%,准确率分别从最高 51.4%、51.6% 提升至 84%,频散字典识别率从最高 25% 提升至 100%,准确率从最高 50.7% 提升至 98.3%。但去除首波信号的同时干扰信号能量占比也增大,因此当 δ_2 阈值较低时,所有字典损伤信号误识率反而较高,频散字典稀疏表示结果中通过剔除非纵向模态原子信号后,低 δ_2 阈值时的识别率成倍提升,误识率大幅下降,准确率得到明显提高。

分析最大相对误差 δ_1 与 δ_2 对交叉稀疏表示结果的影响,将原始信号与去首波信号做交叉稀疏表示,最大分解次数 m_{max} 设为 30,计算不同 δ_1 阈值与 δ_2 阈值组合下损伤信号识别率、误识率以及准确率,结果如图 5-40 所示。

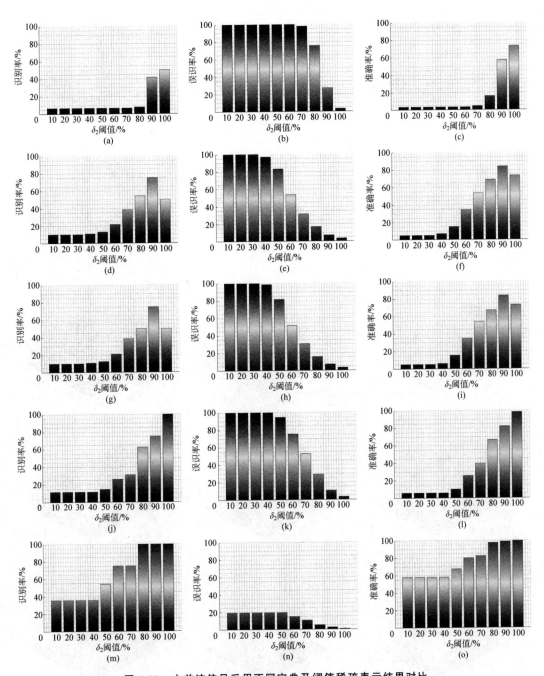

图 5-39 去首波信号采用不同字典及阈值稀疏表示结果对比

(a) Gabor 字典识别率;(b) Gabor 字典误识率;(c) Gabor 字典准确率;(d) Chirp 字典识别率;
(e) Chirp 字典误识率;(f) Chirp 字典准确率;(g) Morlet 字典识别率;(h) Morlet 字典误识率;
(i) Morlet 字典准确率;(j) 频散字典识别率;(k) 频散字典误识率;(l) 频散字典准确率;
(m) 频散字典识别率(剔除非纵向模态);(n) 频散字典误识率(剔除非纵向模态);
(o) 频散字典准确率(剔除非纵向模态)

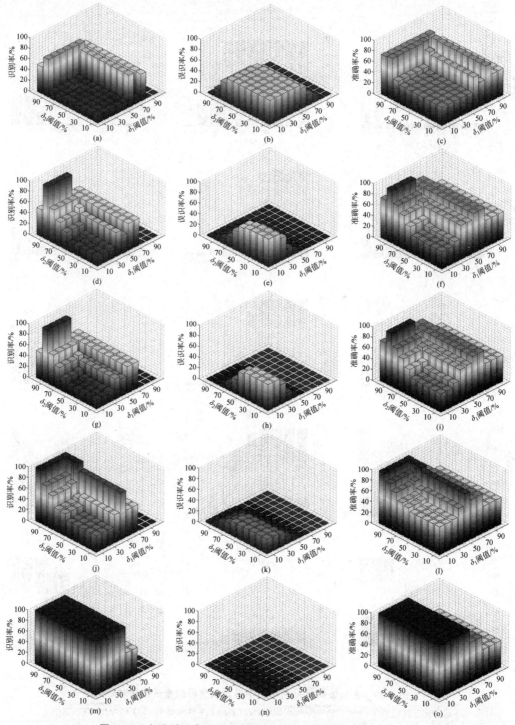

图 5-40 交叉稀疏表示信号采用不同字典及阈值所得结果对比

(a) Gabor 字典识别率；(b) Gabor 字典误识率；(c) Gabor 字典准确率；(d) Chirp 字典识别率；
(e) Chirp 字典误识率；(f) Chirp 字典准确率；(g) Morlet 字典识别率；(h) Morlet 字典误识率；
(i) Morlet 字典准确率；(j) 频散字典识别率；(k) 频散字典误识率；(l) 频散字典准确率；
(m) 频散字典识别率(剔除非纵向模态)；(n) 频散字典误识率(剔除非纵向模态)；
(o) 频散字典准确率(剔除非纵向模态)

从图 5-40 中可以看出,通过信号交叉稀疏表示后,各字典损伤误识率均大幅下降,识别率与准确率进一步提升。Gabor 字典识别率进一步从最高 50% 提升至 70%,准确率进一步从最高 73.3% 提升至 78.2%;Chirp 字典与 Morlet 字典识别率均从最高 75% 提升至 100%,准确率从最高 84% 分别提升至 97.8%、98.7%;频散字典识别率则从单一阈值下能达 100% 提升至 7 组阈值下均能达 100%,准确率从单一阈值下能达 98.3% 提升至 6 组阈值下均能达 98.3% 以上。将剔除非纵向模态的原始信号与去首波信号做交叉稀疏表示处理,最终在 δ_1 阈值为 10%~50%、δ_2 阈值为 10%~100% 的 50 组广泛范围内,识别率均达 100%,即保证损伤一定能被检测到,而误识率为 0.7%~2.6%,准确率均达 98.6% 以上。其中,造成误识别的主要原因在于个别无损伤单线采集信号中首波信号范围内仍能匹配到原子信号,可通过传播距离进一步剔除。

阈值 δ_1 设置较低可保证能匹配到损伤信号,阈值 δ_2 设置较高能降低其余信号,因此对一定阈值范围内结果进行统计,即将图 5-37、图 5-39 和图 5-40 中识别率、误识率以及准确率的最大值、平均值进行统计对比,所得结果见表 5-3。

表 5-3　所有稀疏终止阈值下的识别率、误识率、准确率最大值与平均值对比

方　　法	稀疏分解字典	识别率/%		误识率/%		准确率/%	
		最大值	平均值	最大值	平均值	最大值	平均值
稀疏表示 (原始信号) $10\% \leqslant \delta_1 \leqslant 50\%$	Gabor 字典	6.7	6.7	100	100	3.3	3.3
	Chirp 字典	18.9	11.9	100	72.5	41.0	19.7
	Morlet 字典	18.9	11.9	100	72.3	41.0	19.8
	频散字典	25.0	17.2	100	75.7	45.0	20.7
	频散字典(R-L)	69.2	52.6	30.3	24.8	76.9	63.9
稀疏表示 (去首波信号) $60\% \leqslant \delta_2 \leqslant 100\%$	Gabor 字典	50.0	22.6	100	60.8	70.0	30.9
	Chirp 字典	75.0	47.9	53.3	22.3	84.0	62.8
	Morlet 字典	75.0	46.9	51.3	21.6	84.0	62.6
	频散字典	100	58.9	75.3	34.1	98.3	62.4
	频散字典(R-L)	100	90.0	14.7	6.6	99.7	91.7
交叉稀疏表示 $10\% \leqslant \delta_1 \leqslant 50\%$ $60\% \leqslant \delta_2 \leqslant 100\%$	Gabor 字典	70.0	32.5	45.3	28.5	76.8	52.0
	Chirp 字典	100	55.3	35.7	11.4	97.8	71.9
	Morlet 字典	100	52.9	27.3	8.3	98.6	72.3
	频散字典	100	71.2	26.3	11.2	99.0	80.0
	频散字典(R-L)	100	100	2.3	1.2	100	99.4

注:(R-L)表示剔除非纵向模态

从方法上看,与原始信号对比,去除首波后做稀疏表示能明显提高损伤信号识别率,进而提高准确率,但损伤误识率依然居高不下。而交叉稀疏表示方法则能在进一步大幅提高识别率的同时大幅降低误识率,从而在很大程度上提升准确率。从字典上看,频散字典在原始信号稀疏表示、去首波信号稀疏表示以及交叉稀疏表示等方法的应用上,所得结果在识别率、误识率、准确率等方面均优于其余字典,而得益于频散字典能筛选导波信号模态及传播距离,因而能在进一步提高识别率的同时降低误识率,从而提升准确率。最终,在交叉稀疏表示、频散字典及模态筛选的结合下,使得损伤信号能在较宽泛的稀疏

分解终止阈值范围内被匹配出,大幅降低结果对阈值的敏感性,从而保证了损伤信号的准确识别。

5.3.2 内层全损伤信号识别

采用 Gabor 字典、Chirp 字典、Morlet 字典以及频散字典等四种字典分别对反射端螺旋聚焦滤波前后信号进行交叉稀疏表示,δ_1 阈值均取 40%,δ_2 阈值分别取 80% 和 90%,所得结果如图 5-41 所示。

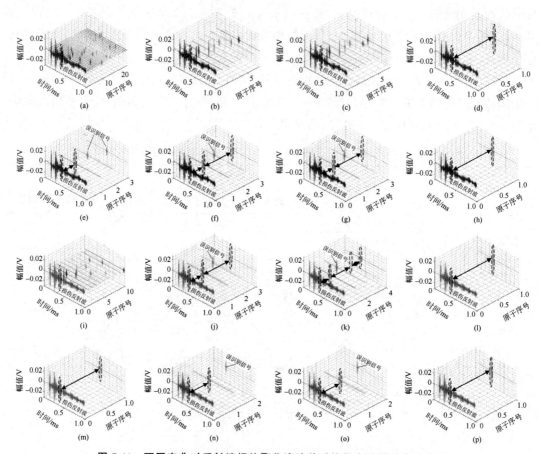

图 5-41 不同字典对反射端螺旋聚焦滤波前后信号交叉稀疏表示结果

(a) Gabor 字典(滤波前,$\delta_2=80\%$);(b) Chirp 字典(滤波前,$\delta_2=80\%$);(c) Morlet 字典(滤波前,$\delta_2=80\%$);
(d) 频散字典(滤波前,$\delta_2=80\%$);(e) Gabor 字典(滤波前,$\delta_2=90\%$);(f) Gabor 字典(滤波前,$\delta_2=90\%$);
(g) Morlet 字典(滤波前,$\delta_2=90\%$);(h) 频散字典(滤波前,$\delta_2=90\%$);(i) Gabor 字典(滤波后,$\delta_2=80\%$);
(j) Chirp 字典(滤波后,$\delta_2=80\%$);(k) Morlet 字典(滤波后,$\delta_2=80\%$);(l) 频散字典(滤波后,$\delta_2=80\%$);
(m) Gabor 字典(滤波后,$\delta_2=90\%$);(n) Chirp 字典(滤波后,$\delta_2=90\%$);
(o) Morlet 字典(滤波后,$\delta_2=90\%$);(p) 频散字典(滤波后,$\delta_2=90\%$)

对不同字典对反射端螺旋聚焦滤波前后信号交叉稀疏表示的稀疏度与损伤信号识别率进行统计,其结果见表 5-4。

表 5-4　不同字典从滤波前后信号中提取损伤信号结果汇总

交叉稀疏分解字典	滤波前				滤波后			
	$\delta_1=40\%,\delta_2=80\%$		$\delta_1=40\%,\delta_2=90\%$		$\delta_1=40\%,\delta_2=80\%$		$\delta_1=40\%,\delta_2=90\%$	
	稀疏度	识别率/%	稀疏度	识别率/%	稀疏度	识别率/%	稀疏度	识别率/%
Gabor	25	20	3	33.3	10	20	1	100
Chirp	7	42.8	3	66.7	3	66.7	2	50
Morlet	7	42.8	3	66.7	4	75	2	50
频散	1	100	1	100	1	100	1	100

可以看出，Gabor 字典、Chirp 字典、Morlet 字典交叉稀疏表示结果受稀疏分解终止阈值影响较大，稀疏度和识别率对 δ_2 阈值较为敏感，但实际检测中 δ_2 阈值不宜设置过高，以防损伤信号幅值较小时不能匹配，并且稀疏表示结果受振动干扰影响也较大，滤波前后稀疏度和识别率出现明显变化，因此不利于损伤信号的识别与提取。而频散字典不受振动干扰影响，且交叉稀疏表示结果受阈值影响较小，稀疏度和识别率对 δ_2 阈值敏感度较低，可以保证损伤信号的准确识别与提取。

对于透射端，由于激励阵列与透射端接收阵列轴向距离已知为 1.7 m，对于 Gabor 字典、Chirp 字典、Morlet 字典，在稀疏表示结果中保留中心时间为 (0.459 ± 0.020) ms 范围内的原子信号，对于频散字典保留传播距离为 1.65～1.75 m 范围内的纵向模态原子信号，最终透射端螺旋聚焦滤波前后信号稀疏表示结果如图 5-42 所示。

对于螺旋聚焦滤波前信号，尽管四种字典均识别出损伤反射波信号，但 Gabor 字典、Chirp 字典、Morlet 字典在其他位置处识别到了非损伤原子信号，从而造成误识别，而频散字典则仅识别到损伤反射波信号，受振动影响较小。对于螺旋聚焦滤波后信号，Chirp 字典与 Morlet 字典稀疏表示结果的稀疏度得到降低，但同样在其他位置处识别到了非损伤原子信号，而 Gabor 字典和频散字典均准确识别到了损伤反射波信号。滤波处理能降低振动噪声的干扰，频散字典的损伤信号识别具有明显优势。通过频散字典在滤波后信号中所匹配出的原子信号的传播距离为 1.362 m，通过该信号判断损伤位置距激励 (1.362 m−0.5 m)/2+0.5 m=0.931 m，定位相对误差为 (0.931−0.95)/0.95×100%=−2%。尽管 Gabor 字典在设置范围内匹配到两个原子信号，但信号在时域上基本重叠，因此可以认为四种字典均能较好地克服振动噪声的干扰，准确提取透射端首波信号。

5.3.3　内层单线损伤信号识别

1) 次外层单线损伤

采用 Gabor 字典、Chirp 字典、Morlet 字典以及频散字典分别对叠加信号和螺旋聚焦信号进行稀疏表示，最大分解次数 $m_{\max}$ 设为 30，最大相对误差 δ_1 统一设置为 50% 作为稀疏分解终止阈值，最终结果如图 5-43 所示，其中，图 5-43(g) 与图 5-43(h) 中非纵向模态导波用虚线表示。Gabor 字典稀疏表示效果较差，叠加信号与螺旋聚焦信号均是迭代 30 次终止，最大分解次数主导终止稀疏分解，所得稀疏表示结果稀疏度较大，其中包含大量原子信号，不利于损伤信号的识别与提取；Chirp 字典、Morlet 字典与频散字典均是迭代 15 次终止，最大相对误差主导终止稀疏分解，结果相对稀疏。频散字典能进一步区分导波模态，但叠加

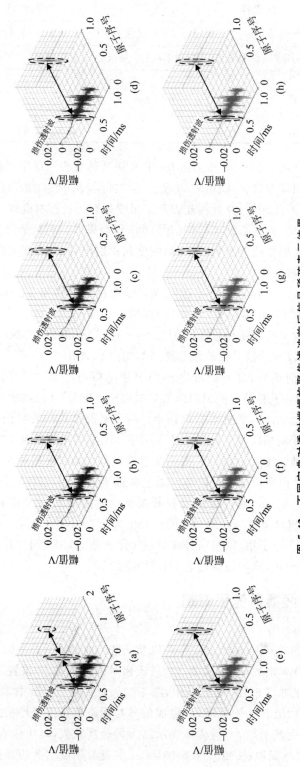

图 5-42 不同字典对透射端螺旋聚焦滤波前后信号稀疏表示结果

(a) Gabor 字典（滤波前信号）；(b) Chirp 字典（滤波前信号）；(c) Morlet 字典（滤波前信号）；(d) 频散字典（滤波前信号）；
(e) Gabor 字典（滤波后信号）；(f) Chirp 字典（滤波后信号）；(g) Morlet 字典（滤波后信号）；(h) 频散字典（滤波后信号）

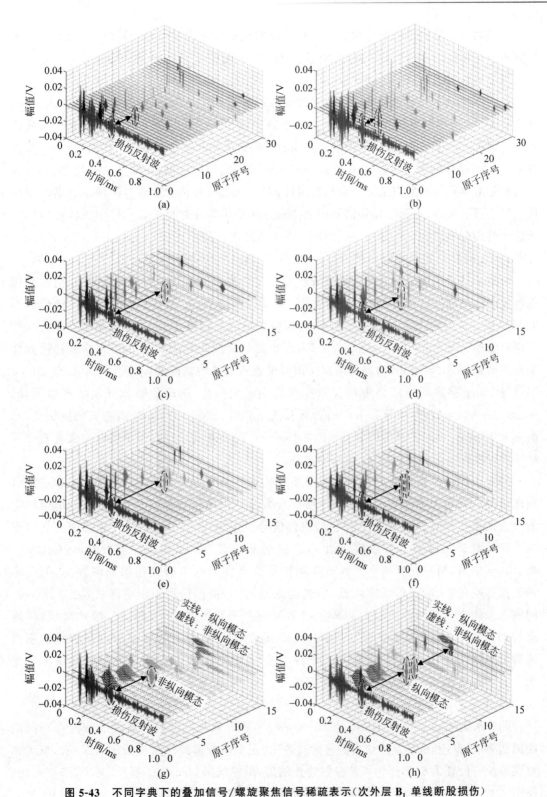

图 5-43 不同字典下的叠加信号/螺旋聚焦信号稀疏表示（次外层 B_1 单线断股损伤）

(a) Gabor 字典（叠加信号）；(b) Gabor 字典（螺旋聚焦信号）；(c) Chirp 字典（叠加信号）；
(d) Chirp 字典（螺旋聚焦信号）；(e) Morlet 字典（叠加信号）；(f) Morlet 字典（螺旋聚焦信号）；
(g) 频散字典（叠加信号）；(h) 频散字典（螺旋聚焦信号）

信号稀疏表示结果中损伤信号被识别为其他模态从而易造成漏检,原因在于叠加信号时多个纵向模态损伤信号相位并未对齐,直接叠加后信号间相互干扰,而螺旋聚焦信号则是通过修正相位后使得损伤信号得到增强,更易于识别出纵向模态损伤信号。

采用不同字典分别对叠加信号和螺旋聚焦信号进行交叉稀疏表示,δ_1 阈值取 40%,δ_2 阈值取 80%,所得结果如图 5-44 所示。对于叠加信号,Gabor 字典与 Chirp 字典在首波位置处识别到了原子信号,造成误识别,而 Morlet 字典与频散字典并未识别到损伤信号,造成漏检。对于螺旋聚焦信号,Chirp 字典未识别到损伤信号造成漏检,而 Gabor 字典、Morlet 字典和频散字典均准确识别到了损伤反射波信号。因此,螺旋聚焦对包覆区承力索内层损伤信号进行了增强,更利于损伤信号识别。通过频散字典在螺旋聚焦信号中所匹配出的原子信号的传播距离为 1.642 m,通过该信号判断损伤位置距激励 $(1.642 \text{ m} - 0.5 \text{ m})/2 + 0.5 \text{ m} = 1.071 \text{ m}$,定位相对误差为 $(1.071 - 1.1)/1.1 \times 100\% = -2.6\%$。

为验证基于频散字典的交叉稀疏表示方法在提取损伤信号时的抗干扰能力,向螺旋聚焦信号中添加加性高斯白噪声,之后再进行交叉稀疏表示,δ_1 阈值均取 40%,δ_2 阈值分别取 80% 和 90%。先计算原始信号功率,再根据所设置的信噪比 SNR 添加相应功率的加性高斯白噪声。其中,$\delta_1 = 40\%$,$\delta_2 = 80\%$ 时所得结果如图 5-45 所示。由于损伤波包得到螺旋聚焦增强,SNR = 10 dB 时四种字典所得稀疏表示结果中均能匹配出损伤信号,但 Gabor 字典与 Chirp 字典对应结果中包含非损伤的误识别信号,随着信噪比降低则更加明显,Morlet 字典效果较好,而频散字典则更具有抗干扰性,SNR = 0 dB 时仍能识别损伤信号。而 $\delta_1 = 40\%$,$\delta_2 = 90\%$ 时所得结果如图 5-46 所示,随着 δ_2 的增加,传统字典交叉稀疏表示结果稀疏度在一定程度上降低,识别率提高。

将未添加噪声以及添加噪声后的交叉稀疏表示结果进行统计,结果见表 5-5。其中,损伤信号识别率为稀疏表示结果中损伤信号数量与原子信号数量之比,稀疏表示结果中未包含损伤信号时识别率为 0,仅包含损伤信号时识别率为 100%,而当稀疏度为 0 时即损伤信号数量与原子信号数量均为 0,识别率无意义,用"/"标记。可以看出,Gabor 字典、Chirp 字典、Morlet 字典交叉稀疏表示结果尽管在低噪声时损伤识别率较高,但受噪声干扰影响较大,随着信噪比降低,稀疏度逐渐增大,损伤信号识别率降低,之后提升 δ_2 阈值也未能有明显的改善。而频散字典则受噪声干扰影响较小,随着信噪比降低,稀疏度与识别率均未发生明显改变,且同样对 δ_2 阈值不敏感,当 SNR = 0 dB 时依然能识别出螺旋聚焦损伤信号,可以认为频散字典结合交叉稀疏表示方法具有较高的抗噪声干扰能力。

2) 中心层单线损伤信号识别

同样采用 Gabor 字典、Chirp 字典、Morlet 字典以及频散字典分别对中心层 A 单线断股损伤叠加信号和螺旋聚焦信号进行稀疏表示,正交匹配追踪迭代次数均为 30 次,最大相对误差统一设置为 50% 作为稀疏分解终止阈值,最终结果如图 5-47 所示,其中,图 5-47(g) 与图 5-47(h) 中非纵向模态导波用虚线表示。

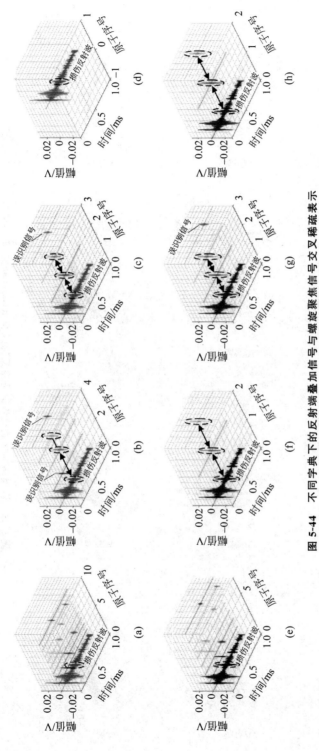

图 5-44 不同字典下的反射端叠加信号与螺旋聚焦信号交叉稀疏表示

(a) Gabor 字典（叠加信号）；(b) Chirp 字典（叠加信号）；(c) Morlet 字典（叠加信号）；(d) 频散字典（叠加信号）；
(e) Gabor 字典（螺旋聚焦信号）；(f) Chirp 字典（螺旋聚焦信号）；(g) Morlet 字典（螺旋聚焦信号）；(h) 频散字典（螺旋聚焦信号）

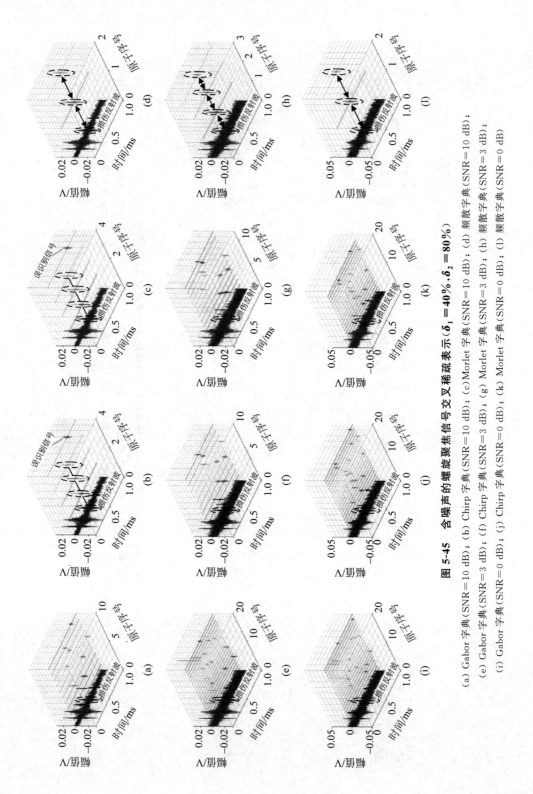

图 5-45 含噪声的螺旋聚焦信号交叉稀疏表示（$\delta_1=40\%,\delta_2=80\%$）

(a) Gabor 字典（SNR=10 dB）；(b) Chirp 字典（SNR=10 dB）；(c) Morlet 字典（SNR=10 dB）；(d) 频散字典（SNR=10 dB）；
(e) Gabor 字典（SNR=3 dB）；(f) Chirp 字典（SNR=3 dB）；(g) Morlet 字典（SNR=3 dB）；(h) 频散字典（SNR=3 dB）；
(i) Gabor 字典（SNR=0 dB）；(j) Chirp 字典（SNR=0 dB）；(k) Morlet 字典（SNR=0 dB）；(l) 频散字典（SNR=0 dB）

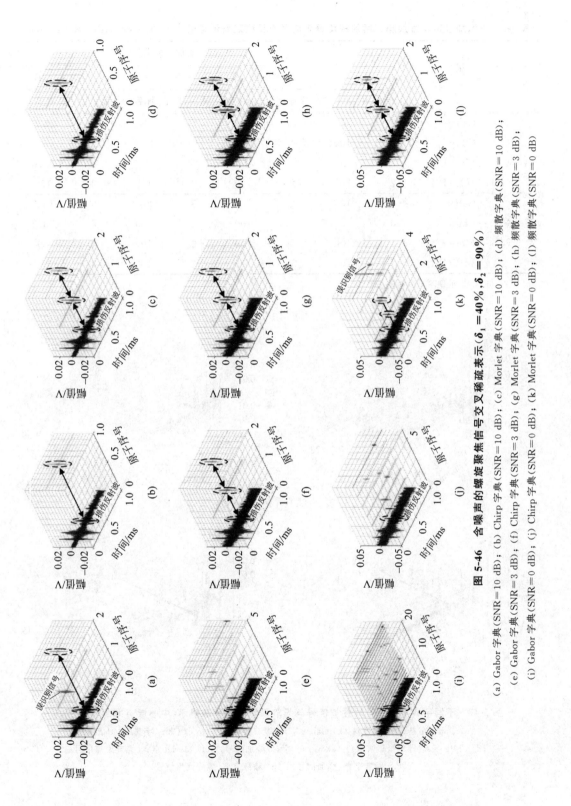

图 5-46 含噪声的螺旋聚焦信号交叉稀疏表示($\delta_1=40\%$,$\delta_2=90\%$)

(a) Gabor 字典(SNR=10 dB); (b) Chirp 字典(SNR=10 dB); (c) Morlet 字典(SNR=10 dB); (d) 频散字典(SNR=10 dB);
(e) Gabor 字典(SNR=3 dB); (f) Chirp 字典(SNR=3 dB); (g) Morlet 字典(SNR=3 dB); (h) 频散字典(SNR=3 dB);
(i) Gabor 字典(SNR=0 dB); (j) Chirp 字典(SNR=0 dB); (k) Morlet 字典(SNR=0 dB); (l) 频散字典(SNR=0 dB)

表 5-5　未添加噪声与添加噪声后的螺旋聚焦信号交叉稀疏表示结果统计（$\delta_1=40\%$，$\delta_2=80\%$、90%）

稀疏分解阈值	稀疏分解字典	未添加噪声		叠加加性高斯噪声					
				SNR=10 dB		SNR=3 dB		SNR=0 dB	
		稀疏度	识别率/%	稀疏度	识别率/%	稀疏度	识别率/%	稀疏度	识别率/%
$\delta_1=40\%$ $\delta_2=80\%$	Gabor	7	14.3	10	10.0	20	10.0	20	10.0
	Chirp	2	100	4	75.0	10	40.0	20	25.0
	Morlet	3	66.7	4	75.0	12	41.7	18	27.0
	频散(R-L)	2	100	2	100	3	100	2	100
$\delta_1=40\%$ $\delta_2=90\%$	Gabor	1	100	2	50	5	20.0	20	10.0
	Chirp	0	/	1	100	2	100	6	33.3
	Morlet	1	100	2	100	2	100	4	50
	频散(R-L)	1	100	1	100	2	100	2	100

注：(R-L)表示剔除非纵向模态

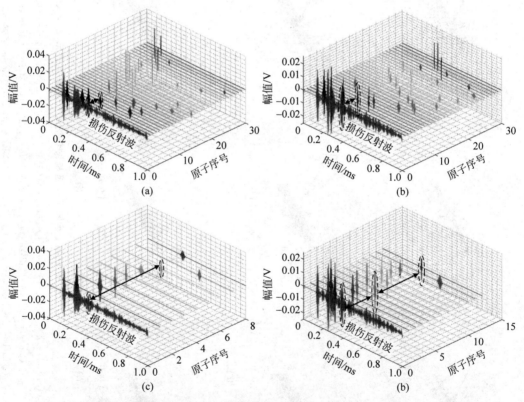

图 5-47　不同字典下的反射端叠加信号与螺旋聚焦信号稀疏表示（中心层 A 单线断股损伤）
(a) Gabor 字典（叠加信号）；(b) Gabor 字典（螺旋聚焦信号）；(c) Chirp 字典（叠加信号）；
(d) Chirp 字典（螺旋聚焦信号）；(e) Morlet 字典（叠加信号）；(f) Morlet 字典（螺旋聚焦信号）；
(g) 频散字典（叠加信号）；(h) 频散字典（螺旋聚焦信号）

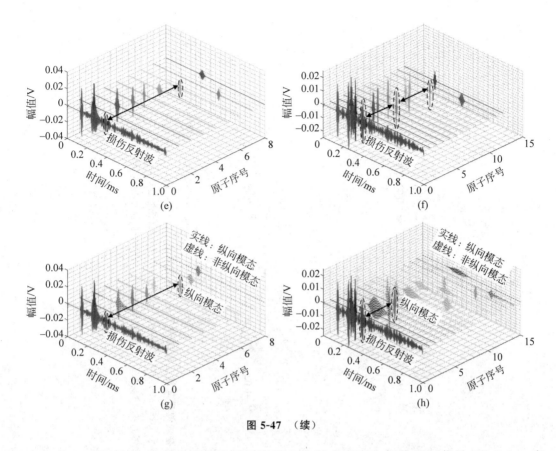

图 5-47 （续）

整体上，所有字典均在叠加信号及螺旋聚焦信号中匹配出损伤原子信号，而 Gabor 字典稀疏表示效果较差，损伤原子信号被大量其他原子信号干扰，不利于损伤信号识别与提取，Chirp 字典、Morlet 字典与频散字典稀疏表示结果相对稀疏。而频散字典还能进一步区分导波模态，在叠加信号与螺旋聚焦信号中均能准确识别出纵向模态损伤信号。

通过不同字典分别对叠加信号和螺旋聚焦信号进行交叉稀疏表示，δ_1 阈值取 40%，δ_2 阈值取 90%，所得结果如图 5-48 所示。对于叠加信号，Gabor 字典准确识别了损伤反射波信号，Chirp 字典在首波位置处识别到了原子信号造成误识别，Morlet 字典并未识别到损伤信号，造成漏检，而频散字典对应的交叉稀疏表示结果中尽管匹配出损伤反射波包，但被误识别为其他模态从而被剔除，同样造成漏检。而对于螺旋聚焦信号，Chirp 字典未识别到损伤信号造成漏检，而 Gabor 字典、Morlet 字典和频散字典均准确识别到了损伤反射波信号。因此，螺旋聚焦对包覆区承力索内层损伤信号进行了增强，从而使得损伤信号更容易被提取，对应的交叉稀疏表示结果中更利于损伤信号识别。通过频散字典在滤波后信号中所匹配出的原子信号的传播距离为 1.342 m，通过该信号判断损伤位置距激励 (1.342 m−0.5 m)/2+0.5 m=0.921 m，此时定位相对误差为 (0.921−0.95)/0.95×100%=−3%。

考虑检测时若出现阵元损坏或者与被测表面接触不良，将出现激励或采集信号缺失的极端情况，此处通过将全矩阵捕获数据中的部分行或列置零以模拟该情况，再进行螺旋聚焦及交叉稀疏表示，所得结果如图 5-49 所示。

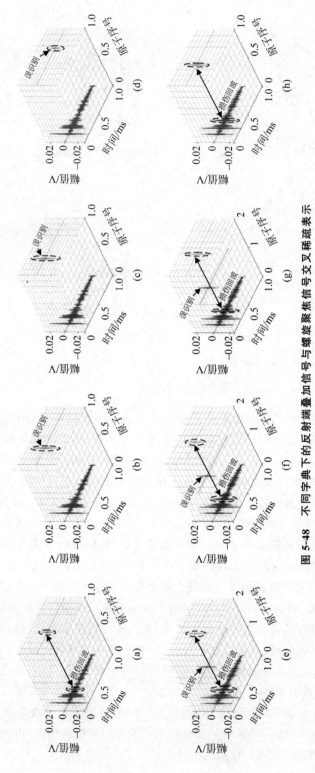

图 5-48 不同字典下的反射端叠加信号与螺旋聚焦信号交叉稀疏表示

(a) Gabor 字典(叠加信号); (b) Chirp 字典(叠加信号); (c) Morlet 字典(叠加信号); (d) 频散字典(叠加信号);
(e) Gabor 字典(螺旋聚焦信号); (f) Chirp 字典(螺旋聚焦信号); (g) Morlet 字典(螺旋聚焦信号); (h) 频散字典(螺旋聚焦信号)

第5章 多层绞线结构超声导波损伤识别方法

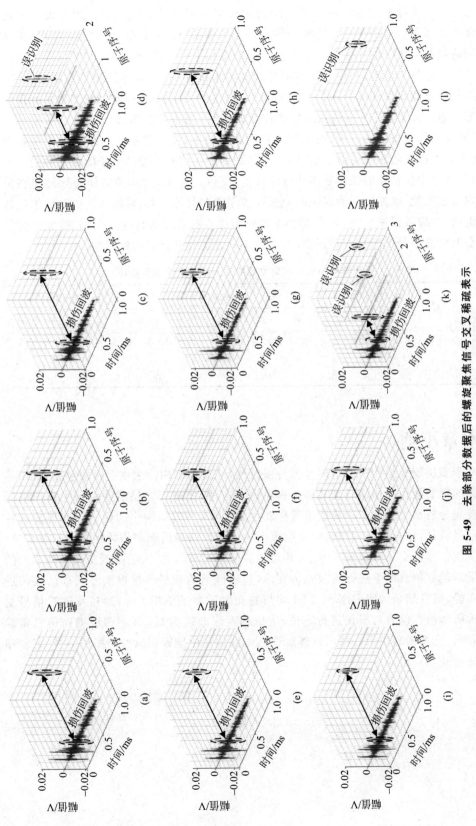

图 5-49 去除部分数据后的螺旋聚焦信号交叉稀疏表示

(a) 去除 1 组接收；(b) 去除 2 组接收；(c) 去除 3 组接收；(d) 去除 4 组接收；(e) 去除 1 组激励；(f) 去除 2 组激励；(g) 去除 3 组激励；
(h) 去除 4 组激励；(i) 去除 2 组接收 + 2 组激励；(j) 去除 2 组接收 + 2 组激励；(k) 去除 3 组接收 + 2 组激励；(l) 去除 3 组接收 + 3 组激励

将原矩阵与去除部分信号后的交叉稀疏表示结果进行统计,见表 5-6。用于内层损伤检测的螺旋聚焦增强信号源于全矩阵捕获数据去除主对角线后的数据,总数为 132 组,去除相应行或列的组数与 132 的比值即为全矩阵捕获数据损失率。从全矩阵捕获数据中去除接收或激励数据不超过 3 组时,损伤反射波信号均能被准确匹配,去除 4 组接收数据时,交叉稀疏表示结果中出现非损伤信号,造成误识别,而当去除 4 组激励数据时仍能准确匹配损伤反射波信号。进一步地,同时去除几组接收与激励信号,当去除 2 组接收和 2 组激励信号时,损伤反射波信号能被准确匹配,而随着去除组数的增加,交叉稀疏表示结果中出现非损伤信号,当去除 3 组接收和 3 组激励信号时,未能识别损伤信号。原因在于随着去除的信号组数增加,总信号中损伤反射波信号占比逐渐降低,受噪声影响增加,最终使得该波包在设置的阈值内未被匹配,或被匹配为非纵向模态而被剔除。总体上看,可以认为去除数据组数不超过 4 组时,对应数据损失为 25%,即当全矩阵数据中有效数据超过 75% 时,螺旋聚焦信号中的损伤反射波信号仍能被准确识别,本书提出的方法具有良好的鲁棒性。

表 5-6 原矩阵与损失部分数据后的交叉稀疏表示结果统计

全矩阵捕获数据	原矩阵	去除接收组数				去除激励组数				去除接收与激励组数			
		1	2	3	4	1	2	3	4	2+2	2+3	3+2	3+3
损失率/%	0	8.4	16.7	25	33.3	8.4	16.7	25	33.3	31.9	40.2	40.2	47.7
稀疏度	1	1	1	1	2	1	1	1	1	1	3	1
识别率/%	100	100	100	100	50	100	100	100	100	100	100	33.3	0

5.4 本章小结

本章基于多层绞线结构中的超声导波传播特性,通过稳态相位法建立频散字典,提出基于频散字典的螺旋聚焦损伤信号交叉稀疏表示识别方法,实现了多层绞线结构中损伤信号的提取。首先分析承力索中超声导波信号稀疏性,根据承力索结构中的超声导波传播特性以及激励信号特征,结合稳态相位法建立能表征超声导波信号模态和传播距离的频散字典。其次提出损伤信号的交叉稀疏表示方法,并对导波模态进行筛选,大幅降低交叉稀疏表示的稀疏度。最后建立仿真模型进行有限元仿真,对包覆区承力索最外层单线不同程度损伤进行了仿真实验,研究结果表明 RDI 与 TDI 均与截面损失率呈正相关性,通过反射端信号交叉稀疏表示所得损伤信号对损伤进行定位,定位相对误差仅为 0.5%。内层损伤仿真实验研究结果表明,交叉稀疏表示方法可从螺旋聚焦增强信号中准确提取内层损伤信号,定位相对误差不超过 0.6%。

第 6 章

多层绞线结构时间反演损伤成像检测方法

时间反演技术常被用于声学、光学、电磁学等检测领域,基于此的时间反演成像方法在金属绞线结构损伤检测中具有广阔的应用前景。本章根据实际损伤检测需求,提出基于虚拟合成的时间反演检测方法,用单通道激励-接收系统来虚拟合成多通道同步采集效果,从而解决同步激励与采集问题,降低对多通道信号激励和采集等硬件需求,实现对双层绞线结构损伤定位和成像。针对多层绞线结构,为进一步优化损伤成像效果,提出一种虚拟双向时间反演成像方法,该原理为导波经过损伤后,损伤作为二次声源产生的损伤信号将会沿反射与透射两个不同的方向进行传播,因此以损伤为参考点,采集损伤信号向两端散射的透射波与反射波,将所得导波信号经时间反演处理后再次激励,最终实现在损伤处聚焦成像。

6.1 基于虚拟合成的时间聚焦 TRM 检测方法

6.1.1 虚拟合成时间聚焦检测方法

传统的时间反演方法(time reversal method,TRM)利用了时间反演基础理论的空间聚焦特性对目标成像进行研究,但未能有效地利用其时间聚焦特性。因此,提出一种改进的基于虚拟合成的时间反演检测方法,该方法可以分为两个部分:虚拟合成和时间聚焦 TRM。其中,虚拟合成解决了多通道同步激励-接收系统的硬件设备限制,时间聚焦 TRM 解决了传统 TRM 方法受限于接收单元个数以及传播路径损耗的不足。

虚拟合成是在简化多通道激励-接收系统的基础上发展而来的。在多通道激励-接收系统中,N 个发射阵列单元同步激励信号时,N 个接收阵列单元收到的信号可以等效为 N^2 个单发射单元激励、单接收单元接收信号的线性叠加。利用这种方法,可以在单通道激励-接收系统上利用换能器阵列等效实现多通道同步激励效果。图 6-1 在图 1-25 的基础上加入了发射阵列,并忽略阵列单元的时域非线性响应特性。设空间中有 S 个发射阵列单元分别位于 $P_s(1 \leqslant s \leqslant S)$,有 N 个接收单元分别位于 $P_n(1 \leqslant n \leqslant N)$,发射阵列与接收阵列位于同侧,一个探测阵列有时可以在作为发射

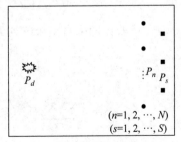

图 6-1 含有发射阵列的时间反演镜探测模型示意图

阵列发射探测信号后再作为接收阵列接收散射信号。设探测目标位于 P_d,发射阵列单元与探测目标之间的传递函数为 $H(P_s,P_d,\omega)$,探测目标与接收阵列单元之间的传递函数为 $H(P_d,P_n,\omega)$。

设第 s 个发射单元的激励信号为 $E(P_s,\omega)$,发射阵列依次激发信号后,探测目标接收到的来自发射阵列的信号为

$$S(P_d,\omega)=\sum_{s=1}^{S}E(P_s,\omega)H(P_s,P_d,\omega) \tag{6-1}$$

把探测目标的散射过程简化为对接收信号的线性响应,其线性响应系数为 λ,则探测目标的散射信号为

$$S_e(P_d,\omega)=\lambda\sum_{s=1}^{S}E(P_s,\omega)H(P_s,P_d,\omega) \tag{6-2}$$

当探测目标的散射信号传播到接收阵列时,第 n 个接收单元 P_n 的接收信号为

$$S(P_n,\omega)=S_e(P_d,\omega)H(P_d,P_n,\omega)=\lambda H(P_d,P_n,\omega)\sum_{s=1}^{S}E(P_s,\omega)H(P_s,P_d,\omega) \tag{6-3}$$

整个接收阵列的接收信号为

$$S(P_{n=1\to N},\omega)=\sum_{n=1}^{N}S(P_n,\omega)=\lambda\sum_{n=1}^{N}\sum_{s=1}^{S}E(P_s,\omega)H(P_s,P_d,\omega)H(P_d,P_n,\omega) \tag{6-4}$$

可知,整个接收阵列的接收信号为 $N\times S$ 个类似 $\lambda E(P_s,\omega)H(P_s,P_d,\omega)H(P_d,P_n,\omega)$ 项的线性叠加,而每一项表示某一个发射阵列单元单独激励信号时,另一个接收单元接收到的信号。根据这个特性,可以在实际实验中采用单通道激励-接收系统来虚拟合成多通道同步采集效果。

接下来对 P_n 的接收信号进行时间反演处理,其时间反演信号 $S^{TR}(P_n,\omega)$ 可表示为

$$S^{TR}(P_n,\omega)=\lambda H^*(P_d,P_n,\omega)\sum_{s=1}^{S}E^*(P_s,\omega)H^*(P_s,P_d,\omega) \tag{6-5}$$

进行反演传播时,根据时间反演镜理论,将时间反演信号 $S^{TR}(P_n,\omega)$ 重新加载在 P_n 上进行反演传播,模型中任意点 P_k 接收到的来自 P_n 的聚焦信号为

$$S^{TR}_{(n)}(P_k,\omega)=S^{TR}(P_n,\omega)H(P_n,P_k,\omega)$$
$$=\lambda H^*(P_d,P_n,\omega)H(P_n,P_k,\omega)\sum_{s=1}^{S}E^*(P_s,\omega)H^*(P_s,P_d,\omega) \tag{6-6}$$

P_k 接收到的来自整个阵列 $P_n(n=1,2,\cdots,N)$ 的聚焦信号为

$$S(P_k,\omega)=\sum_{n=1}^{N}S^{TR}_{(n)}(P_k,\omega)$$
$$=\lambda\sum_{n=1}^{N}\sum_{s=1}^{S}E^*(P_s,\omega)H^*(P_s,P_d,\omega)H^*(P_d,P_n,\omega)H(P_n,P_k,\omega) \tag{6-7}$$

当 P_k 位于探测目标 P_d 时,则探测目标接收到的来自阵列 $P_n(n=1,2,\cdots,N)$ 的信号为

$$S(P_d,\omega) = \lambda \sum_{n=1}^{N} \sum_{s=1}^{S} E^*(P_s,\omega) H^*(P_s,P_d,\omega) H^*(P_d,P_n,\omega) H(P_n,P_d,\omega)$$

$$= \lambda \sum_{n=1}^{N} \sum_{s=1}^{S} E^*(P_s,\omega) H^*(P_s,P_d,\omega) \mid H(P_d,P_n,\omega) \mid^2$$

(6-8)

根据时间反演镜理论,$S(P_d,\omega)$ 是接收阵列 $P_n(n=1,2,\cdots,N)$ 同步反演后聚焦于探测目标的聚焦信号,为 $N \times S$ 个单项式的线性叠加,即探测目标接收到来自整个接收阵列时间反演信号再次激励的聚焦信号。式(6-8)等效于多个接收单元单独进行时间反演成像后于探测目标处的叠加结果,即可以通过单通道时间反演激励的线性叠加来达到多通道同步时间反演激励的探测效果。根据这个特性,在时间反演过程,可以不必对时间反演信号进行同步回传激励,而是可以采用探测目标接收到的多个接收单元单独时间反演激励的聚焦信号的线性叠加来等效合成同步时间反演的聚焦信号。

对于时间聚焦 TRM 方法,采用图 1-25 所示的时间反演的信号传播模型为分析对象,探测阵列的信号接收单元共有 N 个,分别位于 $P_n(1 \leqslant n \leqslant N)$。探测目标位于 P_d,探测目标与各接收阵列单元之间的传递函数为 $h(P_d,P_n,t)$,其频域形式为 $H(P_d,P_n,\omega)$。假设探测目标发出的散射信号为 $x(t)$,其频域形式为 $X(\omega)$。根据式(1-28)可知,在对接收阵列重新激励时间反演信号后,成像空间 P_k 接收到的来自位于 P_n 处接收单元的时间反演传播信号为

$$S_{(n)}^{\mathrm{TR}}(P_k,\omega) = H(P_k,P_n,\omega) H^*(P_d,P_n,\omega) X^*(\omega) \mathrm{e}^{\mathrm{i}\omega T} \quad (6\text{-}9)$$

式中 T 为进行时间反演的截取信号时间长度。

进行傅里叶逆变换可得时域表示形式:

$$s_{(n)}^{\mathrm{TR}}(P_k,t) = \frac{1}{2\pi} \int_{-\infty}^{+\infty} S_{(n)}^{\mathrm{TR}}(P_k,\omega) \mathrm{e}^{\mathrm{i}\omega t} \mathrm{d}\omega \quad (6\text{-}10)$$

式(6-10)可表示为

$$s_{(n)}^{\mathrm{TR}}(P_k,t) = \frac{1}{2\pi} \int_{-\infty}^{+\infty} S_{(n)}^{\mathrm{TR}}(P_k,\omega) \mathrm{e}^{\mathrm{i}\omega t} \mathrm{d}\omega$$

$$= \frac{1}{2\pi} \int_{-\infty}^{+\infty} \mid S_{(n)}^{\mathrm{TR}}(P_k,\omega) \mid \exp(\mathrm{i}\varphi_n(P_k,\omega) + \mathrm{i}\omega t) \mathrm{d}\omega \quad (6\text{-}11)$$

式中,$\varphi_n(P_k,\omega)$ 是 $S^{\mathrm{TR}}(P_k,\omega)$ 的相位函数。

此处,重新为式(6-11)定义一个幅值函数 $c_n(P_k,t)$:

$$c_n(P_k,t) = \frac{1}{2\pi} \int_{-\infty}^{+\infty} \mid S_{(n)}^{\mathrm{TR}}(P_k,\omega) \mid \exp(\mathrm{i}\varphi_n(P_k,\omega) - \mathrm{i}\varphi_n(P_k,\omega_0)) \times$$

$$\exp(-\mathrm{i}(\omega - \omega_0)t)) \mathrm{d}\omega \quad (6\text{-}12)$$

式中,ω_0 为探测信号的工作频率。则式(6-11)可以表示为

$$s_{(n)}^{\mathrm{TR}}(P_k,t) = c_n(P_k,t) \exp(\mathrm{i}\varphi_n(P_k,\omega_0) - \mathrm{i}\omega_0 t) \quad (6\text{-}13)$$

由式(6-12)可知,对于成像空间 P_k 点,其接收到的来自 P_n 处的接收单元的传播信号达到最大值 $c_n^{\max}(P_k)$ 的时间为

$$t_{n,P_k} = \left(\frac{\partial \varphi_n(P_k,\omega)}{\partial \omega}\right)\bigg|_{\omega=\omega_0} \quad (6\text{-}14)$$

然后将式(6-9)代入式(6-10),得到

$$\begin{aligned}
s_{(n)}^{TR}(P_k,t) &= \frac{1}{2\pi}\int_{-\infty}^{+\infty} H(P_k,P_n,\omega)H^*(P_d,P_n,\omega)X^*(\omega)e^{i\omega t}e^{i\omega T}d\omega \\
&= \frac{1}{2\pi}\int_{-\infty}^{+\infty} |H(P_k,P_n,\omega)|e^{i\phi_n(P_k,P_n,\omega)} \times |H(P_d,P_n,\omega)|e^{-i\phi_n(P_d,P_n,\omega)} \times \\
&\quad |X(\omega)|e^{-i\theta(\omega)} \times e^{i\omega T+i\omega t}d\omega \\
&= \frac{1}{2\pi}\int_{-\infty}^{+\infty} |X(\omega)||H(P_k,P_n,\omega)||H(P_d,P_n,\omega)|\times \\
&\quad \exp(i(-\theta(\omega)+\phi_n(P_k,P_n,\omega)-\phi_n(P_d,P_n,\omega)+\omega T)+i\omega t)d\omega
\end{aligned}$$

(6-15)

式中,$\theta(\omega)$是$X(\omega)$的相位;$\phi_n(P_k,P_n,\omega)$是$H(P_k,P_n,\omega)$的相位;$\phi_n(P_d,P_n,\omega)$是$H(P_d,P_n,\omega)$的相位。

因此,根据式(6-15),可得

$$\varphi_n(P_k,\omega) = -\theta(\omega) + \phi_n(P_k,P_n,\omega) - \phi_n(P_d,P_n,\omega) + \omega T \qquad (6-16)$$

当P_k位于目标处,即$P_k=P_d$时,$\varphi_n(P_k,\omega)=-\theta(\omega)+\omega T$。由式(6-14)可得

$$t_{n,P_k} = T - \theta'(\omega_0) \qquad (6-17)$$

由式(6-17)可知,位于P_n处的接收阵列单元所重新发送的时间反演信号在目标处达到最大值的时间与T和$\theta'(\omega_0)$有关,即与接收信号截取长度和初始目标散射信号相位有关,与接收阵列单元的位置和传播路径无关,即$t_{1,P_k}=t_{2,P_k}=\cdots=t_{N,P_k}$。因此,各个接收阵列单元的时间反演信号在目标处达到最大值的时间相同,即聚焦时间相同。根据这个特性,可以突破传统时间反演镜中必须保证接收阵列单元的时间反演信号同步回传激励的限制,单独对各接收阵列单元进行时间反演成像,并把多路的成像结果进行进一步处理,这种不同的处理方法,可以取得等同于甚至超出传统时间反演镜的成像效果。

根据虚拟合成时间反演理论,在实验中可以采用单通道激励-接收系统来虚拟合成多通道同步采集效果,从而解决同步采集问题。另外,根据时间聚焦 TRM 理论,可以跳出传统时间反演镜中必须保证接收阵列单元的时间反演信号同步回传激励的限制,单独对各接收阵列单元进行时间反演成像,采用探测目标接收到的多个接收单元单独时间反演激励的聚焦信号的线性叠加来等效合成同步时间反演的聚焦信号,并把多路的成像结果进行进一步处理。结合上述特点,提出如下的虚拟合成时间反演方法:

(1) 单路发送阵列单元发射探测信号,信号经过空间传播后,单路接收阵列单元接收信号。设探测模型采用S个发射单元,N个接收单元,则共需进行$S \times N$次激励采集。

(2) 将阵列中每个阵元接收到的来自S路发射阵列的信号线性叠加成一路信号,该信号则为虚拟合成信号,根据式(6-4)则整个接收阵列一共可获得N个虚拟合成信号。

(3) 对接收单元的虚拟合成信号根据式(6-9)进行时间反演。

(4) 各个接收单元单独回传激励其时间反演信号。

(5) 计算每个接收单元在成像空间中各像素点的时间反演传播信号,并且归一化。

(6) 将同坐标点的同一时刻像素值相乘,并把所有时刻的相乘结果相加,最后得出一张成像像素图。

根据各个接收阵列单元的时间反演信号在目标处达到最大值的时间相同的特点,目标

位置的像素值将达到最大。因此，可以通过图像中的最大值所在位置来判断目标位置。

6.1.2 双层绞线损伤成像检测实验

本节以双层七芯钢绞线为例进行实验验证。所选钢绞线直径为 15.24 mm，捻距为 22 cm。采用 PZT 片作为换能器，将其布置于绞线最外层单线上，所得发射阵列与接收阵列均由 6 个 PZT 片组成，对应布置方案如图 6-2 所示。为了保证探测导波在钢绞线中可以均匀地在多根单线上传播，对整个发射阵列同时施加激励信号。因此，在运用虚拟合成技术进行损伤信号探测时，不需要进行多次单发单收试验，只需进行 6 次全阵列激励－单阵元接收试验，6 个接收阵元上所得的接收信号即是虚拟合成信号。裂缝损伤设置在第 1 股钢绞线上，距激励阵列 50 mm，尺寸为 2.5 mm×2.5 mm×1 mm，如图 6-3 所示。

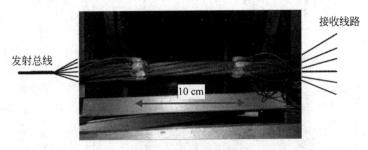

图 6-2 探测阵列布置

图 6-3 裂缝损伤

激励信号采用中心频率为 100 kHz 的汉宁窗调制 5 周期正弦信号。根据虚拟合成理论，采用单通道分 6 次对 6 个接收换能器提取接收信号，接收信号如图 6-4 所示。

建立对应的三维几何模型，并进行网格划分，作为损伤成像空间，将网格尺寸设置为 0.2 mm，所得模型如图 6-5 所示。

采用基于时间聚焦的 TRM 成像方法，对 6 路虚拟合成信号进行时间反演放大处理，分别在该 6 处接收单元网格点上进行重新激励，并对该 6 路信号的时间反演图像进行归一化和叠加处理，得到最终的聚焦图像，其剖面图如图 6-6 所示。

聚焦图像中像素值最大值截面位于距激励阵列 $z=48$ mm 处，该处的 z 轴剖面如图 6-6(b) 所示。而实际损伤的中心位置位于距激励阵列 50 mm 剖面处，聚焦图像显示的损伤中心与实际损伤中心的 z 轴误差为 2 mm。

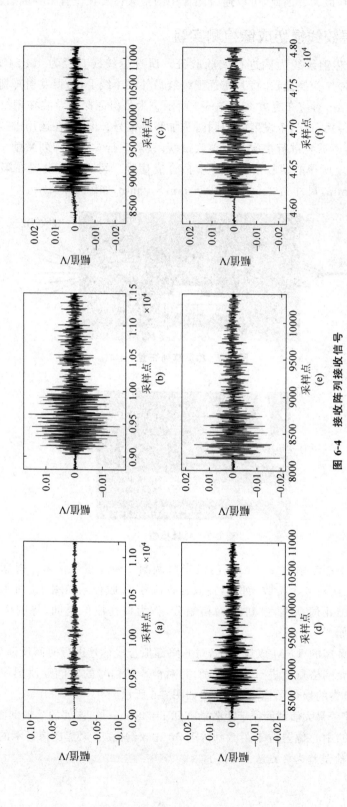

图 6-4 接收阵列接收信号
(a) 第 1 股；(b) 第 2 股；(c) 第 3 股；(d) 第 4 股；(e) 第 5 股；(f) 第 6 股

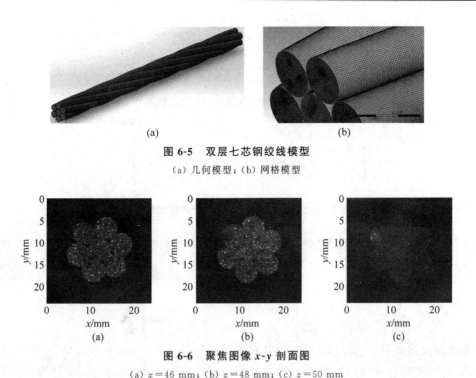

图 6-5 双层七芯钢绞线模型

(a) 几何模型；(b) 网格模型

图 6-6 聚焦图像 x-y 剖面图

(a) $z=46$ mm；(b) $z=48$ mm；(c) $z=50$ mm

6.2　多层绞线结构虚拟双向时间反演成像方法

6.2.1　虚拟双向时间反演成像机理

虚拟合成时间反演检测方法实现了双层绞线结构损伤成像,但对于损伤的剖面形状只能在少数图像中大致呈现,所呈现的损伤像素与初始损伤相比缺失较多。原因在于绞线结构横截面较小,各阵元间距较小,而导波传播距离较大,基于单侧阵列的时间反演法在绞线结构上聚焦效果较差。为进一步对多层绞线结构损伤进行成像,实现多层结构损伤信息可视化,提出一种虚拟双向时间反演成像方法,该方法利用损伤反射波与透射波的时间反演信号相向传播,从而实现时间反演信号于损伤处聚焦。虚拟双向时间反演成像方法原理如图 6-7 所示,在绞线上布置激励阵列和反射端接收阵列、透射端接收阵列,以反射端接收阵列至透射端接收阵列所在区域为检测区域。设检测区域内存在损伤,激励阵列、反射端接收阵列、透射端接收阵列中的第 i 个阵元分别用 E_i、R_i、T_i 表示,E_i 到损伤的传递函数用 $h_i(t)$ 表示,损伤到 R_i 的传递函数用 $h_{Ri}(t)$ 表示,损伤到 T_i 的传递函数用 $h_{Ti}(t)$ 表示,激励信号为 $u(t)$。

激励信号 $u(t)$ 到达损伤处的信号 $y_i(t)$ 可用卷积的形式表示为

$$y_i(t) = u(t) * h_i(t) \tag{6-18}$$

导波信号经过损伤后使得损伤成为二次声源,进而产生反射导波与透射导波,将该信号散射视为线性响应,则反射端 R_i 阵元采集到的损伤反射信号 $y_{Ri}(t)$ 与透射端 T_i 阵元采集到的损伤透射信号 $y_{Ti}(t)$ 可表示为

$$y_{Ri}(t) = \beta_R \cdot y_i(t) * h_{Ri}(t) \tag{6-19}$$

$$y_{Ti}(t) = \beta_T \cdot y_i(t) * h_{Ti}(t) \tag{6-20}$$

式中,β_R 表示激励信号与反射信号幅值之比；β_T 表示激励信号与透射信号之比。

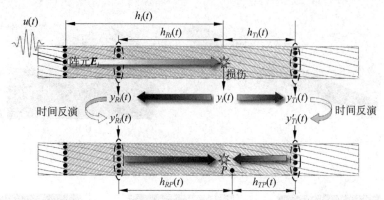

图 6-7 绞线结构中的虚拟双向时间反演聚焦原理

从反射信号 $y_{Ri}(t)$ 与透射信号 $y_{Ti}(t)$ 在时域上均截取时间长度为 T 的信号,并使得截取信号的时间起点相同,在各自时域上进行反转,所得时间反演信号 $y'_{Ri}(t)$ 和 $y'_{Ti}(t)$ 可表示为

$$y'_{Ri}(t) = \beta_R \cdot y_i(-t) * h_{Ri}(-t) \tag{6-21}$$

$$y'_{Ti}(t) = \beta_T \cdot y_i(-t) * h_{Ti}(-t) \tag{6-22}$$

将时间反演信号 $y'_{Ri}(t)$ 和 $y'_{Ti}(t)$ 分别加载到反射端 R_i 阵元和透射端 T_i 阵元进行再次激励,此时考察两阵元间相向而行的导波信号,设绞线中任意一点 P,反射端 R_i 阵元到点 P 的传递函数为 $h_{RP}(t)$,透射端 T_i 阵元到点 P 的传递函数为 $h_{TP}(t)$,则点 P 处采集到的导波信号 $y_P(t)$ 为

$$y_P(t) = y'_{Ri}(t) * h_{RP}(t) + y'_{Ti}(t) * h_{TP}(t) \tag{6-23}$$

将其写为傅里叶变换形式,则有

$$y_P(t) = \frac{1}{2\pi} \int_{-\infty}^{+\infty} y_P(\omega) e^{i\omega t} d\omega = \frac{1}{2\pi} \int_{-\infty}^{+\infty} |y_P(\omega)| e^{i\varphi_P(\omega) + i\omega t} d\omega \tag{6-24}$$

式中,$\varphi_P(\omega)$ 是 $y_P(\omega)$ 的相位函数。

构造幅值函数 $c_P(t)$:

$$c_P(t) = \frac{1}{2\pi} \int_{-\infty}^{+\infty} |y_P(\omega)| e^{i\varphi_P(\omega) - i\varphi_P(\omega_0)} \times e^{i(\omega - \omega_0)t} d\omega \tag{6-25}$$

式中,ω_0 为探测信号的频率,此时 $y_P(t)$ 可表示为

$$y_P(t) = c_P(t) e^{i\varphi_P(\omega_0) + i\omega_0 t} \tag{6-26}$$

当且仅当点 P 与原损伤重合时,传递函数 $h_{RP}(t)$ 与 $h_{Ri}(t)$、$h_{TP}(t)$ 与 $h_{Ti}(t)$ 具有互易性,信道匹配且 $c_P(t)$ 取得最大值,此时有

$$y_P(\omega) = \overline{y_i(\omega)} e^{i\omega T} (\beta_R |h_{Ri}(\omega)|^2 + \beta_T |h_{Ti}(\omega)|^2) \tag{6-27}$$

$$c_P(t) = \frac{1}{2\pi} \int_{-\infty}^{+\infty} |y_P(\omega)| d\omega \tag{6-28}$$

则式(6-24)可以表示为

$$y_P(t) = \frac{1}{2\pi} \int_{-\infty}^{+\infty} |y_i(\omega)| (\beta_R |h_{Ri}(\omega)| |h_{RP}(\omega)| e^{-i\phi_{Ri}(\omega) + i\phi_{RP}(\omega)} + \beta_T |h_{Ti}(\omega)| |h_{TP}(\omega)| e^{-i\phi_{Ti}(\omega) + i\phi_{TP}(\omega)}) e^{i(-\theta(\omega) + \omega T) + i\omega t} d\omega \tag{6-29}$$

式中,$\theta(\omega)$ 是 $y_i(\omega)$ 的相位;$\phi(\omega)$ 是 $h(\omega)$ 的相位。

同样当且仅当点 P 与原损伤重合时,传递函数 $h_{RP}(t)$ 与 $h_{Ri}(t)$、$h_{TP}(t)$ 与 $h_{Ti}(t)$ 具有互易性,信道匹配,$y_P(t)$ 可表示为

$$y_P(t) = \frac{1}{2\pi}\int_{-\infty}^{+\infty} |y_i(\omega)|(\beta_R|h_1(\omega)||h_3(\omega)| + \beta_T|h_2(\omega)||h_4(\omega)|)e^{-i(\theta(\omega)+\omega T)+i\omega t}d\omega \qquad (6\text{-}30)$$

且有

$$\varphi_P(\omega) = -\theta(\omega) + \omega T \qquad (6\text{-}31)$$

此时点 P 采集到的导波信号达到最大值的时间 τ_P 为

$$\tau_P = \left(\frac{\partial \varphi_P(\omega)}{\partial \omega}\right)\bigg|_{\omega=\omega_0} = T - \theta'(\omega_0) \qquad (6\text{-}32)$$

即从反射端和透射端再次激励的虚拟双向时间反演信号最终会同时到达原损伤位置,且聚焦时刻仅与截取的时间反演信号长度 T 及损伤信号相位 $\theta'(\omega_0)$ 相关。

6.2.2 多层绞线结构损伤成像实现

对包覆区承力索进行检测时,首先通过全矩阵捕获得到对应的反射端和透射端全矩阵数据,之后将全矩阵数据拆分为对角线数据与非对角线数据,其中,对角线数据用于承力索最外层单线损伤检测,非对角线数据做螺旋聚焦处理后得到螺旋聚焦增强信号,用于承力索内层单线损伤检测。对反射端所得信号做交叉稀疏表示,从而提取损伤反射波,透射端所得信号则根据激励接收传感器位置提取首波信号作为损伤透射波。再分别将对角线数据与非对角线处理所得的损伤反射波和损伤透射波做虚拟双向时间反演处理,获得对应的成像结果,将内外层检测结果进行融合,包覆结构与非损伤单线做透明处理,最终得到包覆区承力索损伤检测成像结果,其流程如图 6-8 所示。

对于虚拟双向时间反演处理成像,在获得损伤反射波 $y_{Ri}(t)$ 与损伤透射波 $y_{Ti}(t)$ 后,分别进行时间反演处理得到时间反演信号 $y'_{Ri}(t)$ 和 $y'_{Ti}(t)$。设承力索仿真模型是由 n 个节点组成,对应的节点集 Nodes 可表示为

$$\text{Nodes} = \{\text{Node}_1, \text{Node}_2, \cdots, \text{Node}_n\} \qquad (6\text{-}33)$$

节点 Node_i 的坐标记为 $[x_i, y_i, z_i]$,则节点集 Nodes 对应的坐标矩阵 $[\boldsymbol{x}\ \ \boldsymbol{y}\ \ \boldsymbol{z}]$ 为

$$[\boldsymbol{x}\ \ \boldsymbol{y}\ \ \boldsymbol{z}] = \begin{bmatrix} x_1 & y_1 & z_1 \\ x_2 & y_2 & z_2 \\ \vdots & \vdots & \vdots \\ x_n & y_n & z_n \end{bmatrix} \qquad (6\text{-}34)$$

以两个完全相同的承力索仿真模型作为虚拟双向时间反演载体,分别记为模型 1 和模型 2,将时间反演信号 $y'_{Ri}(t)$ 导入仿真模型 1 中反射端再次激励,将时间反演信号 $y'_{Ti}(t)$ 导入仿真模型 2 中透射端再次激励,仿真时长为 t,由 N 个时刻组成,有

$$\boldsymbol{t} = [t_0, t_1, \cdots, t_N] \qquad (6\text{-}35)$$

t_0 时刻整个模型所有节点的位移特征矩阵 $\boldsymbol{U}(t_0)$ 可表示为

$$\boldsymbol{U}(t_0) = \begin{bmatrix} U_{x1}(t_0) & U_{y1}(t_0) & U_{z1}(t_0) \\ U_{x2}(t_0) & U_{y2}(t_0) & U_{z2}(t_0) \\ \vdots & \vdots & \vdots \\ U_{xn}(t_0) & U_{yn}(t_0) & U_{zn}(t_0) \end{bmatrix} \qquad (6\text{-}36)$$

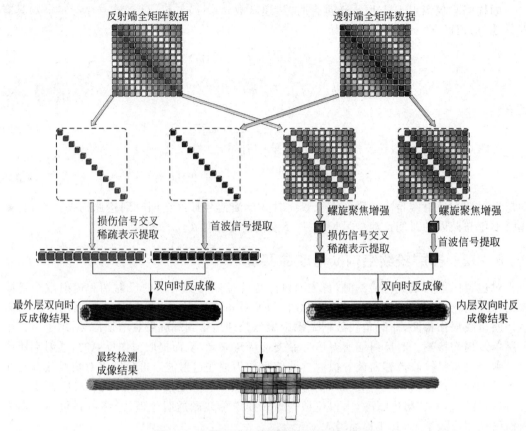

图 6-8　包覆区承力索损伤检测成像示意图

仿真模型 1 与仿真模型 2 可分别获得反射端位移特征矩阵 $U_R(t_0)$ 和透射端位移特征矩阵 $U_T(t_0)$，将两矩阵对应元素相乘后得到 t_0 时刻的聚焦矩阵，即有：

$$F(t_0) = U_R(t_0) \odot U_T(t_0) \tag{6-37}$$

式中，$\odot$ 表示阿达马积，即相关运算。

将所有时刻对应的聚焦矩阵进行叠加得到最终的聚焦特征矩阵 $F(t)$，有

$$F(t) = \sum_{i=1}^{N} F(t_i) \tag{6-38}$$

即实现了虚拟双向时间反演信号在承力索模型中的聚焦，该聚焦位置即为损伤位置，再将聚焦特征矩阵进行颜色映射获得颜色矩阵 $[R\ G\ B]$，与模型节点坐标矩阵 $[x\ y\ z]$ 合并为三维彩色点云矩阵 $[x\ y\ z\ R\ G\ B]$，通过点云矩阵即可实现包覆区承力索损伤成像。提出的虚拟双向时间反演聚焦处理流程总结如图 6-9 所示，其核心思想是将时间反演信号在两个完全相同的仿真模型中进行虚拟的相向传播，用节点位移特征进行表征，利用模型节点完全相同以及时间反演信号的时空聚焦特性进行联系，结合节点坐标形成点云矩阵进行成像。

1）最外层单线成像

将断股状态时反射端交叉稀疏表示所得损伤反射波与透射端提取首波（代替损伤透射波）做时间反演处理，导入成像空间中进行虚拟双向时间反演聚焦，并将聚焦矩阵映射到红

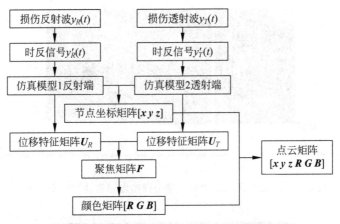

图 6-9 虚拟双向时间反演点云成像处理流程图

绿颜色谱获得点云矩阵文件,通过开源数据分析可视化软件 ParaView 进行三维点云成像,所得的成像结果如图 6-10 所示。图中模型网格节点用球状点显示,为观察包覆区域损伤情况,中心锚结线夹的节点采用半透明显示,局部放大图中增加两条参考竖线以增强立体显示效果,可清晰直观地显示包覆区承力索最外层单线损伤,最终达到良好的三维成像效果。

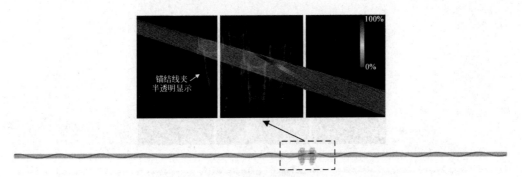

图 6-10 包覆区承力索 C_1 单线断股损伤虚拟双向时间反演成像

2) 内层七芯全损伤成像

将所提取的损伤反射波与损伤透射波进行时间反演处理,导入包覆区承力索成像空间中进行虚拟双向时间反演聚焦,将所得点云矩阵进行成像,为观察包覆区承力索内层损伤,将中心锚结线夹与非损伤单线的节点采用半透明显示,所得的成像结果如图 6-11 所示,透过包覆结构能很好地观察到内层 7 芯全损伤情况。

3) 内层单线损伤成像

分别将次外层单线损伤与中心层单线损伤结构中提取的损伤反射波与损伤透射波进行时间反演处理,导入模型中进行虚拟双向时间反演聚焦,获得对应的三维点云矩阵并进行成像,所得结果如图 6-12 所示。为观察包覆区承力索内层单线损伤,将锚结线夹与非损伤单线的节点采用半透明显示,通过虚拟双向时间反演成像方法可直观地表示包覆区承力索次外层、中心层单线损伤情况。

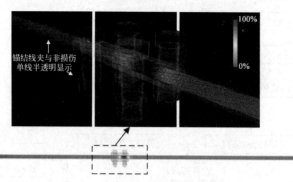

图 6-11 包覆区承力索内层 7 芯全损伤虚拟双向时间反演成像

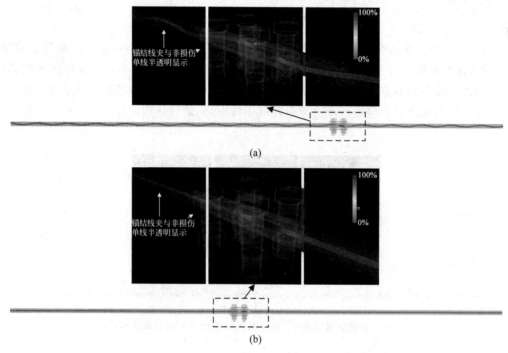

图 6-12 包覆区承力索内层单线损伤虚拟双向时间反演成像
(a) 次外层 B_1 单线断股损伤；(b) 中心层 A 单线断股损伤

6.3 基于双向时间反演的多层绞线结构损伤成像检测

根据本书提出的包覆区承力索结构损伤超声导波螺旋聚焦检测方法，结合研制的环孔式阵列超声导波传感器，对传统全聚焦方法与虚拟双向时间反演方法在包覆区承力索损伤成像方面的效果进行比较。根据《接触网运行检修规程》和《高速铁路接触网维护与检修》等承力索检修标准，当承力索中 1 根单线出现断股时，需要用同材质绑线扎紧或接续条接续，而有 4～5 根以上单线出现断股时则应将承力索截断重新接续。承力索按检测区域可分为最外层和内层，其中，最外层裸露，能与传感器直接接触，而内层被最外层包裹，需要通过单线间的耦合进行检测，内层又可分为次外层和中心层。首先考虑断股损伤出现在最外层单线的情况,再次考虑内层 7 芯作为整体均出现损伤的情况,最后进一步分别考虑断股损伤出现在次外层和中心层的情况,通过设计的阵列超声导波传感器激励并采集导波信号,结合螺旋聚焦与交叉稀疏表示进行信号处理,并通过虚拟双向时间反演进行成像。

6.3.1 最外层单线损伤成像

综合比较,对最外层单线损伤信号进行识别时,选择频散字典对反射端全矩阵数据主对角线信号进行交叉稀疏表示,δ_1 阈值取 50%,δ_2 阈值取 90%,所得结果如图 6-13 所示,仅在 C_1、C_8 断股单线采集信号中匹配出损伤原子信号,提取的损伤信号作为虚拟双向时间反演成像所需的反射端信号,而无原子信号的单线则采用零电平信号。其中,C_1 单线检测中所匹配出信号的传播距离为 1.867 m,通过该信号判断损伤的位置距激励(1.867 m-0.5 m)/2+0.5 m=1.184 m,定位相对误差为(1.184-1.2)/1.2×100%=-1.3%,C_8 单线检测中所匹配出信号的传播距离为 2.674 m,通过该信号判断损伤位置距激励(2.674 m-0.5 m)/2+0.5 m=1.587 m,定位相对误差为(1.587-1.6)/1.6×100%=-0.8%。

透射端提取首波信号作为损伤透射波,采用频散字典进行稀疏表示,激励阵列与透射端采集阵列轴向距离为 1.7 m,保留传播距离为 1.65~1.75 m 范围内的纵向模态原子信号,结果如图 6-14 所示,之后将各原子信号的合信号做虚拟双向时间反演成像处理。

在损伤成像方面,将分别采用全聚焦成像方法[150]与本书提出的虚拟双向时间反演成像方法对包覆区承力索损伤进行成像,所得结果如图 6-15 所示。

全聚焦成像首先将检测区域离散化为若干个空间离散点,然后将全矩阵数据聚焦到被测区域的每一个离散点,利用合成的幅值实现全聚焦。为了避免纵向模态直达波与弯曲模态直达波的影响,首先将采集的所有信号进行去首波处理,计算承力索模型中各个节点到激励阵列与接收阵列之间的距离,再转化为波传播时间,其中,导波群速度取 $c_g=3700$ m/s。最后得到整个模型成像空间所有节点对应幅值,将幅值转换为像素值进行成像,并设置多组显示阈值,将低于阈值的像素值置零,所得全聚焦成像结果如图 6-15(a)所示,损伤在承力索中整体呈现而未区分具体单线。当阈值较低时,成像结果中出现大量损伤伪影,而阈值过高时,实际的损伤影像会被消除,原因在于全矩阵捕获数据中,除了损伤反射信号外还有其余杂波信号,经过叠加后杂波幅值可能大于损伤信号叠加幅值。对于虚拟双向时间反演成像,将对应单线提取的损伤反射波与损伤透射波作为一组,将各组作虚拟双向时间反演处理生成点云矩阵,分别转化为对应点云文件,所得的成像结果如图 6-15(b)所示,随着显示阈值的增加,损伤所示范围逐渐向中心靠拢,在不同显示阈值下,C_1、C_8 单线损伤均能被清晰直观表示,成像结果中无伪影且对显示阈值并不敏感。

6.3.2 内层全损伤成像

对内层全损伤成像检测,将全聚焦成像与虚拟双向时间反演成像进行对比,所得结果如图 6-16 所示。

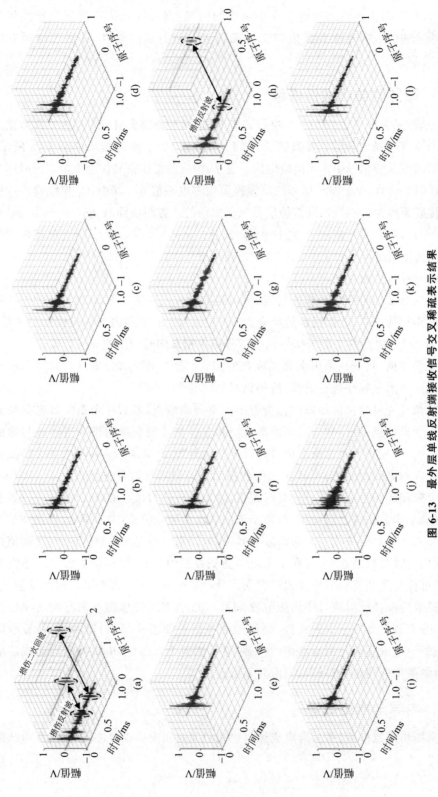

图 6-13 最外层单线反射端接收信号交叉稀疏表示结果

(a) C_1 单线;(b) C_2 单线;(c) C_3 单线;(d) C_4 单线;(e) C_5 单线;(f) C_6 单线;(g) C_7 单线;(h) C_8 单线;(i) C_9 单线;(j) C_{10} 单线;(k) C_{11} 单线;(l) C_{12} 单线

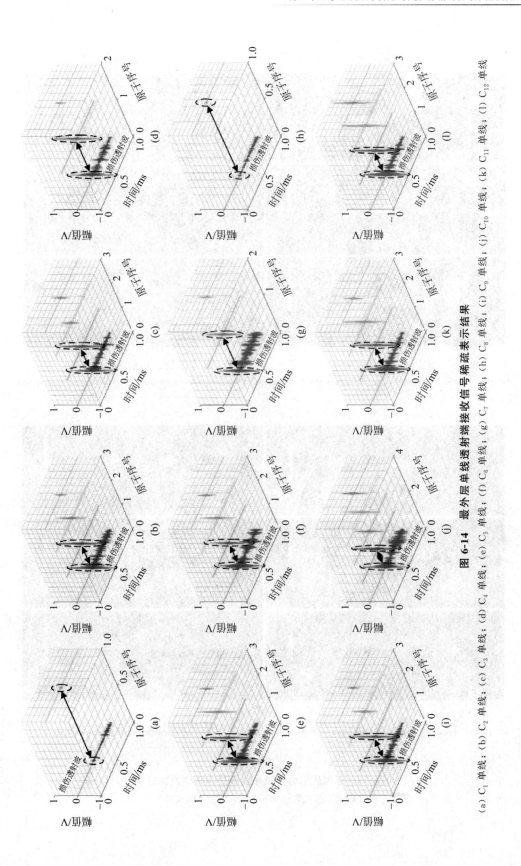

图 6-14 最外层单线透射端接收信号稀疏表示结果

(a) C_1 单线；(b) C_2 单线；(c) C_3 单线；(d) C_4 单线；(e) C_5 单线；(f) C_6 单线；(g) C_7 单线；(h) C_8 单线；(i) C_9 单线；(j) C_{10} 单线；(k) C_{11} 单线；(l) C_{12} 单线

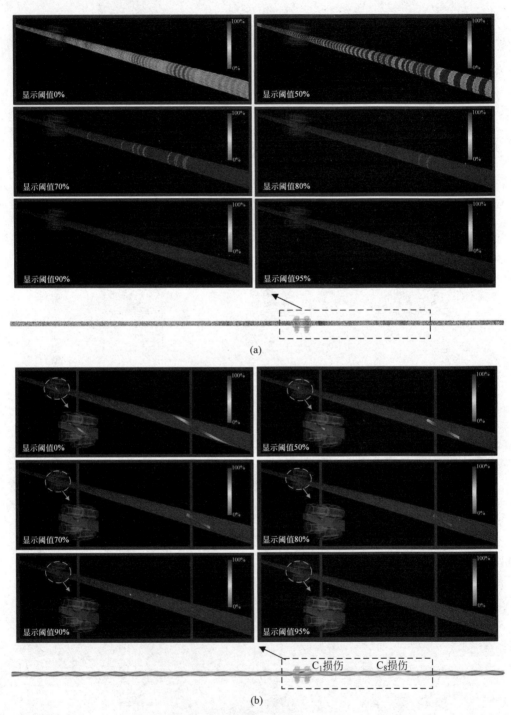

图 6-15 包覆区承力索最外层单线多损伤成像结果

(a) 全聚焦成像；(b) 虚拟双向时间反演成像

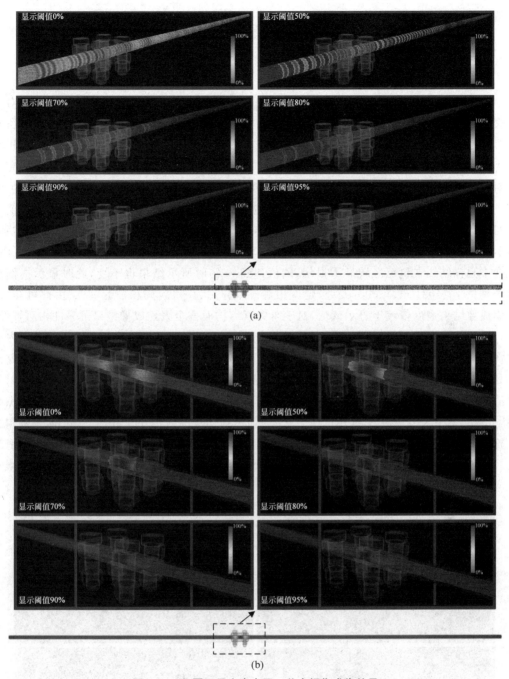

图 6-16 包覆区承力索内层 7 芯全损伤成像结果
(a) 全聚焦成像；(b) 虚拟双向时间反演成像

全聚焦成像结果中，低于显示阈值的值置零，当显示阈值较低时，成像结果中在较宽范围内出现大量损伤伪影，随着阈值的增加伪影逐渐减少，当阈值达 90% 时图中依然显示多处损伤，阈值达 95% 时仍显示两处损伤。虚拟双向时间反演成像结果中，为观察包覆区承力索内层损伤，将锚结线夹与非损伤单线的节点采用半透明显示，阈值为 0% 时，所示损伤位置仅在窄范围区域内，随着阈值的增加，所示损伤范围向中心区域收窄，最终成像结果受阈值影响较小,且可对损伤进行准确成像。

6.3.3 内层单线损伤成像

1) 次外层单线损伤成像

对次外层单线损伤成像检测,将全聚焦成像与虚拟双向时间反演成像进行对比。对于全聚焦成像,为了避免纵向模态直达波与弯曲模态直达波的影响,首先将图 4-43(a)中所有信号进行去首波处理,计算承力索模型中各个节点到激励阵列与接收阵列之间的距离,再转化为波传播时间,其中,导波群速度取 $c_g = 3700$ m/s。最后得到整个模型成像空间所有节点对应幅值,将幅值转换为像素值进行成像,并设置多组显示阈值,将低于阈值的像素值置零,所得全聚焦成像结果如图 6-17(a)所示。成像结果中同样出现多个伪影,虽然当阈值较低时,成像结果中出现大量损伤伪影,但与内层 7 芯全损伤成像不同的是,随着阈值的增加,显示的损伤数量减少,同时剩余位置逐渐向包覆区靠拢,定位更加准确。当阈值达 90% 时,仅在中心锚结线夹包覆区域显示损伤,阈值达到 95% 时所示结果也不变,此时显示损伤位置分别位于 1.081 m、1.090 m 处,定位相对误差分别为 -1.7% 和 -0.9%。由此可知,全聚焦成像结果高度依赖于显示阈值,对于承力索结构而言全聚焦成像结果可靠性相对较低。

对于虚拟双向时间反演成像,所得结果如图 6-17(b)所示。为观察包覆区承力索内层损伤,将中心锚结线夹与非损伤单线的节点采用半透明显示,根据对全矩阵数据进行螺旋聚焦处理时选用的螺旋聚焦公式所得的聚焦增强效果,可知损伤所在单线层,而虚拟双向时间反演像结果中可进一步准确显示对应的内层单线损伤。由于双向时间反演的时空聚焦特性,成像结果中未出现伪影,显示阈值为 0% 时显示损伤范围为 1.093 m±0.030 m,实际损伤位置 1.1 m 处于该范围内,且中心位置与通过反射端交叉稀疏表示结果定位的 1.071 m 相比,更接近实际损伤位置,所示结果更为准确。而随着显示阈值的增加仅是损伤范围缩小,即虚拟双向时间反演成像结果对阈值敏感度较低,更易于准确直观地显示包覆区承力索内层损伤。

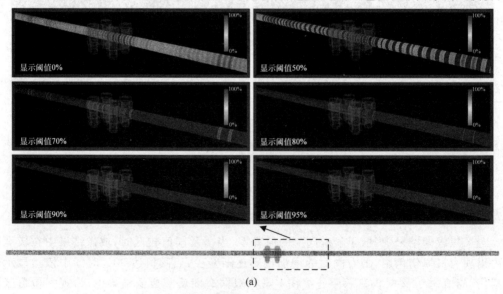

(a)

图 6-17 包覆区承力索次外层单线损伤成像结果

(a) 全聚焦成像;(b) 虚拟双向时间反演成像

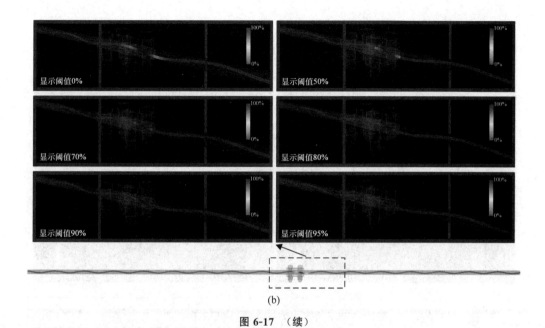

图 6-17 （续）

2) 中心层单线损伤成像

对中心层单线损伤成像检测，将全聚焦成像结果与虚拟双向时间反演成像结果进行对比。全聚焦成像结果如图 6-18(a)所示，当阈值较低时，成像结果中依然出现大量损伤伪影，随着阈值的增加，伪影逐渐减少，当阈值达 90% 时，在中心锚结线夹包覆区域显示 2 处损伤，此时显示损伤位置分别为 0.968 m、0.989 m，定位相对误差分别为 1.8% 和 4.1%，而当显示阈值达 95% 时，成像结果中未包含损伤信号，此时则造成漏检，说明阈值对于全聚焦成像结果影响较大，所得结果可靠性相对较低。虚拟双向时间反演成像结果如图 6-18(b)所示，根据对全矩阵数据进行螺旋聚焦处理时选用的螺旋聚焦公式所得的聚焦增强效果，可知损伤所在单线层，而虚拟双向时间反演成像结果中可进一步显示对应的内层单线损伤。为观察包覆区承力索内层损伤，将中心锚结线夹与非损伤单线的节点采用半透明显示，并添加灰色参考线以增强显示结果的立体感，包覆区承力索中心层损伤可清晰呈现。作为对比，设置多组显示阈值，阈值为 0% 时显示损伤范围为 0.948 m±0.040 m，实际损伤位置 0.95 m 处于该范围内，且中心位置与通过反射端交叉稀疏表示结果定位的 0.921 m 相比，更接近实际损伤位置，所示结果更为准确。同样可以看出，随着阈值的增加，损伤显示范围逐渐向中心靠拢，阈值对虚拟双向时间反演成像结果影响较小，仅对损伤显示范围产生影响，对损伤位置无影响。

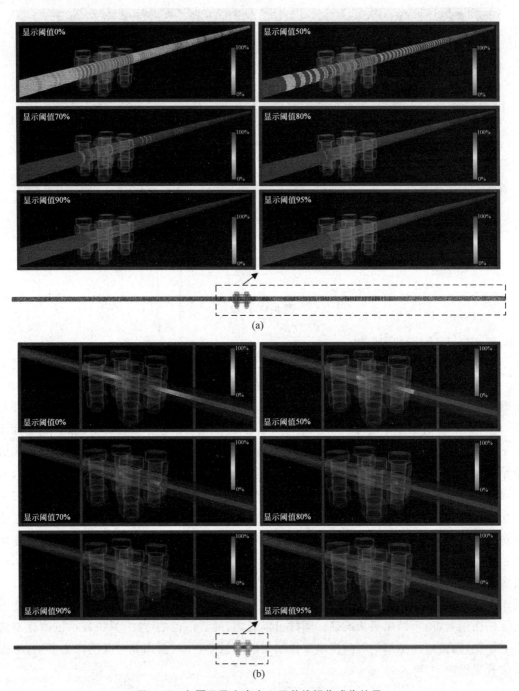

图 6-18 包覆区承力索中心层单线损伤成像结果
(a) 全聚焦成像;(b) 虚拟双向时间反演成像

6.4 本章小结

本章将传统时间反演聚焦方法应用于绞线结构,提出基于虚拟合成的时间聚焦 TRM 检测方法,通过双层绞线验证其可行性。其结果表明,时间反演信号在该结构中具有一定的聚焦性。而对于多层绞线,由于单线间的接触条件更为复杂,传统时间反演难以达到良好的成像效果,因此提出虚拟双向时间反演成像方法,并将全聚焦成像结果与虚拟双向时间反演成像结果进行对比。结果表明,全聚焦成像结果高度依赖于阈值,当阈值较低时成像结果中出现大量损伤伪影,而阈值过高时实际的损伤影像可能会被消除,从而造成漏检或误判。而虚拟双向时间反演成像结果中未出现伪影,未设阈值时显示损伤范围即包含实际损伤位置,随着阈值的增加仅是范围缩小,即虚拟双向时间反演成像结果对阈值敏感度较低,更易于准确直观地显示损伤。

参 考 文 献

[1] 国家制造强国建设战略咨询委员会.中国制造2025蓝皮书(2018)[M].北京：电子工业出版社,2018.

[2] 刘涟清,蒲琪,孙章.中国高铁发展战略[M].上海：上海科学技术文献出版社,2019.

[3] YANG S C,YAO G W,ZHANG J Q. Observations on the damage behaviors of corrosion fatigue in steel strands based on image analysis[J]. Advances in Mechanical Engineering,2017,9(12)：1-10.

[4] 杨世聪,张劲泉,姚国文.基于图像灰度分析的腐蚀钢绞线细观损伤行为[J].固体力学学报,2018,39(3)：305-315.

[5] ZHOU P,ZHOU G B,HE Z Z,et al. A novel texture-based damage detection method for wire ropes[J]. Measurement,2019,148：106954.

[6] 戴若辰,赵明富,汤斌,等.基于Otsu分割与边缘检测的钢丝绳缺陷检测方法研究[J].激光与光电子学进展,2021,58(16)：566-573.

[7] SCHUMACHER D,ANTIN K,ZSCHERPEL U,et al. Application of different X-ray techniques to improve in-service carbon fiber reinforced rope inspection[J]. Journal of Nondestructive Evaluation,2017,36(4)：62.

[8] HU Y N,WANG J,ZHU Y Q,et al. Automatic defect detection from X-ray scans for aluminum conductor composite core wire based on classification neutral network[J]. NDT & E International,2021,124：102549.

[9] 王进,曹国刚,边红星.线阵X射线钢丝绳芯输送带图像增强算法研究与实现[J].煤矿机电,2017(4)：15-18,22.

[10] HIRUMA S,IGARASHI H. Fast 3-D analysis of eddy current in litz wire using integral equation[J]. IEEE Transactions on Magnetics,2017,53(6)：7000704.

[11] 郭锐,曹雷,贾娟,等.基于两半式涡流线圈和巡线机器人的高压输电线在线检测系统[J].仪表技术与传感器,2016(3)：86-89,110.

[12] 于小杰,李旭东,解社娟,等.钢丝绳断丝缺陷涡流检测方法[J].中国机械工程,2019,30(22)：2757-2763.

[13] XIA R C,ZHOU J T,ZHANG H,et al. Quantitative study on corrosion of steel strands based on self-magnetic flux leakage[J]. Sensors,2018,18(5)：1396.

[14] XIA R C,ZHOU J T,ZHANG H,et al. Experimental study on corrosion of unstressed steel strand based on metal magnetic memory[J]. KSCE Journal of Civil Engineering,2019,23(3)：1320-1329.

[15] KAUR A,GUPTA A,AGGARWAL H,et al. Non-destructive evaluation and development of a new wire rope tester using parallely magnetized NdFeB magnet segments[J]. Journal of Nondestructive Evaluation,2018,37(3)：61.

[16] LIU S W,SUN Y H,JIANG X Y,et al. Comparison and analysis of multiple signal processing methods in steel wire rope defect detection by hall sensor[J]. Measurement,2021,171：108768.

[17] 周建庭,赵亚宇,何沁,等.基于磁记忆的镀锌钢绞线腐蚀检测试验[J].长安大学学报(自然科学版),2019,39(1)：81-89.

[18] LI F M,HUANG L,ZHANG H X,et al. Attenuation of acoustic emission propagation along a steel strand embedded in concrete[J]. KSCE Journal of Civil Engineering,2018,22(1)：222-230.

[19] 李冬生,胡倩,李惠,等.多龄期桥梁斜拉索疲劳损伤演化声发射监测技术研究[J].振动与冲击,2012,31(4)：67-71.

[20] LI D S, TAN M L, ZHANG S F, et al. Stress corrosion damage evolution analysis and mechanism identification for prestressed steel strands using acoustic emission technique[J]. Structural Control and Health Monitoring, 2018, 25(8): e2189.

[21] 辛桂蕾. 基于声发射技术的桥梁拉索断丝信号识别方法研究[D]. 济南：山东大学，2020.

[22] 全国无损检测标准化技术委员会. 无损检测 超声导波检测：第一部分总则：GB/T 31211.1—2014[S]. 北京：中国标准出版社，2014.

[23] HOSOYA N, UMINO R, KANDA A, et al. Lamb wave generation using nanosecond laser ablation to detect damage[J]. Journal of Vibration and Control, 2018, 24(24): 5842-5853.

[24] GAO T F, LIU X, ZHU J J, et al. Multi-frequency localized wave energy for delamination identification using laser ultrasonic guided wave[J]. Ultrasonics, 2021, 116: 106486.

[25] CHEN H B, XU K L, LIU Z H, et al. Sign coherence factor-based search algorithm for defect localization with laser generated Lamb waves[J]. Mechanical Systems and Signal Processing, 2022, 173: 109010.

[26] 何存富，郑阳，周进节，等. 基于激光测振仪的兰姆波离面和面内位移检测[J]. 机械工程学报，2012，48(8): 6-11.

[27] 邢博，余祖俊，许西宁，等. 基于激光多普勒频移的钢轨缺陷监测[J]. 中国光学，2018，11(6): 991-1000.

[28] TSE P W, LIU X C, LIU Z H, et al. An innovative design for using flexible printed coils for magnetostrictive-based longitudinal guided wave sensors in steel strand inspection[J]. Smart Materials and Structures, 2011, 20(5): 055001.

[29] ZHOU J H, XU J. Feasibility study of fatigue damage detection of strands using magnetostrictive guided waves[J]. International Journal of Applied Electromagnetics and Mechanics, 2019, 59(4): 1313-1320.

[30] 熊红芬，武新军，徐江，等. 基于钢绞线断丝检测的超声导波传播特性试验[J]. 无损检测，2011，33(5): 11-14.

[31] 刘秀成，徐秀，吴斌，等. 多杆系统中导波能量传递特性试验研究[J]. 机械工程学报，2016，52(3): 56-62.

[32] JANG L S, KUO K C. Fabrication and characterization of PAT thick films for sensing and actuation[J]. Sensors. 2007, 7(4): 493-507.

[33] PARVASI S M, XU C H, KONG Q Z, et al. Detection of multiple thin surface cracks using vibrothermography with low-power piezoceramic-based ultrasonic actuator: a numerical study with experimental verifi-cation[J]. Smart Materials and Structures, 2016, 25(5): 055042.

[34] SONG G, OLMI C, GU H. An overheight vehicle-bridge collision monitoring system using piezoelectric transducers[J]. Smart Materials and Structures, 2007, 16(2): 462-468.

[35] LUO M Z, LI W J, HEI C, et al. Concrete infill monitoring in concrete-filled FRP tubes using a PZT-based ultrasonic time-of-flight method[J]. Sensors, 2016, 16(12): 2083.

[36] JI Q, HO M, ZHENG R, et al. An exploratory study of stress wave communication in concrete structures[J]. Smart Structures and Systems, 2015, 15(1): 135-150.

[37] SIU S, JI Q, WU W, et al. Stress wave communication in concrete: I. Characterization of a smart aggregate based concrete channel[J]. Smart Materials and Structures, 2014, 23(12): 125030.

[38] TRANE G, MIJAREZ R, GUEVARA R, et al. Guided wave sensor for simple digital communication through an oil industry multi-wire cable[J]. Insight-Non-Destructive Testing and Condition Monitoring, 2018, 60(4): 206-211.

[39] ZHANG X Y, ZHANG L Y, LIU L J, et al. Prestress monitoring of a steel strand in an anchorage connection using piezoceramic transducers and time reversal method[J]. Sensors, 2018, 18(10): 4018.

[40] DUBUC B, EBRAHIMKHANLOU A, SALAMONE S. Higher order longitudinal guided wave modes in axially stressed seven-wire strands[J]. Ultrasonics,2018,84: 382-391.

[41] 何存富,孙雅欣,吴斌,等.高频纵向导波在钢杆中传播特性的研究[J].力学学报,2007,39(4): 538-544.

[42] 刘世涛.超声导波技术及其在输电线结构健康监测中的应用研究[D].南京:南京航空航天大学,2010.

[43] 赵新泽,周权,高伟.钢芯铝绞线同层线股间接触有限元分析[J].三峡大学学报(自然科学版),2011,33(1): 69-72.

[44] XU C G,SONG W T,SONG J F,et al. Study on the influence rule of residual stress on ultrasonic wave propagation[C]//SHEN G T, WO Z W, ZHANG J J. Advances in Acoustic Emission Technology. Cham: Springer,2017: 403-417.

[45] POCHHAMMEER B. Ueber die Fortpflanzungsgeschwindigkeiten kleiner Schwingungen in einem unbegrezten isotropen Kreiscylinder[J]. Journal für die reine und angewandte Mathematik,1876,81: 324-336.

[46] CHREE C. The equations of an isotropic elastic solid in polar and cylindrical co-ordinates their solution and application[J]. Transactions of the Cambridge Philosophical Society,1889,14: 250.

[47] JR J Z. An experimental and theoretical investigation of elastic wave propagation in a cylinder[J]. The Journal of the Acoustical Society of America,1972,51(1B): 265-283.

[48] ROSE J L. Ultrasonic waves in solid media[M]. Cambridge: Cambridge University Press,2004.

[49] ROSE J L. Ultrasonic guided waves in solid media[M]. Cambridge: Cambridge university press,2014.

[50] PAVLAKOVIC B,LOWE M,ALLEYNE D,et al. Disperse: A general purpose program for creating dispersion curves[M]//THOMPSON D, CHIMENTI D E. Review of progress in quantitative nondestructive evaluation. Boston: Springer,1997: 185-192.

[51] SECO F,JIMÉNEZ A R. Modelling the generation and propagation of ultrasonic signals in cylindrical waveguides[M]//JR A S. Ultrasonic Waves. London: Intech,2012: 1-28.

[52] MACE B R, DUHAMEL D, BRENNAN M J,et al. Finite element prediction of wave motion in structural waveguides[J]. The Journal of the Acoustical Society of America,2005,117(5): 2835-2843.

[53] DROZ C,LAINÉ J P,ICHCHOU M N,et al. A reduced formulation for the free-wave propagation analysis in composite structures[J]. Composite Structures,2014,113: 134-144.

[54] MENCIK J M. New advances in the forced response computation of periodic structures using the wave finite element (WFE) method[J]. Computational Mechanics,2014,54(3): 789-801.

[55] GRAS T,HAMDI M A,TAHAR M B,et al. On a coupling between the finite element (FE) and the wave finite element (WFE) method to study the effect of a local heterogeneity within a railway track [J]. Journal of Sound and Vibration,2018,429: 45-62.

[56] CHRONOPOULOS D. Calculation of guided wave interaction with nonlinearities and generation of harmonics in composite structures through a wave finite element method[J]. Composite Structures, 2018,186: 375-384.

[57] THIERRY V,CANTERO-CHINCHILLA S,WU W,et al. A homogenisation scheme for ultrasonic Lamb wave dispersion in textile composites through multiscale wave and finite element modelling [J]. Structural Control and Health Monitoring,2021,28(6): e2728.

[58] 倪广健,林杰威.基于波有限元法的流固耦合结构波传导问题[J].振动与冲击,2016,35(4): 204-209.

[59] 李春雷.基于波有限元法的弹性导波问题研究[D].广州:华南理工大学,2017.

[60] NELSON R B,DONG S B,KALRA R D. Vibrations and waves in laminated orthotropic circular

cylinders[J]. Journal of Sound and Vibration,1971,18(3):429-444.

[61] GAVRIĆ L. Computation of propagative waves in free rail using a finite element technique[J]. Journal of Sound and Vibration,1995,185(3):531-543.

[62] TAWEEL H,DONG S B,KAZIC M. Wave reflection from the free end of a cylinder with an arbitrary cross-section[J]. International Journal of Solids and Structures,2000,37(12):1701-1726.

[63] SHORTER P J. Wave propagation and damping in linear viscoelastic laminates[J]. The Journal of the Acoustical Society of America,2004,115(5):1917-1925.

[64] HAYASHI T,KAWASHIMA K,SUN Z Q,et al. Guided wave propagation mechanics across a pipe elbow[J]. Journal of Pressure Vessel Technology,2005,127:322-327.

[65] LOVEDAY P V. Semi-analytical finite element analysis of elastic waveguides subjected to axial loads [J]. Ultrasonics,2009,49(3):298-300.

[66] TREYSSÈDE F. Numerical investigation of elastic modes of propagation in helical waveguides[J]. The Journal of the Acoustical Society of America,2007,121(6):3398-3408.

[67] TREYSSÈDE F,LAGUERRE L. Investigation of elastic modes propagating in multi-wire helical waveguides[J]. Journal of sound and vibration,2010,329(10):1702-1716.

[68] FRIKHA A,CARTRAUD P,TREYSSÈDE F. Mechanical modeling of helical structures accounting for translational invariance. Part 1:Static behavior[J]. International Journal of Solids and Structures, 2013,50(9):1373-1382.

[69] TREYSSÈDE F,FRIKHA A,CARTRAUD P. Mechanical modeling of helical structures accounting for translational invariance. Part 2:Guided wave propagation under axial loads[J]. International Journal of Solids and Structures,2013,50(9):1383-1393.

[70] SUI X D,DUAN Y F,YUN C B,et al. Guided wave based cable damage detection using magnetostrictive transducer [M]//YOKOTA H,FRANGOPOL D M. Bridge Maintenance, Safety, Management,Life-Cycle Sustainability and Innovations. Boca Raton:CRC Press,2021:3925-3930.

[71] TANG Z F,SUI X D,DUAN Y F,et al. Guided wave-based cable damage detection using wave energy transmission and reflection[J]. Structural Control and Health Monitoring,2021,28(5):e2688.

[72] 唐楠. 基于半解析有限元的多杆结构超声导波频散及频带缺失特性研究[D]. 北京:北京工业大学,2015.

[73] 罗春苟,他得安,王威琪. 基于希尔伯特-黄变换测量超声导波的群速度及材料厚度[J]. 声学技术, 2008,27(5):674-679.

[74] 张伟伟,王志华,马宏伟. 含缺陷管道超声导波检测信号的相关性分析[J]. 暨南大学学报(自然科学与医学版),2009,30(3):269-272.

[75] 周正干,冯海伟. 超声导波检测技术的研究进展[J]. 无损检测,2006,28(2):57-63.

[76] 邓明晰. 各向异性固体板中的非线性超声导波[J]. 声学学报,2008,33(3):252-261.

[77] AHMAD R,KUNDU T. Application of Gabor transform on cylindrical guided waves to detect defects in underground pipes[C]//Health Monitoring of Structural and Biological Systems 2007. Bellingham,WA:SPIE,2007:65320P.

[78] MUTLIB N K,ISMAEL M N,BAHAROM S. Damage detection in CFST column by simulation of ultrasonic waves using STFT-based spectrogram and welch power spectral density estimate[J]. Structural Durability & Health Monitoring,2021,15(3):227-246.

[79] XU Z D,ZHU C,SHAO L W. Damage identification of pipeline based on ultrasonic guided wave and wavelet denoising[J]. Journal of Pipeline Systems Engineering and Practice,2021,12(4):04021051.

[80] WU J H,CHEN X L,MA Z S. A signal decomposition method for ultrasonic guided wave generated from debonding combining smoothed pseudo Wigner-Ville distribution and Vold-Kalman filter order tracking[J]. Shock and Vibration,2017:7283450.

[81] ZOUBI A B, KIM S, ADAMS D O, et al. Lamb wave mode decomposition based on cross-Wigner-Ville distribution and its application to anomaly imaging for structural health monitoring[J]. IEEE Transactions on Ultrasonics, Ferroelectrics, and Frequency Control, 2019, 66(5): 984-997.

[82] RIZVI S H M, ABBAS M. An advanced Wigner-Ville time-frequency analysis of Lamb wave signals based upon an autoregressive model for efficient damage inspection[J]. Measurement Science and Technology, 2021, 32(9): 095601.

[83] 李昱帆. 稀疏恢复问题的非凸松弛方法[D]. 天津: 天津大学, 2015.

[84] SAITO Y, NONOMURA T, NANKAI K, et al. Data-driven vector-measurement-sensor selection based on greedy algorithm[J]. IEEE Sensors Letters, 2020, 4(7): 7002604.

[85] HONG J C, SUN K H, KIM Y Y. The matching pursuit approach based on the modulated Gaussian pulse for efficient guided-wave damage inspection[J]. Smart Materials and Structures, 2005, 14(4): 548-560.

[86] WANG Y S, WANG G, WU D, et al. An improved matching pursuit-based temperature and load compensation method for ultrasonic guided wave signals[J]. IEEE Access, 2020, 8: 67530-67541.

[87] SAWANT S, BANERJEE S, TALLUR S. Performance evaluation of compresive sensing based lost data recovery using OMP for damage index estimation in ultrasonic SHM[J]. Ultrasonics, 2021, 115: 106439.

[88] YANG G, ZHANG Q, QUE P W. Matching-pursuit-based adaptive wavelet-packet atomic decomposition applied in ultrasonic inspection[J]. Russian Journal of Nondestructive Testing, 2007, 43(1): 62-68.

[89] WU B, HUANG Y, CHEN X, et al. Guided-wave signal processing by the sparse Bayesian learning approach employing Gabor pulse model[J]. Structural Health Monitoring, 2017, 16(3): 347-362.

[90] 邓红雷, 何战峰, 陈力, 等. 基于匹配追踪的L模态超声导波检测复合绝缘子芯棒缺陷研究[J]. 电瓷避雷器, 2019(2): 168-174.

[91] HONG J C, SUN K H, KIM Y Y. Waveguide damage detection by the matching pursuit approach employing the dispersion-based chirp functions[J]. IEEE Transactions on Ultrasonics, Ferroelectrics, and Frequency Control, 2006, 53(3): 592-605.

[92] XU B, GIURGIUTIU V, YU L Y. Lamb waves decomposition and mode identification using matching pursuit method[C]//Sensors and Smart Structures Technologies for Civil, Mechanical, and Aerospace Systems 2009. Bellingham: SPIE, 2009, 7292: 72920I.

[93] ALGURI K S, MELVILLE J, HARLEY J. Baseline-free guided wave damage detection with surrogate data and dictionary learning[J]. The Journal of the Acoustical Society of America, 2018, 143(6): 3807-3818.

[94] ALGURI K S, CHIA C C, HARLEY J B. Sim-to-Real: Employing ultrasonic guided wave digital surrogates and transfer learning for damage visualization[J]. Ultrasonics, 2021, 111: 106338.

[95] HARLEY J B, MOURA J M F. Sparse recovery of the multimodal and dispersive characteristics of Lamb waves[J]. The Journal of the Acoustical Society of America, 2013, 133(5): 2732-2745.

[96] ROSTAMI J, TSE P W T, FANG Z. Sparse and dispersion-based matching pursuit for minimizing the dispersion effect occurring when using guided wave for pipe inspection[J]. Materials, 2017, 10(6): 622.

[97] LI J, ROSE J L. Angular-profile tuning of guided waves in hollow cylinders using a circumferential phased array[J]. IEEE Transactions on Ultrasonics, Ferroelectrics, and Frequency Control, 2002, 49(12): 1720-1729.

[98] SUN Z Q, ZHANG L, GAVIGAN B, et al. Ultrasonic flexural torsional guided wave pipe inspection potential[C]//ASME Pressure Vessels and Piping Conference. New York: ASME, 2003, 16974: 29-34.

[99] HUAN Q,CHEN M,LI F. A high-sensitivity and long-distance structural health monitoring system based on bidirectional SH wave phased array[J]. Ultrasonics,2020,108:106190.

[100] 谢宁,桑劲鹏,檀道林,等.相控阵超声导波成像检测设备研究[J].无损探伤,2015(6):23-26,43.

[101] 何明明,张宇翔,王强.Lamb 波相控阵监测及其集成系统实现[J].信息化研究,2021,47(1):63-68.

[102] SHARIF-KHODAEI Z,ALIABADI M H. Assessment of delay-and-sum algorithms for damage detection in aluminium and composite plates[J]. Smart Materials and Structures,2014,23(5):075007.

[103] CHEN X,MICHAELS J E,LEE S J,et al. Load-differential imaging for detection and localization of fatigue cracks using Lamb waves[J]. Ndt & E International,2012,51:142-149.

[104] REN Y Q,QIU L,YUAN S F,et al. Gaussian mixture model and delay-and-sum based 4D imaging of damage in aircraft composite structures under time-varying conditions[J]. Mechanical Systems and Signal Processing,2020,135:106390.

[105] MIORELLI R,FISHER C,KULAKOVSKYI A,et al. Defect sizing in guided wave imaging structural health monitoring using convolutional neural networks[J]. NDT & E International,2021(4):102480.

[106] DEHGHAN-NIRI E,SALAMONE S. A multi-helical ultrasonic imaging approach for the structural health monitoring of cylindrical structures[J]. Structural Health Monitoring,2015,14(1):73-85.

[107] LIU X F,BO L,YANG K J,et al. Locating and imaging contact delamination based on chaotic detection of nonlinear Lamb waves[J]. Mechanical Systems and Signal Processing,2018,109:58-73.

[108] 刘增华,樊军伟,何存富,等.基于概率损伤算法的复合材料板空气耦合 Lamb 波扫描成像[J].复合材料学报,2015,32(1):227-235.

[109] 郑跃滨,雷振坤,徐浩,等.基于数据驱动的无基准导波损伤诊断成像方法研究[J].实验力学,2021,36(4):458-470.

[110] GONG P,KOLIOS M C,XU Y. Delay-encoded transmission and image reconstruction method in synthetic transmit aperture imaging[J]. IEEE Transactions on Ultrasonics,Ferroelectrics,and Frequency Control,2015,62(10):1745-1756.

[111] WU S W,SKJELVAREID M H,YANG K J,et al. Synthetic aperture imaging for multilayer cylindrical object using an exterior rotating transducer[J]. Review of Scientific Instruments,2015,86(8):083703.

[112] ZHAO J Y,WANG Y Y,YU J H,et al. Short-lag spatial coherence ultrasound imaging with adaptive synthetic transmit aperture focusing[J]. Ultrasonic Imaging,2017,39(4):224-239.

[113] MORGAN M,BOTTENUS N,TRAHEY G E,et al. Synthetic aperture focusing for multi-covariate imaging of sub-resolution targets[J]. IEEE Transactions on Ultrasonics,Ferroelectrics,and Frequency Control,2020,67(6):1166-1177.

[114] DENG W W,LONG S R,CHEN X Y,et al. Research on frequency domain synthetic aperture focusing pipeline guided wave imaging based on phase migration[J]. AIP Advances,2021,11(3):035314.

[115] 周正干,周江华,章宽爽,等.合成孔径聚焦在水浸超声缺陷定量中的应用[J].北京航空航天大学学报,2016,42(10):2017-2023.

[116] 陈尧,冒秋琴,石文泽,等.基于虚拟源的非规则双层介质频域合成孔径聚焦超声成像[J].仪器仪表学报,2019,40(6):48-55.

[117] 陈楚,应恺宁,刘念,等.相移迁移法在激光超声合成孔径聚焦技术中的应用[J].中国激光,2021,48(3):0304001.

[118] HOLMES C,DRINKWATER B W,WILCOX P D. Post-processing of the full matrix of ultrasonic transmit-receive array data for non-destructive evaluation[J]. NDT & E International,2005,38(8):701-711.

[119] DUCOUSSO M, REVERDY F. Real-time imaging of microcracks on metallic surface using total focusing method and plane wave imaging with Rayleigh waves[J]. NDT & E International, 2020, 116: 102311.

[120] WU H L, WEI M H, ZHOU L H. Research on total focusing method imaging method of pipeline defect detection based on phased array[J]. Academic Journal of Engineering and Technology Science, 2020, 3(4): 22-27.

[121] 吴斌, 刘萧冰, 焦敬品, 等. 一种基于压缩感知的超声阵列全矩阵数据重构方法[J]. 测控技术, 2021, 40(3): 96-101.

[122] LAROCHE N, BOURGUIGNON S, CARCREFF E, et al. An inverse approach for ultrasonic imaging from full matrix capture data: Application to resolution enhancement in NDT[J]. IEEE Transactions on Ultrasonics, Ferroelectrics, and Frequency Control, 2020, 67(9): 1877-1887.

[123] SAMPATH S, DHAYALAN R, KUMAR A, et al. Evaluation of material degradation using phased array ultrasonic technique with full matrix capture[J]. Engineering Failure Analysis, 2021, 120: 105118.

[124] CARLSON J, OLSSON R, HEDLUND M. High resolution image reconstruction from full-matrix capture data using minimum mean square error deconvolution of the spatio-temporal system transfer function[C]//2020 IEEE International Ultrasonics Symposium (IUS). Las Vegas, NV, USA: IEEE, 2020: 1-4.

[125] VILLAVERDE E L, ROBERT S, PRADA C. Ultrasonic imaging of defects in coarse-grained steels with the decomposition of the time reversal operator[J]. The Journal of the Acoustical Society of America, 2016, 140(1): 541-550.

[126] WANG C H, ROSE J J, CHANG F K. A synthetic time-reversal imaging method for structural health monitoring[J]. Smart Materials and Structures, 2004, 13(2): 415-423.

[127] LIU D H, KANG G, LI L, et al. Electromagnetic time-reversal imaging of a target in a cluttered environment[J]. IEEE Transactions on Antennas and Propagation, 2005, 53(9): 3058-3066.

[128] AGRAHARI J K, KAPURIA S. Effects of adhesive, host plate, transducer and excitation parameters on time reversibility of ultrasonic Lamb waves[J]. Ultrasonics, 2016, 70: 147-157.

[129] AGRAHARI J K, KAPURIA S. A refined Lamb wave time-reversal method with enhanced sensitivity for damage detection in isotropic plates[J]. Journal of Intelligent Material Systems and Structures, 2016, 27(10): 1283-1305.

[130] KANNUSAMY M, KAPURIA S, SASMAL S. Accurate baseline-free damage localization in plates using refined Lamb wave time-reversal method[J]. Smart Materials and Structures, 2020, 29(5): 055044.

[131] 周进节, 郑阳, 张吉堂. 基于单探头的杆中缺陷超声导波时反检测方法[J]. 机械工程学报, 2013, 49(8): 19-24.

[132] 王强, 袁慎芳. 复合材料板脱层损伤的时间反转成像监测[J]. 复合材料学报, 2009, 26(3): 99-104.

[133] 齐添添, 陈尧, 李昕, 等. 基于时间反转的玻璃钢复合板材声发射源定位方法[J]. 仪器仪表学报, 2020, 41(6): 208-217.

[134] BARTOLI I, MARZANI A, DISCALEA F L, et al. Modeling wave propagation in damped waveguides of arbitrary cross-section[J]. Journal of Sound and Vibration, 2006, 295(3-5): 685-707.

[135] LOVEDAY P D. Simulation of piezoelectric excitation of guided waves using waveguide finite elements[J]. IEEE Transactions on Ultrasonics, Ferroelectrics, and Frequency Control, 2008, 55(9): 2038-2045.

[136] 郭仲衡. 张量: 理论和应用[M]. 北京: 科学出版社, 1988.

[137] JIN S, SOHN D, IM S. Node-to-node scheme for three-dimensional contact mechanics using polyhedral type variable-node elements[J]. Computer Methods in Applied Mechanics and Engineering,

2016,304:217-242.

[138] ABBENA E,SALAMON S,GRAY A. Modern differential geometry of curves and surfaces with mathematica[M]. Boca Raton:CRC press,2017.

[139] 刘增华,何存富,吴斌,等.双层杆结构中纵向模态的超声导波[J].应用声学,2007,26(3):170-175.

[140] 郭金库,刘光斌,余志勇,等.信号稀疏表示理论及其应用[M].北京:科学出版社,2013.

[141] COIFMAN R R,WICKERHAUSER M V. Entropy-based algorithms for best basis selection[J]. IEEE Transactions on Information Theory,1992,38(2):713-718.

[142] 栾悉道,王卫威,谢毓湘,等.稀疏表示方法导论[M].北京:电子工业出版社,2017.

[143] DONOHUE K D. Maximum likelihood estimation of A-scan amplitudes for coherent targets in media of unresolvable scatterers[J]. IEEE Transactions on Ultrasonics, Ferroelectrics and Frequency Control,1992,39(3):422-431.

[144] PATI Y C,REZAIIFAR R,KRISHNAPRASAD P S. Orthogonal matching pursuit:recursive function approximation with applications to wavelet decomposition[C]//Proceedings of 27th Asilomar Conference on Signals,Systems and Computers. Pacific Grove,CA,USA:IEEE,1993:40-43.

[145] DONOHO D L. Compressed sensing[J]. IEEE Transactions on Information Theory,2006,52(4):1289-1306.

[146] 宋奇吼,陈劲草.高速铁路接触网维护与检修[M].北京:中国铁道出版社,2019.

[147] ZHANG X,LIU Z W,WANG L,et al. Bearing fault diagnosis based on sparse representations using an improved OMP with adaptive Gabor sub-dictionaries[J]. ISA Transactions,2020,106:355-366.

[148] 张学兵,宋涛.超声导波检测公路护栏立柱信号处理研究[J].交通运输研究,2016,2(51):67-74.

[149] 邓飞跃,强亚文,郝如江,等.基于自适应Morlet小波参数字典设计的微弱故障检测方法研究[J].振动与冲击,2021,40(8):187-193,254.

[150] MOON S,KANG T,HAN S,et al. FEA-based ultrasonic focusing method in anisotropic media for phased array systems[J]. Applied Sciences,2021,11(19):8888.